Survival Skills for Scientists

과학자가 되기 위한 지침서

Federico Rosei · Tudor Johnston

Imperial College Press

청범출판사

Published by

Imperial College Press
57 Shelton Street
Covent Garden
London WC2H 9HE

Distributed by

World Scientific Publishing Co. Pte. Ltd.
5 Toh Tuck Link, Singapore 596224
USA office: 27 Warren Street, Suite 401-402, Hackensack, NJ 07601
UK office: 57 Shelton Street, Covent Garden, London WC2H 9HE

British Library Cataloguing-in-Publication Data
A catalogue record for this book is available from the British Library.

SURVIVAL SKILLS FOR SCIENTISTS

ISBN 1-86094-640-2
ISBN 1-86094-641-0 (pbk)

Preface

머리말

이 책은 전문 작가가 아닌 과학자들의 저술이며, 책 속에는 저자 자신들이 과학자로서 몸소 겪어보고 체험한 것들이 반영되어 있다. 그래서 이 책에 대한 독자들의 이해를 돕기 위해 먼저 저자들에 대한 소개부터 하겠다.

Federico Rosei는 1972년 3월 27일 이탈리아 로마에서 태어났다. 그는 1996년 로마대학 물리학과를 졸업하고 이탈리아 해군장교로 복무한 뒤, 동 대학원에 진학하여 2001년 물리학 박사학위를 취득하였다. 학위 취득 후 그는 2002년까지 2년간 덴마크 오르후스 대학에 박사후연구원생과 마리 퀴리 펠로우로 과학적 경력을 쌓은 후, 2002년 퀘벡대학교 정보통신재료공학과 조교수로 취업하여 현재 종신형 부교수로 재직하고 있다. 2003년 이후 로세이 박사는 나노구조 유기 및 무기물질 분과의 캐나다 연구분과의 장으로 있으며 25편 이상의 논문발표와 국제학술대회 등에서 40여 차례의 초청강연을 수행하였다. 연구분야로는 나노구조물질과 적합한 기판 위에서 합성되는 나노구도물질의 크기와 모양, 합성성분, 위치 및 안정성 제어와 표면에서의 분자응집 등이다.

Tudor Johnston은 1932년 캐나다 몬트리올에서 태어났다. 그는 1953년 맥길대학 공학물리학과를 졸업하고 1958년 캠브리지대학에서 공학박사학위를 취득한 후, 10여년간 몬트리올에 있는 RCA 연구소에서 이론플라즈마 과학자로 근무하였다. 그후 잠시 휴스톤대학에 머문 후 퀘벡대학교 INRS 연구소에 근무하고 있다. 그는 플라즈마 관련 단행본 논문을 포함하여 수 나노미터에서 30 km의 다양한 파장의 다양한 플라즈마에 관련된 150편 이상의 논문을 발표하는 등의 산업적 연구와 과학적 성취를 통하여 유럽과 북미에 걸쳐 과학적 명성을 얻고 있다.

우리는 이 책이 과학적 명성을 얻기 시작하는 과학자와 절정기를 거친 과학자 간의 협동으로 쓰여졌음을 알 수 있다. 이러한 협력관계에서 과학자로서의 초기 통과의례를 겪어와 그 과정을 정확하게 기억하고 있는 젊은 교수 로세이의 관점과 이러한 과정을 40여 년간 보고 겪은 보다 경험 많은 존 스톤의 관점의 장점을 결합하여 정리하였다.

이 책에서의 일반적인 논점(화자)은 두 사람의 합의된 공통의 생각이다. 그렇지만 두 사람의 생각이 다른 경우에는 두 사람의 생각을 각자의 이름, 페데리코와 튜더로 구분하여 열거함으로써 독자가 최종적인 선택을 하도록 남겨두었다. 때때로 저자 중 한 사람이(매번 그런 것은 아니지만 보통은 페데리코가) 개인적인 논평과 일화를 언급하였다. (튜더의 일화는 대부분이 좀 오래된 것이다.) 마지막으로, 화자에 대해서는 특별히 언급하지 않는 한은, 과학자의 경력을 쌓는 과정에서 상당히 초기에 일어나는 일들과 관련된 구체적인 개인적인 일화들은 모두 페데리코가 기고한 것이어서, 종종 "나"라는 인칭대명사가 등장한다.

요약하자면, 논점이 두 사람 공동의 것이 아닐 때는 누구의 논점인지를 명확하게 밝혔다. 다시 말하면, 누구의 논점인지가 명시되지 않았을 때에는 공통의 논점이라는 뜻이다. (컴퓨터 전문용어로 말하자면, 저자 공통이 논점은 디폴트 옵션, 즉 프로그램 언어에서 옵션이 지정되지 않았을 때 자동적으로 선택되는 옵션과 같다.)

저자 두 명이 같이 이 책에 들어가 있는 모든 것을 다 검토했기에, 이 책의 내용은 전체적으로 매우 미숙한 경험과 훨씬 더 깊이 있고 성숙한 경험이 조화롭게 언급되었다고 이야기 할 수 있을 것이다.

Preface

일러두기

이 책에 들어 있는 조언과 의견들은 자연히 저자들의 견해만을 반영하고 있는 것이고, 이에 대해서는 저자들이 전적으로 책임을 지겠다. 그러나 저자들이 개인적으로 내놓은 성공을 위한 방안과 비결이 보편적으로 적용될 수 있는 것이라고는 주장할 수는 없을 것이다. 또한 그것이 과학적인 법칙이라거나 권위를 갖고 있는 오류가 전혀 없는 공언이나 선언이 되었으면 하는 의도를 가지고 있는 것도 아니다.

저자들의 바람은, 이 책에 나오는 조언들이 오류가 있을지언정, 독자들로 하여금 자신들 나름대로의 시각을 형성하고 각자의 반응을 일으키게끔 자극을 줄 수 있게 되어 독자들에게 유용하게 쓰일 수 있게 되는 것이다. 어떠한 경우에도 저자들의 목표는 달성될 것이다. 그 목표는 대부분의 젊은 과학자들이 부딪히게 되는 피할 수 없는 어려움을 잘 헤쳐 나갈 수 있고, 눈에 보이는 명백한 함정에 빠지는 일을 피해가도록 하며, 어떠한 형태로든지 과학계에서 경력을 쌓아 나아가려고 할 때 만나게 될 수밖에 없는 상황 혹은 이미 부딪힌 상황에서 가장 많은 사람들이 공통으로 일으키는 실수를 피하도록 하는 데 도움을 주는 것이다.

구체적인 일화들은 지어낸 것이 아니며, 실제로 일어났던 일들을 다루고 있다. 그렇기 때문에 그 일에 관련된 사람들의 신상을 보다 더 잘 보호하기 위해서 실제 이름을 사용하지 않았고, 그냥 알파벳 이니셜을 사용하기로 정했다. 일화에서의 견해는 서술자의 관점이며, 따라서 그 일화를 잘못 해석한 부분이 있다면 그에 대한 책임은 서술자에게 있다.

Preface

감사의 말

이 책을 쓰겠다는 생각은 2003년 가을 학기에 INRS-EMT에서 제공된 "Survival Skills for Science"에 관한 대학원 수업을 준비하는 동안에, 페데리코 로세이와 저자들의 동료인 알레인 피그놀레가 함께 제안함으로써 태동하게 되었다. 저자들은 알레인이 그 대학원 수업에 크게 기여한 것에 대해 매우 감사하게 여긴다. 본 저작의 부분 부분들은 여러 곳에서 여러 경우에 발표되었는데, 그때마다 조언과 코멘트와 격려의 말을 해준 모든 분들께 감사를 드린다.

피터 맥브린 교수는 친절하게도 원고상태로 되어 있는 이 책을 읽고 너무나도 중요한 제안들을 해주었다.

이런 감사의 말에 더해, 페데리코 로세이는 개인적으로 자신만의 감사의 말을 첨부하였다.

페데리코: --나는 피터 제이 페이블만에게 깊은 감사를 드린다. 그의 책에 나오는 좋은 조언들은 확신하건대 일찍이 내 경력을 쌓는 데 지대한 도움을 주었다. 나는 이 책이 그의 뛰어난 시각을 보완하게 되기를 원한다. 많은 도움이 된 토론을 해준 나의 동료 로베르토 모란도티와 모하메드 쉐이커, 페이블만의 책을 나에게 소개해준 트레비스 멧칼피, 그리고 전문가로 발전하는 일과 과학계에서 살아남을 수 있는 방법에 대한 토론을 하게 하고, 토론을 활발하게 만든 많은 분들께도 감사를 드린다. 또한 원고를 철저히 그리고 비판적으로 읽어주고, 원고를 향상시킬 수 있는 여러 제안을 해준 세바인과 챈탈 민스키뿐만 아니라 나의 부모님, 실바나 로세이와 렌조 로세이께도 감사를 표한다.

저자들은 독자 여러분들의 코멘트를 환영합니다.

앞으로 재판을 찍게 될 경우에, 저자들은 독자들이 해준 건설적인 코멘트와 비판을 통해 많은 도움을 받을 것이다. 그렇기 때문에 독자들이 다양한 옵션을 통해 독자들의 생각을 보내주기를 적극적으로 권장합니다.

e-mail:

rosei@emt.inrs.ca

johnston@emt.inrs.ca

일반 우편:

Professor Federico Rosei and Professor Tudor Johnston

INRS-EMT, Univ.du Quebec

1650 Boul. Lionel Boulet

J3X 1S2 Varennes (QC) Canada J3X 1S2

Preface

들어가는 글

이 책은 다가올 몇 해 동안 여러 직업적인 선택을 해야만 하는 문제에 직면하게 될 과학자들을 위한 전술적인 지침서가 되는 것을 목표로 삼았다. 우리는 과학 그 자체를 하는 방법에 대한 조언을 해준다고 여기지는 않는다. 여러 선택을 해야만 하는 상황에 여러분이 직면했을 때 명심해야 하는 것을 상기시키고자 하였을 뿐이다. 이러한 직업적인 선택들 가운데는 대학원을 졸업한 이후의 선택들에 대한 것이 명백하다. 논문 지도교수, 박사후 과정을 어디에서 어떤 디렉터와 해야 하는지의 문제, 교수직이나 연구소 직에 응시하는 문제가 있는 반면에 또 어디에 논문을 출간하며, 출간을 위해서는 (저자, 감수자, 편집자라는) 삼중의 당사자들 사이에서 어떻게 스스로가 행동해야 하는지 등이 문제이다. 과학자로서의 성공 여부가 같은 분야의 동료들이 논문을 검토하는 (peer-reviewed) 저널에 자신의 연구논문이 실리느냐 아니냐에 직결되어 있는 연구직에 종사하고 있는 대규모 과학자들 집단을 주 대상으로 하고 있는 반면에, 익명의 논문 심사자를 만족시키기보다는 자신을 감독하는 상관을 만족시키는 것이 더 중요한 연구실에서 작업하고 있는 과학자들에게 유용한 것들도 많이 있다. 우리는 더 높이 사다리를 타고 올라가야 하는 젊은 과학자들에게 직접 말하고 있기는 하지만, 좀 더 연장자인 과학자들도 이 책에서 얻을 수 있는 것들이 많이 있다. 특히, 자신들보다 젊은 동료와 자신들이 고용한 과학자들 뇌리에 (직업상) 자리 잡고 있는 생각들이 어떤 것인가를 이해하는 데 도움이 된다.

이 책이 나오게 된 계기는 경력을 잘 쌓아 가는 데 필요한 기술(career skills)이라는 측면에서 볼 때, 우리가 "직업"을 통해 실질적으로 배우게 되는 것의 대부분이 사실은 출판된 자료의 형태로는 얻을 수 없는 것들이며, 여기저기 흩어져 있는 단편들로부터 부분적으로밖에는 얻을 수 없다는 사실을 알게 되면서부터이다. (자동차나 집을 사거나 자기 사업을 직접 시작하게 되면, 그 때에서야 우리에게 필요한 조언들을 더 많이 얻게 된다!) 우리의 목적은 젊은 과학자들이 과학계에서 자신들의 진로를 구축하는 데 매우 중요한 진로의 전략 및 전술, 계획을 세울 때 고려해야 할 점 등과 같은 주제들에 속하는 여러 선택을 할 때 도움을 주기 위해서이다. 우리는 이러한 현실에서 벌어지고 있는 간격을 메우는 데 보탬이 되고 싶다.

이 마지막 언급에 대한 예외로서는 이미 출간된 젊은 과학자들에게 주는 조언이라는 피터 제이 페이블만의 아주 훌륭한 책이(a) 있다. 그렇지만 이 책은 거의 미국의 상황에만 초점을 맞추고 있다. 우리는 지역적으로도 더 넓게 확장을 시키고, 시기적으로도 박사 이후의 과정으로 훨씬 범위를 확대시켜서 문제를 검토하고 있다. 더 나아가서, 페이블만은 학계와 기업 연구소, 정부 연구소들을 비교하고는 있지만, 후자를 가장 선호하는 듯하고, 후자에 관련된 언급에 더 많은 할애를 하고 있는 듯하다.(어쩌면 그가 정부 연구소에서 일을 하고 있는 까닭일까?) 반면에, 우리는 우리가 개인적으로 더 선호하고 있는 학계의 현황과 환경에 더 많은 것을 할애하고 있다. 이 책에서 우리는 페이블만이 제공한 통찰력과 접근법에 대해서, 그리고 그의 글이 우리에게 준 주제와 관련된 기발한 생각과 자극에 대해 사의를 표명한다.

이 책을 읽는 독자들은 페이블만의 책이 다루고 있는 문제의 이모저모가 아주 유용하다는 것과 그러한 논의를 이 책에서 다루고 있는 주제들에 관한 언급들과 대조해보는 것도 흥미진진한 일이라는 것을 알게 될 것이다.

만약에 과학자들이 자신들의 경력을 관리해주는 에이전트나 매니저를 가지고 있다면, 이 책은 에이전트나 매니저들이 줄 수 있는 종류의 조언들의 요약본이라고 할 수 있다. 이 책은 그래서 여러분들이 여러분 스스로가 자신들의 경력을 관리해주는 에이전트가 되고 매니저가 되는 데 도움을 주는 것을 목표로 하고 있다.

이러한 자신의 경력을 관리하는 기술을 가지고 있지 않고 그러한 기술을 실제로 활용할 줄 모른다면, 과학계에서 여러분이 발전하는 문제는 막연히 운수소관에 달린 문제로 치부될 수밖에 없다. 여러분은 어떤 일이 자신에게 일어났다고 말하는 수동적인 과학자가 되기보다는 어떤 일이 되게 할 수 있는 능동적인 과학자가 되는 것이 더 좋을 것이다.

대부분의 과학자들은 (그리고 과학계에서 자신의 경력을 막 시작하고 있는 거의 모든 사람들이) 일종의 마감일이 닥쳐왔을 때에야 비로소 경력관리의 문제에 관심을 쏟기 시작한다. ("내 석사학위 논문이 끝났는데, 이제 어쩌지?" "연구비가 곧 끊길텐데, 그 다음엔 어떻게 하지?" "아뿔싸, 마감일이 이번 주 말이구나!") 이 말은 어떤 계획도 거의 되어 있지 않다는 뜻이다. 적어도 일주일 단위로 자신의 경력관리를 하려는 수고스러움을 기꺼이 자청한다면, 여러분은 훨씬 더 잘 준비가 되어있을 수 있다. 맨 처음의 가장 기본적인 조언은, 과학계에서 살아남을 수 있는 "열역학 제0법칙"은 여러분의 과학자로서의 경력관리에 관심을 기울이는 것이다.

발 세 개 중 그 어느 것이 없어서도 안 되는 잘 만들어진 세 발 달린 솥으로 비유할 수 있듯이 우리는 세 가지의 기본적인 주제들을 분명히 명시하였다. 정상적인 일의 순서대로 말해본다면, 첫 번째 법칙은 "네 자신을 알라"이다.(이 고대 그리스의 금언은 델피에 있는 아폴로의 신전의 입구 위쪽을 가로질러 있는 돌(상인방)에 금으로 새겨져 있는 문구이다.) 여기에, 우리는 두 가지를 더 알아야 한다고 덧붙였다. 두 번째 법칙은 "(첩보원들이 스파이 활동에 필요한 기술과 지식을 알듯이) 네게 꼭 필요한 지식과 기술을 알라."이며, 세 번째 법칙은 "네 이웃을 알라."이다. 이 일반적인 격언이 실제로 뜻하는 바는 무엇일까?

"네 자신을 알라." 다른 "법칙들"을 적용하기에 앞서, 여러분은 고객 – 당신 자신–을 알아야만 한다. 여러분이 여태껏 살아오면서 알고 있다고 여기는 자신뿐만 아니라 "과학계에서 일어나는 게임"을 하고 있는 당사자로서의 자신을 알아야만 하는 것이다. 여러분 자신에게 집중하라. 자신이 가지고 있는 장점과 단점, 그리고 자신을 어떻게 하면 향상시킬 수 있는가를 알라는 의미이다. 완벽한 과학자가 되려고 하지 말라. 단지 자신이 할 수 있는 한 최고의 과학자가 되어라. (이 책은 여러분 자신을 위한 것이지 다른 사람을 위한 것이 아니다.)

"네게 꼭 필요한 지식과 기술을 알라." 여러 첩보원 소설(특히 존 르까르의 소설에서 나오는 것처럼)에서는 "활동에 필요한 지식과 기술"이라는 매우 유용한 단어는 우편 배달, 포장, 정보의 발송들을 조직적으로 수행하는 기술을 뜻한다. "과학 관련 연구 논문을 출간하는 게임"은 진짜 과학에 관련된 것뿐만 아니라 그 이상의 것을 포함하고 있다. "그 이상의 것"이란 말이 바로 "활동에 필요한 지식과 기술"이다. 가장 기본적인 수준에서 "활동에 필요한 지식과 기술"은 사람들이 읽기를 바라는 논문을 쓰는 기술, 사람들이 즐겨 듣고 싶은 세미나를 구성하고 개최하는 것, 인터뷰할 때 취해야 하는 행동, 그리고 그 이상의 많은 것을 뜻한다. 이 단계에서, 여러분은 어느 특정 과학자를 염두에 두기보다는 대다수의 과학자들을 (말하자면) 타겟으로 삼아야 한다. 그다음 단계에서는, "활동에 필요한 지식과 기술"이 더 발전하고 깊이 있게 되어서 여러분 자신의 직업적인 야망과 여러분이 활동하고 있는 과학 분야를 향상시킬 수 있는 사람들과의 개인적인 접촉을 수행할 수 있는 기술을 포함하게 된다. 이 단계의 기술은 여러분의 전술을 각각의 경우에 맞게 어떤 특정 사람 혹은 어떤 집단에 속하는 여러 사람들에게 맞게 가다듬는 것이 필수적이다.

"네 이웃을 알라." 다른 사람들과 성공적으로 상호 교분을 맺기 위해서는 자신이 접촉할 사람들에게 깊은 관심을 가져야만 한다. 스스로 그 사람들의 입장이 되어 보고 그들의 입장에서 생각하며 부지런히 작업을 함으로써 좀 더 잘 그들에게 영향력을 행사할 수 있게 된다.

이러한 이웃에는 여러분과 공동 작업 하는 사람들, 상관들, 세미나의 방청객들, 다양한 구두 발표를 듣는 관중들, 발표된 논문과 연구비 신청서, 직장 지원서를 읽는 사람들과 그 밖에 더 많은 사람들이 포함된다. 여러분이 다른 사람을 감독하는 책임을 맡게 될 때에 이러한 기술들은 다른 사람의 연구를 관리하는 데에도 가치를 따질 수 없는 소중한 도움을 줄 수 있다.

이 세가지 법칙을 마음속에 명심하고 있다면, 여러분은 과학계에서 성공적으로 경력을 쌓는 데 필요한 또 다른 아주 기본적인 조언을 들을 준비가 되어 있다고 할 수 있다. 이 기본 개념은 말하기는 아주 쉽지만 실행에 옮기기 위해서는 훈련과 지속적인 노력이 필요하다. 이것은 단순히 과학계에서 성공적인 경력을 쌓아나가기 위해서는 할 수 있는 한 최선을 다해 미리 계획을 세우라는 말이다. 이 책의 주제는 여러분이 과학계에서 다방면에 걸쳐 활동할 때 이 가장 기본적인 조언을 실제로 적용해보라는 것이다. 여러 좋은 조언들이 그렇듯이 이것도 대수롭지 않게 들릴 수도 있겠다. 하지만 흔히 그러하듯 이 조언도 거의 실행으로 옮겨지지 않는다. **연구 계획만 세우지 말라; 과학계에서 성공 할 수 있는 경력을 관리하는 계획도 세워야만 한다.**

여러분이 중독되다시피 빠져버리고 마는 과학계를 거센 격랑으로 요동치며 흘러내리는 강줄기라고 여기고, 거기에 여러분이 지금 휩쓸려 떠내려가고 있다고 생각해 보자. 아주 위험한 급류가 있을 때에는 여러분이 위험을 감수하면서도 앞으로 빠르게 전진할 수도 있고, 물이 고여 있을 때에는 안전하긴 하겠지만 별다른 진전이 없을 수도 있으며, 때로는 극도로 위험한 폭포 같은 것을 만날 수도 있다. 물이 흘러가는 대로 자신을 맡겨두는 대신 실현 가능한 계획을 세우고, 뜻밖의 기회들을 통해 이익을 챙길 수 있도록 하면서 돌발적인 사태 발생으로 압도당하기 전에 먼저 조처를 취한다면, 여러분은 분명히 좀 더 잘할 수 있을 것이다. 과학계에서 성공적인 경력을 쌓아가는 데도 동일한 개념이 적용된다. 미리 계획을 하고, 기회가 왔을 때 이득을 챙길 태세가 되어 있는 사람이 그렇지 못한 사람들에 비해서 자신들이 그렇게도 즐기는 과학 연구도 더 잘할 수 있는 가능성이 훨씬 높으며 연구 수행 과정에 대한 통제력도 훨씬 강하다. 일이 벌어지게끔 내버려 두는 사람들은 일이 되게끔 능동적으로 대처하는 사람들의 종으로 전락할 수밖에 없다.

그러니까, 여러분의 단기 계획을 조심스럽게 생각해보도록 하라. 뿐만 아니라 중기 계획도, 장기 계획들도 신중히 생각해 보라. 적어도 앞으로 10년 뒤를 고려해서 미리 생각해 보라. 여러분의 계획이나 꿈이 실현될 것인지의 여부는 걱정할 필요가 없다. 대부분의 젊은이들은 장기 계획을 세워보려는 시도도 하지 않고 그저 하루 하루의 시간을 때워 보내 버리는 데 만족한다. 이런 경향은 젊은 과학자에게도 해당되는데, 그들은 자신들의 경력에 관한 계획을 세우는 것 자체를 (혹은 다음 해엔 세워보리라 생각하는 계획에 대해서조차) 불편해하고 때로는 이에 대해 죄책감마저 느끼곤 한다. 불행하게도, 그들은 이러한 부주의가 자신들의 미래에 얼마만큼의 위협을 불러오리라는 것을 인식하지 못하고 있다. 과학 연구 분야는 기회의 세계이자, 말할 것도 없이, 그러한 기회들을 이용하는 경쟁의 세계이다. 이런 의미에서, 신중한 계획은 경계심을 늦추지 않고, 준비되어 있는 자세를 갖는다는 측면에서 대단히 도움이 된다.

이 말이 여러분이 그토록 하고 싶어 하는 과학을 하기 위해 군 장교나 미식 축구팀의 코치처럼 과학계의 폭군이 되기 위해 노력해야 한다는 뜻은 아니다(몇몇은 그런 방도로 성공의 길을 찾게 될 수도 있겠지만). 고독한 과학자와(아마도 대학원생 한 둘 그리고 박사후 과정연구생) 방대한 연구원들 군단을 지휘하는 "모든 러시아 백성들의 짜르" 사이에는 더 민주적이고, 격식에 얽매이지 않으면서 이 두 극단적인 경우보다 훨씬 더 재미있는, 여러 성공적인 형태의 협력과 활동들이 있다. 관건은 어떤 유형의 과학이 여러분에게 그리고 여러분이 수행하는 과학 연구에 가장 잘 맞는지를 발견하는 것이고, 그러한 유형을 성공시킬 수 있는 최적의 환경을 어떻게 하면 만들어 낼 수 있는가의 여부이며, 그렇게 함으로써 여러분의 삶과 여러분이 수행하는 과학 연구 간의 행복한 균형을 잡아내는 것이라고 할 수 있다.

여러분 자신과 여러분 주변 사람들의 경험이 여러분의 최고의 선생이 되리라는 것은 사실이다. 그 경험 자체가 여러분의 경력에 치명적인 것이 아니라면 말이다.(이 말은 "우리를 죽이지 않는 것은 우리를 강하게 만든다"는 니체의 말을 의도적으로 반복하는 것과 같다.) 그렇지만 여러분 자신이 힘든 일을 겪음으로써 고통스럽게 배우는 것보다는 먼저 다른 사람들이 겪은 경험에서 가능한 한 많은 것을 배울 수 있다면, 위험과 수고를 훨씬 덜어낼 수 있다. 그리고 이것이 바로 우리가 이 책에서 제공하고 있는 것이다. 여러분한테 돌아갈 고통을 줄이기 위해 우리한테서 가능한 한 많은 것을 배우도록 하라.

물론 이러한 지침이 완벽한 것은 아니다. 이건 단지 우리의 의견일 뿐이다. 그래서 여러분은 과학 논문들을 읽을 때와 마찬가지로 우리들의 견해도 비판적으로 읽어야만 한다. 모든 해결 방안을 제시하고 있는 것은 아니지만, 이 책은 여러분의 장래를 신중히 그리고 객관적으로 생각해 볼 수 있게 하는 여러 선택 방안들을 보여주고 있다. 앞에 놓여있는 문제들을 이런 식으로 생각해 보는 것이, 사전에 미리 이런 문제들을 깊이 고려해 보고, 문제 해결을 위한 방도들을 파악함으로써 문제가 생기기 이전에 이미 자신의 계획이 마련되어 있게 하기 위해 맨 처음에 해야 하는 필수적인 조처이다.

우리가 쓴 이야기들은 본질적으로 우리가 직접 겪은 일 혹은 동료들과 친구들이 체험한 경험들로부터 나온 것이다. 우리는 실제로 살아가면서 언제든지 벌어질 수 있는 일들을 실례로 들려고 노력했다. 그래서 이 실례들은 여러분이 겪어봤던 상황 혹은 적어도 누구에게서 들어봤던 일들과 훨씬 더 쉽게 유사성을 찾아낼 수 있을 것이다. 이렇게 함으로써 여러분에게 깨우침을 준다거나 여러분이 의욕을 상실하게 만들려는 의도는 전혀 없다. 단지 여러분의 경력을 관리하는데, 그리고 어쩌면 여러분의 인생 전반에도 유용하게 쓰일 수 있는 약간의 정보와 조언을 제공하려는 것뿐이다. 이 경력 관리 전략을 여러분은 자기 이득만을 챙기는 기술이라고 다소 부정적으로 받아들일 수도 있고, 어쩌면 사실 부정적인 면이 있을 수도 있다. 하지만 우리는 타인이 친절하게 베풀어 주는 희망에 의존하는 편이 한결 낫다고 믿는다.

다시 말해서, 이 책의 중심 사상과 이 책이 전달하고자 하는 메시지는 과학계에서의 성공적인 경력을 추구하기 위해서는 무엇을 예상하고 있어야 하는지에 대한 인식을 고취시키고, 여러분이 경력을 쌓아나가는 문제에 관련된 여러 질문들을 스스로에게 적극적으로 던져 볼 수 있게 하며, 미리미리 계획을 세우게 하는 것이다. 만일 여러분이 이 책에 수록된 모든 것을 해낼 수 있다면, 비록 여러분의 진로가 우리들과는 다소 다르더라도, 그건 대단한 성공이라고 할 수 있으리라. 만약에 여러분이 이 책에서 제시하는 대로 실천을 했다면, 여러분은 상당히 혜택을 받았으리라 여겨진다. (사실 이 책의 유용성은 이 책을 개인적으로 사용할 필요가 없을 정도로 이미 자리를 아주 잘 잡은 누군가가 대학원생이나 박사후 과정 연구생에게 이 책이 추천해줄 만한 가치가 있다고 여기는 데 있다고 느낀다.) 여러분이 한 것이라고는 "과학자로서 살아남는 기술" 부분을 단지 한번 주의 깊게 읽어본 게 전부라고 하더라도, 우리는 여러분이 이 책이 어느 정도는 즐길 만하다고 느꼈으리라고 생각한다. 반면에 우리가 제기한 문제들에 대해 좀 더 애쓰고 있는 여러분의 친구들과 동료들은 이 책이 매우 유용하다는 걸 알게 될지도 모른다.

이 책은 다음과 같이 구성되어 있다. 우리는 과학계에서 경력을 쌓아 나아가기 위한 "기초"에서부터 시작하고 있다. 특히, 제1장은 근본적인 질문들에 초점을 맞추었다. "무엇 때문에 과학자가 되려고 하는가? 혹은 더 기본적으로는, 왜 과학을 하고자 하는가? 그리고 어떤 스타일로 과학 연구를 하고 싶은가? (단독으로 일하는 외로운 늑대 스타일, 공동으로 협동 작업하는 스타일 등으로 학교에서 아니면 정부 연구소에서 아니면 산업체 연구소에서) 그리고 문화적인 차이와 지역적인 차이가 여러분의 선택과 경력에 얼마만큼의 영향을 미칠 것인가? 그 밖의 주제들은 멘토 찾기, 언어적인 능력, 인내심, 역경 퇴치법, 기회 균등, 다각화(다양화), 아시아에서 일하기 등등이다."

여러분 자신들을 검토해보고 여러분이 추구하고 싶어 하는 연구 스타일과 전반적인 작업 관련 사항을 결정했으니, 이제 제2장에서는 일상적인 말로 여러분이 일하고 싶은 곳의 선택은 어떻게 하는지, 그러한 선택을 어떻게 성공적으로 할 수 있는지, 그리고 어떻게 하면 스스로를 그 문제에 대해 계속 눈과 귀를 열어 둘 수 있는지를 논의해 보는 것이 적절하다. 여기에는 어떤 기회가 주어졌을 때 그 기회를 놓치지 않고 잘 이용하는 방법도 포함되어 있다.

제3장에서는 실제로 "과학계의 게임" 그 자체라고 부를 수 있는 것을 논의한다. 즉, 게임이 이루어지는 생태 환경, 동료 평가가 실제로는 어떻게 이루어지며 어떻게 일들이 잘못될 수 있는지, 윤리적인 쟁점 등의 문제를 다룬다. 윤리적인 쟁점들은 여러분이 한 작업에 대해 적정한 공적을 인정받는 일과 지적 재산권, 특허권 등과 같은 것을 포함한다.

"게임 규칙"이 정해졌으니 다음 주제는(제4장) 자연히 여러분과 여러분이 한 작업이 잘 알려질 수 있도록 여러분의 작업을 어떻게 발표하고 어떻게 "포장"해 내느냐 하는 문제이다. 여기서의 주제는 출가하기 위한 전술(어떤 학술지에 어떻게 실릴 수 있는지, 학술지 인용색인과 영향요인들이 작용하게 된다), 학술회의(어떤 방식으로 하는 학술회의인지, 구두 발표인지, 포스터를 이용한 발표인지) 등을 포함한다.

마지막으로 제5장에서 우리는 과학적인 글쓰기, 동료 평가를 통한 출판에 대한 기본 개념, 논문, 연구 제안서가 지녀야 하는 과학적 핵심에 관한 주제들을 다룬다. 또한 여러분의 이력서가 사용되는 맥락을 감안하여 이력서를 작성하는 법, 장학금과 연구비 신청서 작성법, 그리고 연구 제안서 작성법을 아는 것도 중요하다. 또한 아주 짧은 시간 안에 이루어지는 각종 발표 방식, 구두 발표 방식들이 있는데, 학술회의, 세미나, 취업 면접, 학술회의에서 포스터를 이용한 발표 등이 그것이다. 여기에서는 또 자신이 하고 있는 연구를 기부금 요청서에서 설명하는 방식을 배우고, 그것이 동료 평가제를 통과해야 하는 논문 작성법과는 어떻게 다른지를 알아야 하는 것이다.

제6장은 경고성의 이야기를 담고 있는 반면에, 제7장은 전반적인 결론을 내리고 있는 이 책의 마지막 장이 되겠다.

Contents

차 례

제1장 기본적 선택 / 1

제2장 기본 전략과 행동 / 23

chapter 1

기본적 선택

1.1 너 자신을 알라! : 현실적인 목표 세우기

당신이 세운 목표가 현실적인지, 그리고 그것을 이루었을 때 정말로 만족할 수 있는 목표가 될 수 있도록 당신 자신에 대해서 알도록[1] 노력하여야 한다. 당신이 되고 싶어 하는 과학자로서의 직업 목표는 무엇인가? 단순히 과학자로서의 성취뿐만 아니라, 당신이 원하는 일을 할 수 있는 수단을 갖기 위해 당신의 경력을 어떻게 개발할 것인가도 포함하여야 한다. 커리어를 어떻게 쌓아갈 것인가도 포함된다.

당신의 경력 각 단계에서 당신은 이 질문들을 공개적이고, 비판적으로, 그리고 현실적으로 자문하는 것은 매우 중요하다. 그래야만 당신이 앞으로 맞닥뜨리게 될 많은 문제와 좌절로부터 빠져나올 수 있을 것이다. 당신이 직업을 바꾸거나 과학자로 성장해가는 도중에도 수시로 스스로에게 이런 기본적인 질문을 던지는 것을 잊어서는 안 된다. 당신의 이력서뿐만 아니라, 스스로 자신의 평가와 자신의 목표를 경신하여야 한다. 당신은 르네상스 시대의 젊은 예술가와 다르지 않다. 당신의 능력과 비전을 개발하는 것만으로는 충분하지 않고, 당신이 추구하는 예술을 후원하는 후원자에게 총애를 받을 수 있도록 계획하는 것 역시 필요하다.

1) "너 자신을 알라" 이 유명한 그리스의 격언은 성인 소크라테스를 포함한 몇 사람의 고대 그리스의 철학자들에게서 기인한다. 그러나 고대 사학자 플루타르크에 따르면 "너 자신을 알라"는 고대 그리스의 태양의 신 아폴로의 델파이 신전의 신탁 경고에서 기원을 찾을 수 있다. 플루타르크는 한 때 관리인의 한 사람이었기 때문에 그는 신탁에 새겨진 글을 알아야만 했다. 소크라테스에게 경의를 표하여 델파이의 아폴로의 신탁은 그를 모든 사람들 중 가장 현명한 사람으로서 동일시했던 것으로 알려졌다.

일반적인 과학자의 목표가 무엇이며, 또한 당신 자신의 목표가 무엇인지 스스로에게 질문을 해 본 적이 있는가. 이 질문을 통해 당신이 목표하는 곳에 도달할 수 있을 것임을 기억하라.

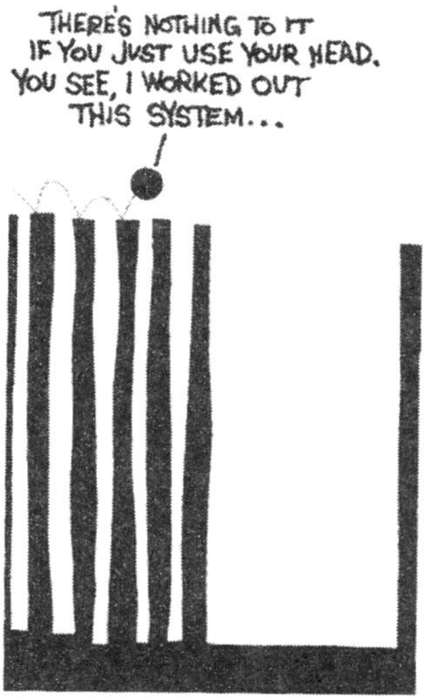

Jack wohl[2]이 그린 옆 그림의 1996년의 만화에서 보듯이 성공이 보장되어 있는 사람은 없다(그는 사람을 원과 같은 단순한 형태로 표현함으로써 이해할 수 있다고 생각했다). 성공이 보장되지 않는다고 해서 당신이 세운 모든 계획을 포기할 필요는 없다. 계획을 세우는 일이 꼭 성공을 보장하지는 않지만, 훌륭한 계획을 짜고, 또 거기에 따라 행동한다면 아무런 계획 없이 행동하는 사람보다 더 큰 성공을 보장받을 수 있을 것이다.

여기에서, 스스로에게 아주 기본적인 질문을 던져보자. "나는 왜 과학자가 되기를 원하는가? 그리고 내가 과학에 기여할 수 있는 것은 무엇인가?" 아직 이런 간단한 질문을 스스로에게 던지지 않았다면, 지금 스스로에게 질문해 보자. 내가 진정으로 원하는 것이 무엇인지를 알지 못한다면 과학자가 되려고 노력하는 것은 무의미한 일이다.

불행하게도 많은 젊은이들이 자기가 현재 하고 있는 일을 단순히 좋아하기 때문에 그 일을 계속한다. 하지만 난관에 부딪쳤을 때는 실연을 당했을 때처럼 큰 충격을 받을 수 있다.

나 자신에게 합당한 답을 내놓지 못한다면 더 늦기 전에 진로를 바꾸는 것이 현명하다(그러나 당신이 현재 학생이라면 무슨 일이 있어도 먼저

2) Jack Wohl, The Conformers, P-S Books, Pocket Books New York, NY (1966)

학위를 마쳐야 하고, 그 다음에 당신의 재능을 사용할 수 있는 다른 방법을 찾아야 한다).

(우리 자신을 포함하여) 많은 사람들은 순수과학의 주요 목적은 자연의 법칙을 연구하고 새로운 지식과 통찰력을 기존에 존재하고 있거나 당신이 창조하는 시스템의 물리적, 화학적, 그리고 생물학적 과정에 제공하는 것이라고 믿고 있다.

"진짜 과학자"는 자연의 신비를 풀고자 하는 욕망으로 불타는 사람들이다. 다른 것들은 이 목적을 성취하기 위한 수단에 지나지 않는다. 어느 지적인 자선사업가가 과학자에게 똑같은 봉급을 지급했을 때 그 봉급에 특별한 조건이 붙어 있지 않다면 진짜 과학자는 지금까지 해오던 일을 계속할 것이다. 사실 진짜 과학자는 과학에 중독된다.

돈이라는 것이 진짜 과학자에게는 기본적인 동기는 아니지만 전혀 무시할 수 없는 부분이다. 충분한 연구비 없이 좋은 과학을 한다는 것은 (완전히 불가능한 일은 아니지만) 매우 어렵고도 도전적인 일이다. 그래서 연구비는 (적절한 표현은 아니지만) 목적을 위해서 꼭 필요한 수단이다(연구비 자체가 목적인 과학자도 있기는 하다).[3)]

그러나 (대부분의 사람들이 알고 있는 사실이지만) 많은 연구비를 갖는 것만으로는 충분하지 않다. 연구비 계정으로 상당히 많은 돈이 들어오지만 질적으로 훌륭한 과학 연구를 하는 과학자는 실망스럽게도 많지 않다. 액수가 너무 커서 관리하는 것조차 어려울 뿐만 아니라 실적에 대한 부담 또한 상당한 것이 현실이다.

성공적인 과학을 위해서는 새롭고 창의적인 사고가 가장 중요한 요소일까? 상대적으로 적은 연구비로 놀랄 만큼 훌륭한 연구 실적을

3) 이것은 북미에서 특히 사실인 듯하다. 유럽에서는 저명한 과학 학술지들에 게재되는 긴 논문 목록 때문에 동료의 존경을 받는다. 유럽에서 연구비의 수준을 가지고 과학자가 자랑하는 경우는 (귀를 기울이기는 하지만) 드물다.

발표하는 동료 과학자들도 있다(학술회의에 참석할 여비 외에 좋은 아이디어, 펜과 약간의 종이만이 필요한 특별히 해석적인 연구를 하는 이론 물리학자에게만 국한된 것은 아니다. 페데리코의 조국인 이탈리아에서는 적은 연구비로 아주 놀라운 실적을 올리는 실험학자들도 있다).

당신의 근본적인 목표가 부자[4]가 되고 유명해지는 것이라면 연구 계정 측면에서 뿐만 아니라 은행 계정 측면에서 보더라도 당신의 그 목표를 단순하고 빠른 방법으로 이루게 해줄 다른 직업을 선택하기를 강력하게 권하는 바이다(아마도 당신은 구글의 공동창업주들처럼 테크노 산업의 요술사가 되려고 노력해야 할 것이다). 최고의 과학을 위해 노력하는 과학계의 프리마돈나와 엠파이어 빌더들은 충분히 많이 있다. 부자가 되기 위해 과학에 잘못 의지하는 사람은 더 이상 필요하지 않다. 정말로 뛰어난 과학자는 노벨상을 통해 유명해질 수도 있고[5] 또 적당히 부자도 될 수 있다. 회사를 설립해 경영에도 소질을 발휘하여 상당히 많은 돈을 버는 과학자들도 있다. 하지만 이들은 기회를 잘 만났고, 그 기회를 이용해 수익을 창출해낸 "진짜 과학자"들이다. 그런 기회를 잡으려는 희망으로 과학계에 입문하는 것은 어리석은 도박이며, 그 실

4) Sidney Harris의 만화 중에 하나(Chalk Up Another one, Rutgers University Press, p90 (1992))는 의기소침한 과학자가 칵테일파티에서 "나의 큰 실수는 단지 돈만을 위한 우주 속으로 뛰어든 것이다"라고 말하는 것을 보여 준다.

5) 여기서 명성의 개념은 매우 상대적이다. 당신이 거리에서 어떤 사람을 만나서 그들에게 타이거 우즈가 누구냐고 물어 보면 그들은 그의 위대한 공훈, 그의 상세한 사생활, 그리고 광고를 포함한 그에 관한 많은 것들을 아마 알고 있을 것이다. 한편 당신이 알버트 아인슈타인이 누구냐고 물어보면 그들은 모든 것이 상대적이라는 말을 한 우스운 과학자의 모호한 개념을 가지고 있을 수 있다. 그들은 모든 것이 상대적이라는 것은 그들에게 매우 분명한 것인데 그러한 사소한 발견에 대해서 어떤 사람에게 노벨상을 주는 것은 과장이라고 말하는 농담을 할 것이다. 당신이 모를 것에 대비해서, 아인슈타인은 1921년에 (1905년에 출판된) 광전효과를 설명한 것에 대해서 물리학으로 노벨상을 받았다. 대조적으로 두 개의 상대성 이론들은, 특수 상대성과 일반상대성 이론, 만들어진 후 오랫동안 원로 과학계에서 널리 받아들여지지 못했다. 지금 일반 상대성 이론은 GPS 운영을 위한 프로그램에서 필요한 요소이다. 그래서 우리 모두는 아인슈타인의 일반 상대성 이론을 알게 모르게 사용하고 있다.

현 가능성은 생각할 가치조차 없다(아래 Sabine A. Minsky가 손으로 그린 그림을 보라).

당신이 과학자로서 부자가 되는 것을 원하지 않고 오랜 시간 일하는 것을 좋아한다면 적어도 과학자라는 직업은 사무직처럼 지루하고 안전한 판에 박힌 일이 되지는 않을 것이다. 몇 가지 작은 연구들로 구성되는 활발한 연구 활동에서는 이틀 이상 비슷한 일들을 행하는 경우는 드물다. 한결 같은 판에 박힌 일이 없다는 것이 불만인 사람은 성공적인 과학자가 되기는 힘들 것이다. 과학자의 일이라는 것이 항상 다양하고 각양각색이어서(물론 때로는 지루할 때도 있지만) 같은 일을 되풀이하는 경우는 극히 드물다.

(특히 학계에서 일하는 사람이라면) 많은 시간들, 심지어 주말에까지도 일을 하면서 보내야 하며, 거기서 기쁨을 맛볼 수 있어야 할 것이다. 일반적으로 과학자라는 직업은 주 5일, 하루 8시간 근무하는 일은 결코 아니다. 회사에서의 골칫거리들을 모두 잊어버리고 가족들과 즐기며 취미 활동을 하는 일은 꿈도 꾸지 말아야 한다(당신이 꿈꾸는 완벽한 주말은 극히 드물다).

다시 한 번 말하지만, 주 5일 근무의 로망에 젖어 있는 사람이라면 지금 당장 다른 직업을 알아봐야 할 것이다.

물론 예외는 있다. 운 좋게 한 자리를 꿰차고 과학에 대한 아무런 열정도 없이 판에 박힌 하루 8시간 근무에 충실한 사람들이다. 과학자들을 알파 과학자와 베타 과학자로 분류한다면, 이들은 감마 과학자(베타 과학자의 아래)들에도 속하지 못하는 델타 과학자들이라고 해야 할 것이다. 이들은 과학에서 결코 성공의 길에 이르지 못할 것이다.

그런 자리에 정규직으로 근무하게 된다면 당신은 중간이나 중간에도 미치지 못하는 과학자(잘 교육받은 기술자) 부류에 속하게 된다는 걸 깨달아야 할 것이다. 그런 부류의 사람들은 안정된 직업은 가질 수 있다. 논문에 이름이 올라갈 것이고(당연히 하급자 위치에서), 남들이 결정한 작은 프로젝트를 진행할 수도 있을 것이다. 거기에 대한 보상이든 아니면 순수과학에서는 찾아볼 수 없는 에너지를 사용하기 위해서든 그들은 과학이 아닌 다른 곳에서 행복을 찾게 된다. 그 선택은 분명 옳은 선택이다. 하지만 그 선택이 의미하는 바는 분명히 알고 있어야 할 것이다. "나는 정말로 과학을 좋아한다. 하지만 과학만큼이나 어쩌면 더 많이 내 가족과 다른 활동들도 좋아한다. 그래서 나는 타협안으로서 유용하고도 즐거운 이 2인자 역을 선택할 수밖에 없다." 그렇게 되면 당신은 결코 최고(적어도 우수한) 과학자(알파 또는 베타 과학자)가 되려는 헛된 노력을 해서는 안 될 것이며, 초기의 꿈을 잃어버린 데 대한 맹목적인 항의의 표시로 "칼퇴근"이라는 준법투쟁을 행사하는 삼류 과학자 또한 되어서는 안 될 것이다. 여기서 "너 자신을 알라"고 이야기하는 것은 당신에게 주어진 운명이나 진정한 욕구는 학창 시절 마음 속에 품고 있었던 것과는 다른 것일지도 모른다는 사실을 받아들이라는 의미이다.

당신의 선택이 그러하다면, 동료들과의 치열한 경쟁에서 밀려나 경쟁이 없는 자리에 안착해 있는 사람이라면, 이 책은 단지 신분 상승을 꿈꾸는 사람들이 하는 일을 이해하는 데 도움이 되는 사회학적인 흥밋거리 정도에 불과할 것이다.

이 책은 과학 분야에서 정말로 성공하기를 원하는 사람들을 위한 책이다. 성공을 하고 안 하고는 대부분의 인간의 노력과 마찬가지로 (행운과 같은) 외부 요인에 의해 결정된다(2쪽의 Jack Wohl의 만화를 다시 보도록 하라). 하지만 이 길로 들어선 이상 우리는 최선을 다해야만 한다.[6)]

당신이 진정한 과학자라고 한다면, 당신이 이야기하거나 과학 논문을 쓰고 연구비 신청서를 쓸 때에도 당신의 열정이 분명히 드러날 것이다. 동료들이 존경의 눈길로, 때로는 경외에 찬 눈빛으로 당신을 올려다 볼 것이고, 당신을 영감의 원천(당신을 질투하거나 시기하는 사람들을 제외하고)으로 여길 것이다. 당신이나 학생들이 새로운 결과를 얻거나 이전에 아무도 이해하지 못한 어떤 것을 이해할 때는 흥분을[7)] 감추지 못할 것이다. 이러한 흥분이나 열정은 과학자들에게 진정한 보상이다. 이 일의 결점, 위험성, 희생에 대해 주어지는, 아니 마땅히 주어져야만 하는 보상인 것이다. 우리 앞에 필연적으로 다가올 힘든 시기를 잘 헤쳐 나가기 위해서는 분명 명심해야 할 것이다. 과학자로서의 경력을 쌓아 가는 일은 특히 처음 시작하는 사람들에게는 매우 힘든 일이며, 온통 모르는 것 투성이일 것이다. 하지만 과학자와 마찬가지로 소수의 사람들만이 그들의 일을 사랑하는데, 이것은 아무나 누릴 수 없는 특권이라고 해야 할 것이다. 많은 시간을 일하고 적은 휴식을 취해야 하는 과학자라는 직업은 결코 만만한 일이 아니다. 항상 흥미로운 무언가가 기다리고 있고, 새로운 아이디어와 도전으로 가득 차 있는 직업이다. 회의, 학술회의, 세미나 등에 참석하기 위해 자주 여행을 다니게 되는데,

6) 장차 랭킹 1위가 되려는 욕심 없이 프로 테니스 선수가 되기를 원하는 것은 의미가 있을까?
7) 이것은 어린이들이 새로운 장난감을 받았을 때 그들을 사로잡는 흥분과 똑같다. 우리는 이것이 많은 시간 동료에게 일어난 것을 봐 오지 않았는가!

당신에게는 즐거운 일이지만 가족들에게는 결코 반가운 일이 아닐 것이다(회의 때마다 데려가지 않는 한).

당신이 이러한 일들에 대해 자신을 희생한다고 생각하고 받아들일 수가 없다면, 다시 한번 말하지만 다른 일을 찾아보는 게 좋을 것이다. 대부분의 훌륭한 과학자들은 가끔 주말을 포함하여[8] 하루에 10~12시간을 일한다. 그들은 이것을 당연하게 생각한다. 정말로 일을 사랑할뿐더러 일에서 상당한 재미를 느낀다.

과학자가 된다는 것은 매일 매일 새로운 것을 배우는 것을 의미하기도 하는데, 흥미있고 자극적이며 도전적인 일이라고 할 수 있다.[9] 주 5일, 하루 8~9시간 일하면서 만족스러운 성과물을 보여줄 수 있을 만큼 효율적이고 집중력 있게 일할 수 있는 사람은 매우 드물다. 그렇게 효율적으로 일하는 과학자들을 실망시키려는 의도는 아니다. 그런 사람들은 우리 영역을 대표할 수 있는 소수에 지나지 않는다는 사실을 이야기하고자 함이다. 당신이 그 소수에 포함된다고 생각하지는 않는다(당신은 자신이 정말로 효율적인 사람이라고 생각하는가? 너 자신을 알라!).

8) 과학자가 달이 아니라 시간으로 급여를 받는다면 그들은 곧 부자가 될 것이라는 것을 아는 것은 때때로 다소 불만스러워진다. 그러나 첫 번째로 이 직업을 택한 이유 중의 하나는 돈이 나의 우선순위 목록에서 꼭대기를 차지하지 않기 때문이다. 정말로 돈이 당신에게 중요하면 다른 직업을 선택하는 것이 더 좋다. 과학의 직업에 다른 중요한 부가 혜택이 있다. 그래서 아마 가장 중요한 것은 당신이 일을 하는 동안 실제로 즐겁다는 것이다. 사실 내가 나의 직업을 "원자 그리고 분자와 함께 놀기" 같이 표현하는 것은 흔한 일이다(너무 잘 알고 있는 나의 동료들에게는 흔하지만 보통 사람들에게는 아니다).

9) Federico : (나는 성공의 객관적인 측정방법을 찾는 것이 전혀 분명하지 않다는 것을 인정하지만) 당신이 내가 너무 많이 일을 한다고 생각하면 당신은 다른 성공한 동료들이 하고 있는 것을 쳐다보고 내가 과장하지 않는다는 것을 알아야만 한다. 가끔 나는 홀수 주말 또는 나머지 휴가에만 쉰다. 그러나 이것은 내가 물리학 교수인 아버지로부터 배운 일하는 방식이다: 오랜 시간 계속 일하는 것은 고도의 집중력을 유지시켜 준다. 당신이 알버트 아인슈타인처럼 똑똑하지 않다면 이것이 이 직업에서 성공으로 접근할 수 있는 최고의 방법 중에 하나인 듯하다.

당신이 학계에서 일하면서 교수에까지 이르게 된다면 과학자는 물론 경영자도 되어야 한다. 연구를 수행하기 위한 연구비를 끌어올 수 있어야 하고 적당히 그것을 운영할 줄도 알아야 한다. 공적인 연구비를 받은 경우에는 국민의 세금을 어떻게 사용했는지 재단에 정기적으로 보고해야 한다. 본질적으로, 과학자라는 직업은 다면적이어서 인간의 노력을 위한 많은 다른 영역을 접하게 될 것이다.

다시 한번 말하지만 이 모든 것은 정말 개인적인 선택의 문제이다. 처음에도 언급했듯이 나 자신을 알아야 한다. 나 자신에 대해 잘 알고 있을 때 올바른 선택을 할 수도 있고 결국 더 행복한 생활을 할 수도 있다. 이것은 단지 과학 진로에만 국한되는 것이 아니라 식당에서 무엇을 주문할지 결정할 때에도 도움이 될 수 있다.[10] (우리보다 더 용기 있는 두 저자들은 배우자를 선택할 때 이것을 적용하고자 했다. 그것이 분별 있는 생각인지는 모르겠지만 우리는 이 개념을 식당에 적용하고자 한다.)

많은 젊은이들 중에는 큰 강에서 수영하는 사람이 보트가 떠내려와 주기를 기다리는 것처럼 무언가 좋은 것이 나타나기를 바라고 쉽게 결정을 내리지 못하는 경우가 많다. 미래에 대한 두려움 때문에(또는 금광이라도 발견하기를 은근히 바라기 때문에) 미래에 대한 계획을 세우는 일을 싫어한다. 그들은 주어진 환경에서 자신들이 어떻게 일을 할 수 있는지 스스로를 잘 알지 못하며, 과학자로서의 특별한 업무 환경에 대해서도 잘 알지 못하는 것이다.[11] 이런 사람들에게 이 책이 도움이 될 것이라고 생각한다.

10) 당신이 닭을 싫어하면 그것을 주문하지 마라!
11) 시드니 해리스의 또 다른 만화는 소비자에게 말하는 생각에 잠긴 주차장 기계가 그려져 있다. "정말로 나는 양자역학을 시작했지만 나는 그 길을 따라 어딘가에서 잘못된 회전을 했다."

1.2 당신의 목표를 당신의 성격과 재능에 맞추어라.

당신 성격의 장점 중 어떤 면이 당신을 성공으로 이끌어줄 수 있을 것 같은가? 기본적인 과학적 재능(물론 지적 능력을 포함하여)은 분명 과학자로서 성공하기 위한 필수 요소이다. 천부적인 재능은 갈고 닦을 수는 있지만 새로 만들어질 수는 없다. 우리 주위에도 흔히 있는 비극이지만 특별한 분야에서 성공하기 위해 필요한 재능이 과학자로서 타고난 재능을 능가하는 경우가 있다. 말하자면 과학자로서의 재능이 없는 것이다. 유일한 방법은 진로를 바꾸는 것이다. 정말로 과학자가 되고자 하는 뜻이 있다면 진로를 변경하기 전에 당신만의 특별한 장점을 잘 이용하거나 또 다른 장점을 개발하고 강화시킴으로써 재능을 보다 더 효과적으로 키울 수 있다. "최선을 다하기 전까지는 그만두지 말라"는 말이다.

다른 조건이 동등하다면 과학적 재능을 타고난 사람이 성공하리라는 것은 분명한 사실이다. 이러한 재능을 자유롭게 통제할 수 있는 여러 가지 방법들을 연구하려고 의식적으로 시도하지만, 기본적인 재능 자체는 배우거나 개발될 수 있는 것은 아닌 것 같다. 어떤 분야에서 개인의 기본적인 수준을 파악하기 위해 그 분야에서 그 사람의 기본적인 재능에 대해 객관적인 견해를 가져야 한다. 매우 어려운 일일 수도 있지만 여기서 다룰 문제가 아니므로 처음 과학에 입문하는 사람은 반드시 시도해 보기를 바란다.

다행히 대부분의 사람들이 생각하는 것과는 달리 과학자로서의 성공을 좌우하는 것은 과학에 대한 타고난 재능이 아니다. 과학(특히 실험과학)에서 성공이라는 것은 타고난 재능에 의해 결정되는 것이 아니라, 배워서 터득될 수 있고 개선 가능하고 또 개발 가능한 다른 행동에 의해 더 좌우된다는 사실은 잘 알려져 있지 않다. 우리는 이 책을 통해 어떠한 것들이 개선 가능하고 개발 가능한 것인지 검토해보고 나아가 스스로 훌륭한 과학자가 되는 길을 결정할 수 있도록 도움을 주고자 한다. 이 방법을 통한 개발은 다른 종류의 연구 후원을 위한 수단으로 쓰일 것이다. 요트 경주와 같은 것이다. 요트의 속도를 조금 더 낼 수 있게 하는 데는 기본적인 능력 또는 "끼(touch)"[12)]가 필요하다. 하지만 전략적인 문제, 요트 준비, 날씨의 변화 예측, 요트를 다루는 여러 가지 기술 등 의식적으로 익힐 수 있는 부분들도 많이 존재한다. 요트의 "끼(touch)"를 제외한 모든 것에 대해 배울 수 있는 책은 서점에 가면 많이 볼 수 있다. 이 책은 과학 분야에서 "끼(touch)"를 제외한 모든 것에 대해 여러분들에게 가르쳐 줄 것이다.

이 부분에 대한 설명을 끝내기 위해 다른 방식으로 접근해 보자. 다른 사람들보다 더 많은 재능을 가졌고, 그 재능만으로 볼 때는 반드시 성공하리라고 기대했지만 그렇지 못한 똑똑하고 천재적인 과학자들이 많이 있다. 투지, 인내, 팀 내에서 일하거나 팀을 이끌 수 있는 능력 등과 같은 성격상의 장점들은 아주 유용할 뿐만 아니라 결국에 가서는 타고난 재능보다 더 중요할 때도 있다. 운이 좋게도, 많은 다른 장점들도 물론 의식적으로 배울 수 있고 또 강화시켜 나갈 수도 있다. 물론 어떤 장점들을 배우고 강화시켜 나가야 되는지에 대해서는 알고 있어야 한다. 혹독한 연습의 교육을 받을 수 없는 잠재적으로 재능이 뛰어난 피아노 연주자는 그저 "잠재적으로 재능이 있는" 사람으로 남지만, 다소 재능은 떨어지지만 더 많은 교육을 받은 연주자들은 그들의 장래성을 실현시킬 가능성이 높은 것이다(기본적인 선택을 따르는 행동에 대해 이야기할 때 다시 이 주제로 돌아올 것이다).

12) 재미있게도 끼를 가진 선원들은 우리가 그들을 따라 잡는데 신경을 쓰기 때문에 우리들처럼 보트 준비에 강박 관념이 있다. 끼는 몇 시간의 사포질보다 훨씬 가치가 있을 것 같지만 보트의 성능이 좋을 때 더 잘 발현된다. 그래서 끼를 가진 선원은 빈약한 보트에 매우 고통스러워한다. 그러므로 최고의 선원들은 모래로 매끄럽게 하는 작업을 무시할 수 없다 - 그들은 역시 강박관념이 있다. 과학과의 유사점이 모두 너무 분명하다.

당신의 성격에 특별한 장점이 있다면 분명 당신의 장점에 맞는 분야나 방식이 있다고 봐야 할 것이다. 그렇게 되면 당신의 연구 방식에 가장 잘 맞는 방법을 찾아낼 수 있을 것이고, 이 방법이야말로 당신의 에너지를 쏟아부을 수 있는 가장 좋은 방법인 것이다.

1.3 연구 방식 선택 : 고독한 늑대인가 공동연구자인가? 팀원인가 팀 리더인가? 알파 과학자인가 베타 과학자인가?

1.3.1 어떤 팀 컬러로 연구할 것인가?

당신이 부름을 받았다고 느끼는 과학 영역에서 어떤 분위기에서 연구할 것인지를 선택하는 일은 중요한 부분이다. 기본적으로 체크해야 할 사항은 그 팀의 규모인데, 이는 저자진들이 몇 명이 참여하고 어디에 소속돼 있는지 알아봄으로써 가능할 수 있다.

Diversion

우리는 여기서 과학자 집단에 대해 이야기하고 있으므로 Journal of Irreproducible Results v.14, n. 4 (1965)(ANON)의 기본적 과학에서 몇몇 집단의 명칭들을 조사하는 것이 적당하다고 생각한다.

> 핵물리학자들의 명단, 순수 수학자들의 명단, 이론 물리학자들의 분야, 금속공학자의 조직, 분광학자들의 계보, 콜로이드 화학자의 집단, 우주학자들의 은하계, 이론 기상학자들의 구름, 응용 기상학자들의 소나기, 유전학자들의 쓰레기, 발효화학자들의 집단, 세균 학자들의 집단, 조류학자들의 날개, 심리학자들의 복합체

위원회 위원들의 음모, 교수구성원들의 불화 등과 같은 "정치적" 다양성

5명 이하의 저자진으로 구성된 팀은 한 명의 리더나 우수한 과학자(알파 과학자로 부르겠다 ; 보통 첫 번째 저자는 아니다), 한 명 또는 두세 명의 학생(이 중 한 명이 첫 번째 저자일 수 있다), 한두 명의 박사후 연구원, 한 명의 "중간" 과학자(베타 과학자), 다른 연구기관의 한 명의 알파 과학자 등으로 되어 있다.

열 명 이상의 저자로 구성된 팀은 대개 소수의 팀으로 나뉘어져 공동 연구를 통해 결과물을 얻어내는 방식을 택하게 된다.

이보다 훨씬 많은 멤버로 구성된 경우는 고에너지 입자물리학 연구가 있다. 저자진만 수백 명에 이른다. 그룹 심리학에서는(3~18여 명으로 구성된) 작은 그룹, 큰 그룹, 그리고 그룹들 간에 동맹을 구성하는 큰 집단을 다룬다.

Physics Today(1964년 11월)에 보내는 편지에서 Robert A. Myers는 "다시 한 번(F. Bulos et al., Phys. Rev. Letters v.13, p. 486(1964)) 고에너지 물리학자들은 문단 수(12)보다 더 많은 저자들(27)을 가진 논문을 제출했다. 고에너지 연구는 정말 다를까?"라는 글로 독자들의 주목을 받은 바 있다. 고에너지 물리학은 정말 다른 연구와는 다르다. 지금은 더 했으면 더 했지 못하지는 않다. 최근의 논문(Abe et al., (Belle 공동 연구의 192명의 저자) Phys. Rev. Letters v.95 p. 101801(2005))은 관련된 기관의 수(49)보다 적은 문단(18)으로 만들어졌다.

다른 형태의 연구는 한 명의 과학자(두세 명의 지역 공동연구자일 수도 있다)가 이동해 다니는 전문가 공동연구자 후보 그룹과 확장된 공동연구를 수행하는 방식이다. 이 방식은 저자들 중 한 명(Tudor Johnson)이 몇 년 동안 적용하여 상당히 성공을 거두었다. 당신은 그룹의 구성원들과 서로 대화를 나누면서 연구가 어떻게 진행되고 있는지 파악하고 또 서로 비교해야 한다. 그 다음에는 당신의 환경에 더 잘 맞도록 연구영역을 조금 변경하거나 하는 등으로 합리적인 계획을 세울 수 있다.

이러한 형태의 질문에 대답할 때에는 다른 사람들과 어우러져 일하는 당신의 능력을 가능하면 객관적으로 평가해서 어느 정도까지 서로 타협해서 일할 수 있는지를 파악해야 한다. 이러한 종류의 타협을 부정적으로 볼 필요는 없다. 과학자로서의 경력을 쌓아가면서 많은 경우 이러한 선택을 해야만 할 가능성이 높다. 초기에는 별로 선택권이 없는 연구실 기술자나 학생 아니면 팀원으로 일할 가능성이 높지만 경력이 어느 정도 쌓이고 나면 선택을 할 기회가 온다. 하지만 선택할 수 있는 기회가 오기 전에 어떤 길을 선택할지 미리 정해두어야 할 것이다.

당신이 어떤 분야에 흥미를 가지는지 검토가 끝났다면 이제 다음 단계는 어떤 형태의 과학자가 되고 싶어 하는지, 그리고 어떤 과학이 당신을 행복하게 해줄 것인지 심사숙고해야 할 것이다.

1.3.2 과학이라는 게임에서 어떤 플레이어가 되고 싶은가?

팀 스포츠와 팀 내에서의 개인의 역할에서 이와의 유사점을 찾아보도록 하자. 팀 스포츠에서는 선수들마다의 역할이 있다. 축구를 예로 들어보자. 운동장에 11명의 선수들이 있다 : 골키퍼 1명, 수비수 4명, 미드필더 4명, 공격수 2명. 과학 분야에서는 축구 경기보다 더 적은 역할(알파 과학자, 베타 과학자, 감마 과학자, 전문가 공동연구자)이 있다는 것을 제외하면 별반 다를 게 없다.

알파 과학자는 창조적으로 생각하는 것을 좋아하고 그 창조적인 생각으로 연구비를 이끌어낸다. 학계에서 중요한 연구 실적을 거두는 교수의 역할을 하는 것이 알파 과학자의 역할이다. 알파 과학자는 실험실에서 시간을 보내거나 실제 계산을 하는 경우는 드물다. 알파 과학자가 보여주는 현재의 개념과 알파 과학자를 대신하여 현재의 개념에 대한 실험과 모의실험을 수행하는 학생들 및 박사후 연구원들을 조율하고 관리하는 일을 한다.

이러한 방식의 일은 각 프로젝트를 팀의 개별 구성원(아마 베타 과학자 또는 구성원 내의 알파 과학자)이 대신 하게 함으로써 알파 과학자가 다양한 프로젝트를 진행할 수 있다는 장점이 있다. 하지만 시간이 지날수록 알파 과학자는 과학자보다는 경영자의 성격이 짙어져(초창기 과학자가 되기로 했던 본래의 의도와는 달리) 실험실과의 연락이 뜸해지게 되는 단점이 있는데, 그룹의 규모가 커질수록 이런 경향이 더 강하게 나타난다.

반면 베타 과학자는 해군에서 장교와 비슷한 성격을 띠게 되는데 대부분의 시간을 실험실에서 학생들의 실험을 돕거나 실제로 실험에 참여하기도 한다. 업무를 총괄하는 실무자인 셈이다. 베타 과학자는 가끔 연구비 제안서의 초고 작성 같은 "행정" 업무를 처리하기도 한다. 하지만 베타 과학자의 마음은 늘 연구실에 있으며, 실험하고 계산하는 일 등에 더 흥미를 가진다. 대학원생과 박사후 연구원들을 지도하는 데 도움을 주며, 알파 과학자가 바빠서 자리를 비울 때 모든 업무가 원활하게 돌아가도록 해야 하기 때문에 중요한 인물이라고 할 수 있다.

알파와 베타 과학자의 관계는 군함에서 함장과 장교의 관계와 비교할 수 있다. 함장은 군함과 군사 전략 전체를 책임지게 되며 작전의 실패와 성공에 대해 전적으로 책임을 떠맡게 된다. 반면 장교는 두 번째 서열에 있으며, 함장의 의지와 명령을 수행하거나 장병들이 제대로 임무를 수행하도록 돕는 역할을 한다.

감마 과학자는 베타 과학자 아래 서열인데, 간부로서의 책임을 질 필요 없이 전공에만 몰두하면 되고, Review of Scientific Instruments에서 소중하게 다뤘던 서브 시스템의 기초적인 사항들에 대해서 가끔 (첫 번째 저자로) 논문을 출판하는 일을 하게 된다.

알파, 베타 또는 감마 과학자 중 어디에 목표를 둘 것인지를 결정하는 일은 (실험주의자가 될 것인지 이론가가 될 것인지 선택하는 것만큼이나) 중요한 일이다. 자신의 재능과 장점을 신중하고 냉정하게 분석해서 자신에게 가장 잘 어울린다고 생각하는 역할을 객관적으로 결정해야 한다. 결정하기 힘들다면 동료나 친구들에게 조언을 받는 것도 괜찮다. 대학원생인 경우엔 지도교수에게 자문을 구할 수도 있다. 민감한 문제이기 때문에 객관적인 답을 얻어내는 것이 중요하다. 과학자들은 모두 타고난 베타 과학자들이며, 지도교수 밑에서 일한다면 베타 과학자 이상은 되지 못한다. 중요한 점은 지도교수가 당신을 잠재적인 지도자, 즉 미래의 최고 과학자나 알파 과학자로 보느냐 아니면 베타 과학자로 보느냐이다.

이 부분은 당신의 커리어에 중대한 영향을 미칠 수 있는 문제이다 - 현명한 선택을 한다면 좋은 영향을 미칠 것이고, 그렇지 않으면 당연히 나쁜 영향을 미칠 것이다. 골키퍼에 재능이 있는 축구 선수가 미드필더나 중앙공격수로 뛰기를 원한다고 생각해 보자. 또는 수비하는 중앙공격수를 상상해 보자. 적당한 비유인지는 모르겠지만, 말하고자 하는 요점은 분명하다. 당신이 아닌 누군가가 되려고 하지 마라. 그것은 재앙과도 같은 것이다. 당신의 역할을 훌륭하게 해내면 행복해질 수 있는 기회는 반드시 오게 마련이다. 그리고 분명히 성공하게 될 것이다.

북미의 학교 제도는 거의 전적으로 알파 과학자들을 관리하고 지원하는 제도가 잘 갖춰져 있다. 북미 대학에서 작은 그룹 내의 베타 과학자는 "연구원"이라고 불리지만 큰 그룹에서는 "연구 교수" 같은 더 중요한 지위를 갖게 된다. 이는 매우 중요한 위치이며, 당신에게 맞다고 생각한다면 좋은 직업임에 틀림없다("교수"라는 말이 더 있어 보이긴 하지만). 하지만 한 가지 알아두어야 할 점은 연구원의 급여는 "연구비(soft money)"에서 나온다는 사실이다. 알파 과학자가 연구비를 끌어오기만 하면 보장되는 자리이며, 영구직으로 전환되지는 않는다.

한편 유럽의 학교 제도는 더 위계 질서가 잡혀 있으며, 교수 그룹들이 팀을 이루어 연구를 하는데, 맨 위에 한 명의 최고 교수를 두고 있다.

이런 경우 누구나 다 알파 과학자가 되는 건 아니다. 그리고 훌륭한 베타 과학자들을 정규직으로 고용한다.

산업 현장이나 정부 연구소의 일은 베타 과학자에게 더 잘 맞는다. 하나의 목표를 세우면 단기, 중기, 장기적으로 해야 할 일을 지시받으면 연구를 수행하면 된다. 일반적으로 업무를 위임해줄 대학원생은 없지만 고용자의 방침에 따라 박사후 연구원이 있을 수는 있다(일반화시키기는 어렵지만). 이러한 환경에서 알파 과학자가 되는 것은 관리자가 되는 것을 의미하며, 그렇게 되면 연구 항목은 점점 줄어들게 될 것이다.

Federico : 연구하는 일을 정말로 좋아하지만 교수 자리는 갖지 못한 천문학자 친구와 몇 년에 걸쳐 이러한 면에 대해 여러 차례 토론을 가졌다. 그는 가르치는 일과(아마 조금은 생각이 있었던 것 같다) 연구비 신청 제안서를 작성하는 일을 싫어한다. 교수로서 아이디어와 프로젝트를 대학원생들과 같이 일하면 더 빨리 진행시킬 수 있다고 내가 지적하자, 그 친구는 "나는 연구하는 것을 원하지 관리하는 것을 원하는 것이 아니다"라고 대답했다. 다소 가혹하긴 하지만 나는 이 말이 (실제 연구는 하지 않고 관리만 하는) 알파 과학자와 (실제로 연구를 하는) 베타 과학자의 차이를 잘 표현하고 있다고 생각한다.

1.4 일의 분위기 선택

일반적으로 과학 연구는 팀워크와 (다른 일들과의) 조정을 필요로 한다. 연구가 군대처럼 팀의 형태로 이루어지면 최고 리더, 그룹 리더, 팀 리더, 외부 전문가, 그리고 (임시) 노동자(즉, 대학원생) 같은 많은 역할이 있다. 대부분의 사람들은 지시를 받는 것보다 지시하는 것을 더 좋아하지만 최고 자리에까지 이르는 일은 험난할 수 있고 리더의 직업은 과학자라기보다 조그만 회사의 사장과도 같다. 리더라는 자리가 너무 정치적이라면 그룹 리더가 되는 것이 타협점이 될 수 있다. 과학 연구는 대개 매우 느슨하고 민주적인 공동연구 형식이어서 일반적인 그룹보다는 스트레스가 적다고 할 수 있다. 조직 내 구성원 모두가 제 역할을 충실히 할 때 최상의 결과물이 나온다. 불행하게도 북미의 학교제도는 모든 사람을 최고가 되기를 원하는 것처럼 평가하는 경향이 있다. 나폴레옹이 모든 군인은 자신의 배낭에 육군 원수의 지휘봉을 가지고 있다고 말했지만, 최고의 자리는 재능이 있는 모든 사람에게 열려 있다는 것을 의미하며, 하사관이 군대를 지휘하는 능력으로 판단된다는 것을 의미하지는 않는다.

1.5 기본적인 선택 : 나는 실험주의자인가, 이론가인가?

이것은 주로 물리학과 화학에 적용되는 것이긴 하지만, 이론을 구성하는 모든 것을 검증하는 초석이 되는 (항공 정찰과 유사한) 지상검증자료(ground truth)라 불리는 데이터를 만들어내는 실험주의자와 이론을 만들어내는 사람들 사이의 문화적 차이를 안다는 점에서 다른 분야에도 적용되기도 한다.

물리학에서는 이론가들이 잘 알려져 있지만 다른 과학 분야에서는 그렇지 못하다. 20세기의 가장 저명한 화학 이론가는 리너스 파울링("화학 결합의 특징"에서 논의되던 연구로 노벨상 수상)이었다. 생화학에서 가장 잘 알려진 이론가로 일컬어지는 예는 DNA 모형 개념을 창조한 왓슨-크리크 이인조이다.

Diversion

이론과 이론가를 표현하는 것은 어려운 일이지만 아래 내용에서 멋진 반례를 확인할 수 있다. 아래 만화의 실제 대상은 방정식이다(만화를 확인하기 전에 무슨 방정식일지 상상해 보라). 시드니 해리스의 작품으로 이론으로부터 나오는 방정식은 실제 요점(우리들의 지식에서)이 되는 곳이다. 그러나 대부분의 과학자가 아닌 사람들은 여기에서 유머를 얻을 수 있다(이 시드니 해리스의 만화는 웹사이트 ScienceCartoonPlus.com에서 다운받은 것이다).

Federico : 대학생 때 나는 이론 수업에 특히 뛰어나서 나중에 이론가가 되기를 희망했었다. 몇몇 지중해 국가에서 (문화적 · 역사적 이유 때문에 이론을 하는 일이 실험실에서 손에 더러운 것을 묻히는 일보다 더 인기와 명망이 있는 것으로 생각했다. 이탈리아에서는 대부분의 물리학 학생들이 이론 물리학자가 되려는 희망을 가지고 출발한다.) 이러한 초기 성향은 지금도 그렇지만 실험에 재능이 없었기 때문이었다는 사실과도 관련이 있다.

그러나 시간이 지나면서 나와 같은 과정에 있던 가장 뛰어난 학생들 모두가 (많은 학생들이 최소한 성적에 있어서는 나보다 뛰어났다) 이론가가 되기를 원했다. 나뿐만 아니라 그들 모두는 그 당시에 새로운 논쟁을 불러일으키고 있었던 고체물리학의 한 주제인 고온 초전도 이론을 하는 것이 실험실에서 손이 더러워지는 것보다 더 고상하고 명망 있는 것으로 여겼다.

그래서 나는 매우 흔한 딜레마에 봉착하게 되었다 : 나의 본능을 따라 이론가가 되어 용의 꼬리가 될 것인가? 아니면 나의 성향과는 달리 적당히 절충하여 최고 실험가가 될 것인가? 결국 후자를 택했고, 그 선택은 내 경력에 크게 도움이 되었다. 처음엔 분명히 쉬운 선택이 아니었지만 결국 최고의 선택이 되었다.

과학에서 행복해질 수 있는 요령은 일반적인 삶에서와 마찬가지로 올바른 선택을 할 수 있을 정도로 자신에 대해 잘 아는 일이다. 우리는 그 선택과 더불어 살아가야 하고 결코 되돌릴 수도 없다. 나의 몇몇 동료 이론가들은 현재까지는 매우 성공적인 삶을 살고 있다 ; 하지만 이론을 하고 있던 재능있는 한 명 이상의 학생들이 치열한 경쟁에서 결국 대학원을 포기하고 컨설팅이나 금융수학 같은 완전히 다른 직업을 찾아가게 되었다. 물론 이것이 나쁜 것은 아니며, 결국 그들은 과학자가 되려고 한 것이 아니었다고 주장할 수 있다. 지금 하고 있는 일에서 더 행복을 느낄 수 있을지도 모른다. 하지만 그들이 내가 그랬던 것처럼 좀 더 이성적인 다른 선택을 했더라면 지금은 과학계에 남아 있었을 것이다(나는 적어도 과학 연구에 남아 있었다면 인생이 어떻게 변했을까를 생각하게 하는 한 사람을 알고 있다. 그리고 그녀는 이후에도 오랫동안 스스로에게 같은 질문을 할 것이다).

Tudor : 나의 일화는 Federo와는 거의 상반된 이야기다. 나는 공학자로 시작했고(실제로는 공학 물리라고 불리는 혼합 학과), 캠브리지 대학에서 실험과 이론이 더해진 분석 공학 학위 논문을 썼다. 그리고 정부와 연구 계약을 하는 연구 실험실에서 이론과 실험을 같이 작업했다. 시간이 지나면서 알게 된 것은 내가 결코 완전히 익힐 수 없었던 손대지 못한 영역이었던 실험 기술에 – 최악으로 명명하였지만 진공 유출, 전기의 윙윙거림, 전기의 지면 고리 – 매우 신비로운 것이 있다는 사실을 알았다. 나는 실험실의 비밀을 풀어내고자 하는 미미한 시도를 점진적으로 그리고 행복하게 포기하고, 흥미가 별로 없었던 실험에 대한 이론가가 되어 물리학 학위를 받은 것은 아니지만 사실상 플라즈마 물리학 분야의 이론 물리학자가 되었다.

실험에 대한 이때의 오랜 열정이 갖는 장점이라면 실험주의자들에 대해 깊은 존경심을 갖게 되었다는 것이고, 또 실험이 어떻게 진행되고 실험에서 제시한 어떤 이론적인 생각을 진단하는 방법에도 많은 흥미를 갖게 되었다는 것이다. 성공할 것 같지 않던 실험이 다른 프로토콜과 분석 방법을 사용해서 문제를 해결해 나갈 수 있는 방법을 보여주는 이론을 사용할 수 있다는 것은 내게 특별한 흥분을 주었다. 나는 이론가가 되었지만 동시에 거의 10년 동안은 실험주의자였기 때문에 지금은 더 훌륭한 이론가가 될 수 있었다고 생각한다.

지금까지는 이 모든 것이 내 역할에 대한 진지한 분석이나 거기에 따르는 반성 없이 이루어졌지만, 지금 하고 있는 일에 대한 만족도가 어느 정도인지 “현실을 직시”하는 일은 아주 중요하다고 생각한다. 당신이 일하는 방식이 당신과 잘 맞지 않으면 정신적으로 불안해질 것이고, 이는 결국 일에서도 역기능을 초래할 수 있는 위험이 도사리고 있다고 할 수 있겠다.

Federico and Tudor : 생물학이나 화학과 같은 다른 분야의 과학자들과 이 문제를 관련시켜 생각해 보면, 모든 분야에는 “인기 있는” 하위 분야가 있다는 것을 지적하고 싶다. 생물학에는 분자생물학이 있으며, 화학에도 거기에 맞는 어떤 분야가 있을 것이다.

위에서 소개한 일화에서 "이론" 대신에 "인기 있는 하위 분야"로 일반화해서 생각해 보기 바란다.

첫 번째 일화에서 얻을 수 있는 교훈은 다음과 같다. 단지 유행을 따르거나 모든 학생들이 선택한다고 해서 "인기 있는" 분야를 선택하지 마라. 당신에게 가장 잘 맞는 분야를 선택해야 한다(너 자신을 알라!). 나중에 훌륭한 과학자가 되고 나서 새로운 유행을 창조하거나 "인기있는" 분야를 만들어낼 수도 있다. 결국 당신의 목표는 리더가 되는 것이지 추종자가 되는 것이 아니다.

두 번째 일화에서 얻을 수 있는 교훈은 다음과 같다. 단지 인기가 있다는 이유만으로 뛰어들지 마라. 그만큼 경쟁은 더 치열할 것이다. 하지만 충분히 뛰어들 만한 가치가 있고 자신도 모르게 흥미 있는 아이디어가 걷잡을 수 없이 떠오른다면 그 "인기"있는 분야에 뛰어들어도 된다.

chapter 2

기본 전략과 행동

앞장을 통해 기본적인 선택이 어느 정도 정해졌다면 이번 장에서는 그에 따른 전략과 기본적인 행동에 대해 이야기해 보고 3, 4, 5장에서는 더 확대해서 이야기해 보고자 한다. 그런데 페이벨만의 저서가 큰 영향력을 가지고 있기 때문에 언급하긴 했지만 유사한 종류의 다른 책들도 있으니 검토해 볼 만한 가치가 있을 것이다.

2.1 직업 선택 대 개인적 선택 그리고 두 개의 전문직의 조화

개인적인 선택에 대해 이야기하기 전에, 어떤 이슈가 한 쌍의 커플과 관련이 있는 것이라면 문제는 더 복잡해진다는 사실을 미리 짚고 넘어가야 할 것이다. 부부가 둘 다 전문직종에 종사한다면 훨씬 더 복잡해진다. 일과 사생활 사이에서 적당히 균형을 유지하거나 합의점을 찾는 일은 결코 쉽지 않다. 이 문제와 관련해서 제대로 계획을 세우지 않는다면 두 사람 모두에게 상처를 줄 수 있다. 쉽게 해결할 수 있는 문제는 아니지만 계획을 잘 세운다면 도움이 될 수 있을 것이다.

핵심 질문은 (결정하기 힘든 질문이기도 하지만) 두 사람 중 누가 이직에 대한 우선권을 가지고 있나 하는 것이다. 모든 어려운 문제가 그러하듯이, 문제가 닥치기 전에 최소한 개략적으로라도 그 문제에 대해 이야기해 보는 것이 도움이 된다. 어떤 쪽으로 결정이 난다 하더라도 상황에 따라 변할 수도 있는 것이다. 상황에 따라 환경은 계속 바뀌기 때문에 기본 원칙만 정해놓고 일이 생기기 전에 잘 해결해 나가면 될 것이다.

2.2 대학 선택하기(박사, 박사후 연구원, 교수)

늘 그렇듯이, "어느 대학?"이라는 질문에 대한 대답은 그 당시의 환경에 따라 달라질 것이다. 이 질문을 박사후 연구원과 같은 자리와 연결해서 생각한다면 2년 정도의 기간 밖에 안 되기 때문에 별로 중요한 질문은 아닐 것이다. 명망 있는 대학에서 박사 학위를 시작할 때 박사 학위에 대한 "브랜드 네임"은 명망 있는 대학을 떠난 이후에도 오랫동안 당신의 이력서를 읽는 사람에게 영향을 미칠 것이다. 반면에, 조교수직이나 연구교수직을 생각한다면, 5, 6년 또는 그 이상을 생각하고 있을 것이므로 실제 상황이 "브랜드 네임"보다 더 중요하다고 할 수 있다. 학교를 떠나게 될 경우에는 어느 대학을 나왔는가는 더 중요한 문제가 될 것이다.

Diversion

박사 학위는 상당히 최근에 만들어졌다 ; 19세기 독일의 지적 부산물이라고 할 수 있다. 그래서 과거 시대의 많은 수학자들은 박사 학위를 가지고 있지 않았다. 누군가가 위엄 있는 한 신사에게 다가가 물었다. "당신은 왜 박사 학위가 없습니까?" 그 신사는 몸을 꼿꼿이 세우고 말했다. "누가 내게 시험을 보게 할 수 있단 말인가?"

– Mathematical Apocrypha 중에서

박사 학위는 1920년대까지 영국에서는 확립되지 않았다. 그래서 G. H. Hardy도 박사 학위는 없었다. 박사 학위에 대해 그는 "이류 수학자나 외국인에게나 필요한 독일의 발명품"이라고 말했다(미국 수학회(2002)가 출판하고 배급하는 Mathematical Apocrypha의 127쪽 Steven G. Krantz 중에서).

이 말은 대학을 어떻게 선택할 것인가에 대해 이야기한다. 명성이나 "브랜드 네임"으로 선택할 것인가? 그렇다면 주의해서 선택할 필요가 있다. 특히 북미의 일부 대학은 "초일류"라고 할 수 있을 정도로 꽤 유명해서 이력서에 올리기만 해도 경력에 큰 보탬이 될 수도 있다(미국의 하버드, MIT, 코넬, 칼텍, 스탠포드, 유씨 버클리, 예일, 프린스턴과 캐나다의 토론토 대학, 브리티시 콜롬비아 대학, 맥길 대학 등을 예로 들 수 있다).

하지만 여기서 명심해야 할 것은 이것이 대학을 선택하는 첫 번째 기준이 될 필요는 없다는 것이다. 나중에 다시 이야기하겠지만 다른 요소들도 많이 고려해야 한다. 큰 그림을 놓고 보면, 당신은 행복해지기를 원하고 있고, 단지 명성만을 보고 고용주를 선택한다면 직업이나 경력 측면에서뿐만 아니라 개인적인 측면에서도 많은 것을 포기하는 것이 된다(반짝인다고 해서 모두 금이 아니라는 사실을 명심하라). 그러면 우선순위를 어떻게 정할 것인가? 그것은 당신의 인생에서 과학의 비중을 얼마나 둘 것인가에 달려 있다.

당신이 살고 싶은 지역이나 진행하고 싶은 프로젝트, 배우자가 과학자나 전문직에 종사하는가의 여부(그렇다면 같은 지역에 살아야 한다), 예비 지도교수나 고용주, 그룹의 멤버 등도 고려해야 될 대상이다. 5년 정도 걸리는 박사 과정을 밟는다면 지역은 그다지 중요한 요소는 되지 못한다. 학위를 받은 후에 돌아오면 되기 때문이다. 그 지역이 정말로 마음에 들지 않는다면 충분히 문제가 될 수도 있다(과학 실적에 나쁜 영향을 미칠 수도 있다).

(정교수 자리 때문에) 한 지역에 오랫동안 살아야 한다면 생활 조건은 큰 문제가 될 수 있다(단기 체류가 아닌 장기 체류인 경우 사립대학교에서는 교수들에게 많은 휴가를 준다).

미국 남부의 주립 대학으로 옮기기 전에 매우 유명한 아이비리그 학교에서 교수로 있었던 H가 확신을 가지고 말했던 것처럼 더 작은 학교에서, 소위 우호적인 대학에서, 교수들이 동료들끼리 평등하게 권리를 가지는 것 같다. 그의 전문적인 삶도 명망이 있는 대학교에서 우호적인 대학으로 옮긴 이후에 실제로 상당히 향상된 듯하다. 한 가지 이유로 그는 현재 종신 교수가 되었다(대부분의 큰 대학들은 종신직을 거의 제안하지 않는다. 그들은 젊은 교수를 쥐어짜서 결과를 뽑아내고 헌신짝처럼 버리는 경향이 있다). 더욱이 H는 뛰어난 결과를 만들어야 하고 더 많은 연구비를 끌어와야 하는 지속적이고 불유쾌한 압력을 느끼지도 않고 일에만 집중할 수 있는 환경에서 일하고 있다. 마침 최근에 그는 전임교수로 진급했다.

물론 우리는 모두 훌륭한 데이터를 계속 대량으로 만들어내고 싶어 한다. 하지만 압박과 스트레스로 인해 상황은 훨씬 힘들고 심지어 불유쾌해서 업무에 방해 요소로 작용하는 경우도 있다.

한편 명망 있는 대학에서 근무하는 것은 매우 특별한 장소에서 일하는 흔하지 않은 특권이다. 그런 대학은 매우 까다로운 편이지만 그 명성에 걸맞게 그들의 말에 믿음이 가는 경우도 있다. 명망 있는 대학의 명성은 그 대학을 떠나게 될 때 이력서 작성에 중요한 역할을 하게 된다. H 교수는 우호적인 대학에 지원할 때 명망 있는 대학의 도움을 받았다.

서두에서 말했듯이 대학원 공부를 하거나 박사후 연구를 하는 대학의 전통과 장학금 수혜 여부 및 기량 등은 개인적으로 또는 업무적으로 성장하는 데 있어 막강하고도 지속적인 영향을 미친다.

다시 말하지만 당신을 위해 무엇이 최선인지, 어떤 환경이 당신에게 가장 높은 성공의 기회를 줄 수 있는지를 결정해야 한다. 이러한 일정 기간의 일들은 몇 년까지라는 시간의 제약이 있으므로 어떤 의미에서는 이 목적을 위한 장소의 선택은 개인의 삶에 영구적인 영향을 미치지는 않는다.

일반적으로 박사후 연구원의 윗자리인 종신 교수 또는 연구원을 지원할 때 엄격한 시장의 원리라 할지라도 당신을 싸구려 노동자처럼 고용하는 과학자 때문에 당혹스럽게 느낄 수도 있다. 당신이 명망 있는 대학의 X학과 학과장인 유명한 박사로부터 제의를 받았다 하더라도 이 예비 고용주가 당신에게 흥미가 있는지, 그리고 당신을 젊은 교수로 존중을 하는지, 또 연구하고 논문을 게재하는 수퍼 박사후 연구원 급으로 당신을 대우하지 않는지 확실하게 해두어야 한다. 이것을 결정짓기 위해 (연락이 된다면) 가장 훌륭한 정보 제공자는 그룹에 속해 있지 않는 박사후 연구원이며, 다음으로 좋은 정보 제공자는 현재 그룹 멤버로 일하고 있는 연구원이다.

박사후 연구원 경험을 하기로 선택했다면 연구의 독립성에 대한 기록을 위해 적어도 2년 동안은 지속할 수 있도록 계획을 세워야 한다.

앞에서 다루었던 값싼 노동의 관점이 박사후 연구원 제도의 초석이 될 수 있다. 페이벨만이 명확하게 설명한 것처럼, 레그리 박사의 목적은 2년 정도 같이 있는 동안 당신에게서 최대한 많이 얻어내겠다는 생각이고, 당신도 물론 이력서에 한 줄 추가할 수 있고 새로운 과학 기술을 배울 수 있을 뿐만 아니라 더 나은 자리를 찾을 수도 있다. 당신이 재능이 있고 운이 좋다면 2년 안에라도 좋은 자리를 찾을 수 있을 것이다. 하지만 2년이라는 것은 평균적으로 새로운 기술을 익히고 결과물을 얻어 발표를 하고 취업 시장에 성공적으로 진출하는 데 필요한 시간이다.

처음부터 더 짧게 머물 계획이라면 더 좋은 자리를 찾는 것이 어렵다는 것을 알게 될 것이다. 물론 다른 박사후 연구원 자리로 옮길 수도 있다. 하지만 첫 박사후 연구원 기간 동안에 힘든 상황을 벗어날 수 있는 옵션이 될 수도 있다. 2년간의 한 번의 박사후 연구원 경험은 정부 연구소나 산업현장 또는 교수직이라도 반영구적인 자리를 잡기에는 충분하다(분명 한 번의 2년짜리 박사후 연구원이 두 번의 1년짜리보다는 훨씬 나으며, 이력서에 올리기에도 낫다).

서로 경쟁하는 단계에서는 그런 대로 괜찮은 종신 교수 자리나 그에 걸맞은 자리가 들어오지 않을 경우에는 두 번째 박사후 연구원을 계속하는 것을 일반적으로 선호한다. 두 번째 박사후 연구 과정은 기존의 연구 영역 밖으로 도약하여 취업 시장을 넓히고 당신의 다양성을 증명하는 것을 제외하고는 첫 번째 박사후 과정과 똑같다고 보면 된다. 세 번째 박사후 과정은 무슨 일이 있어도 피하는 것이 좋다.

2.3 왜 박사후 연구원 과정을 밟아야 하는가?

페데리코 교수의 한 학생이 이렇게 물은 적이 있다. 박사후 연구원을 "거치는 이유가 무엇입니까?" 언제부터 시작됐는지는 모르지만 사람들을 착취하도록 만들어낸 것 같다고 대답한 적이 있다. 영구직 자리가 부족해서 졸업생들이 전공 분야에서 경험을 쌓을 수 있도록 하기 위해 필요하다고 대답할 수도 있을 것이다. 박사 과정을 수료한 후 곧 바로 교수직을 얻기 힘들기 때문에 갓 박사 과정을 수료한 사람들을 위해 필요한 과정이다. 다른 지원자들 모두가 최소한 한 번은 거치게 되며, 두 번 이상 한다고 해서 그만큼 도움이 되지는 않는다.

박사후 연구원 경험은 단지 논문 수를 늘려주는 것뿐만 아니라 당신을 독립적인 과학자로 만들어 주기도 한다. 독립적인 연구를 하는 과학자로 만들기 위한 마무리 단계라고 해야 할 것이다.

당신이 박사 학위를 막 끝냈을 때 혼자 그룹을 이끌고 갈 수 있는 능력은 되지 않을 것이다. 박사 학위는 자신만의 프로젝트를 수행할 수 있다는 증거가 된다. 실험이나 계산을 계획하고 데이터를 얻고 분석하여 최종적으로 논물을 쓰고 발표할 수 있다는 것을 의미한다. 그러나 일반적으로 그룹을 이끌거나 성공적인 연구 프로그램을 구성하기에는 아직 조금 모자라는 부분이 있다. 대부분의 과학자들은 독립적으로 연구를 수행하기 전에 더 전문적인 개발과 훈련을 거쳐야 한다.

한 동료의 실험실을 방문했을 때 그 동료는 다음과 같은 말로 과학의 훈련에 대하여 설명하였다. 석사 과정 때는 지도교수가 일을 지시하면 90% 정도는 지도교수가 시키는 일을 하고 나머지 10% 정도는 자기의 생각을 추가하게 된다. 반면에 박사 과정 때는 그 비율이 40~50% 정도까지 올라간다. 프로젝트를 통해 리더십을 키우며 자신의 결정과 행동에 대해 책임지는 것을 배우게 되는 것이다. 최종적으로 박사후 연구원은 90% 이상을 프로젝트에 기여하게 되며, 그 기간 동안 다른 대학원생들을 훈련시키고 지도하는 것을 요구받는다. 나는 이 의견에 전적으로 동의하는 바이다.

대체로 박사후 연구원 경험은 대학원에서 일을 하는 동안 정상적으로 경험하지 못했던 과학 경력의 다른 측면을 보여주고 스스로의 힘으로 프로젝트의 모든 것을 이끌 수 있는 기회를 줄 것이다. 당신은 연구에 충분히 많은 시간을 할애할 수 있고 (당신이 교수가 되었을 때나 일어날 수 있는) 연구비 신청 제안서를 쓰는 데 많은 시간을 보내지 않을 것이므로 많은 실적을 만들어낼 수 있는 시간이 충분히 있을 것이다. 직접 연구 그룹을 만들기 전에 모든 준비를 갖출 수 있도록 충분한 시간을 가질 수 있는 중간 단계로 볼 수 있다. 과학자로서의 길을 포기할 수 있는 마지막 기회인지도 모른다. 좀 더 긍정적으로 보면 산업체, 정부기관, 학교 이 세 가지 진로 중에서 선택할 수 있도록 도움을 받을 수 있다. 물론 다른 가능성도 있다. 내가 아는 사람 중에는 박사후 과정을 거친 후 MBA 과정을 마치고 회사를 설립하거나 컨설턴트가 된 경우도 있다.

박사후 연구원직을 찾는 많은 학생들은 전체적인 과학적 배경과 전문적 개발을 넓히고 새로운 기술과 접근법을 배울 수 있는 프로젝트를 찾기를 원한다. 그들은 명성이 있고 성격이 좋고 국내외적으로 인적 네트워크를 갖춘 지도교수를 찾는다.

대학원에서 추구하고자 하는 과학을 선택하는 부분에 대해서는 고려해야 될 부분이 있기 때문에 일부러 언급하지 않았다. 기본적으로 당신이 습득한 좁은 영역의 전문 지식을 계속 개발해 나갈 것인지 아니면 새로운 분야의 기술을 습득하여 그 자리에 적합한 인물이라는 것을 설명하면서 자리를 보전할 것인지 둘 중 하나를 선택해야 한다.

학생들은 박사 학위 과정에서 했던 것을 더 확장하고 보완하는 것을 선호한다. 이것은 장차 과학자가 되고자 하는 대부분의 사람들이 원하거나 노력하는 것이므로 "군중을 따르는 전략"이라는 말로 표현하기도 한다. 다소 보수적인 이 전략이 그리 나쁜 것만은 아니다. 대부분의 학생들이 따르는 기본적인 선택에 해당되는 셈이다. 하지만 대부분의 학생들은 이 일반적인 판단 기준에 따라 박사후 연구직을 선택하므로 이 것이 끝나고 나면 취업 경쟁에 뛰어들어야 한다. 학생들은 모두 기본적으로 똑같은 자격증과 기술을 보유했기 때문에 깊이는 있지만 폭넓지 않은 전문 지식으로 모두 같은 자리를 놓고 경쟁하게 되는 것이다.

당신과 당신의 경쟁자들이 추구하고 있지는 않지만 야심차게 고(高)위험 고(高)성과의 프로젝트를 선택함으로써 이 군중을 따르는 전략으로부터 벗어나야 한다는 반대 의견도 있다. 이 의견에 따르면 현재 개발 중이지만 빠르게 성장할 수 있는 새로운 영역을 찾아보려고 노력해야 한다.

이 대담한 박사후 연구원 기간 동안의 작업이 성공적이라면 특별한 영역을 개척하는 데 공헌하는 것이 되고 경력에도 큰 도움이 될 것이다. 보너스로 새로운 과학을 빨리 배울 수 있는 능력을 보유하고 있다는 것을 증명하는 길이기도 하다. 그리고 곧 바로 초기 지도자로 인식이 되어 더 많은 과학자들이 이 주제에 대해 연구할 것이며, 더 많은 인정을 받게 될 것이다. 이런 환경에서 같은 자리를 두고 수백 명의 지원자들과 경쟁하는 것보다는 이 고전적인 전략으로 다른 경쟁자들보다 우위를 점할 수 있게 되고 당신이 직장을 찾는 게 아니라 직장이 당신을 찾게 되는 상황을 맞이하게 될 것이다.

만약 박사 과정에서의 작업연속성을 추구한 첫 번째 박사후 연구원 자리에서 성공적이지 않았다면 두 번째 박사후 연구원에서 이 문제를 심각하게 고려해야 할 것이다(드문 일은 아니다).

그다지 평범하지 않은 이 방법을 택하게 되면 어떤 특별한 영역을 선택할 것인지에 대해 모험을 감수해야 하는 어려움이 있다. 그리고 정보가 그다지 많지 않기 때문에 좋은 선택을 할 가능성이 높은 것만도 아니다.

개발이 되지 않은 주제를 선택하긴 했지만 박사후 연구원 기간 동안 만족스러운 결과를 얻지 못하고 끝날 수도 있다. 결실을 맛볼 수 있는 수준이 아직 아니기 때문일 수도 있을 것이고 또 실제보다도 더 유망해 보인다고 판단을 해서 그럴 수도 있을 것이다. 불행하게도 여기에 대한 확실한 해결책은 없다. 철저하게 조사하고 그다음에는 운에 맡기는 수밖에 달리 방법이 없다.

이 시나리오는 리스크가 많이 따르기 때문에 위험 부담이 다소 적은 "보조 프로젝트"에 참여할 수 있도록 도움을 줄 수 있는 조언자가 필요하다. 예를 들면 이미 연구에 들어간 대학원생과 공동작업하는 방법도 있다. 이 방법을 통해 팀워크 기술을 개발할 수 있고, 그룹 관리에 대해서도 배울 수 있을 뿐만 아니라 위험 부담이 있는 프로젝트가 성과를 올리지 못할 경우에도 논문을 발표할 수 있는 장점이 있다.

주의할 점은 (대학원생이나 박사후 연구원으로서) 이미 포화 상태에 있는 과학 분야는 절대 손대지 말아야 한다. 그것은 자살 행위나 마찬가지다. 그 분야의 핵심 문제를 해결할 수 있다는 확신이 있다면 상관없지만 그렇지 않을 경우에는 절대로 시작해서는 안 된다. 연구하는 내내 연구비나 일자리 등을 두고 수많은 사람들과 경쟁을 벌여야 하기 때문이다.

개인적인 일화 하나가 이 문제를 풀어나가는 데 도움이 될 수 있을 것 같다. 내가 대학원생이었을 때 고온 초전도체가 고체물리학자들 사이에 급속도로 번지고 있었다. 나도 물론 거기에 흥미를 가졌고 대학원 연구로 심각하게 고려하고 있었다. 그런데 한 수업에서 교수가 그 현상이 발견된 지 아직 십 년도 지나지 않았는데 그와 관련해서 수만 편의 논문이 발표되었지만 그 문제를 제대로 이해하거나 실험 결과에 대해 설명할 수 있는 사람이 아무도 없다는 사실을 지적했다. 그 사실 하나만으로도 내가 그 연구를 해서는 안 되는 충분한 이유가 되었다. 그 이후에도 그쪽 상황은 별로 나아지지 않았고, 그때의 내 결정이 옳았다고 생각한다.

2.4 첫 번째 선택 : 학위논문 지도교수 - 젊은 교수가 좋은가, 선임교수가 좋은가?

어떤 사람들은 젊은 교수는 실적 때문에 당신과 경쟁을 해야 하므로 같이 일하는 것은 현명하지 못한 일이라고 생각한다. 젊은 교수들은 종신교수가 되기 전까지 일할 수 있는 시간이 6년 밖에 되지 않기 때문에 당연히 실적에 굶주려 있다. P. J. Feibelman의 책 "박사학위, 충분하지 않은가?"를 보면 그렇게 생각할 것이다. 물론 젊은 교수들도 우수한 학생과 박사후 연구원을 자기 실험실로 끌어들일 필요가 있다. 그런데 그 생각이 맞다면 그 뒤로 젊은 교수가 학생들과 박사후 연구원을 끌어들이는 일은 불가능할 것이고, 학교 측에서도 당연히 젊은 교수를 선임교수로 채용하는 것을 원하지 않을 것이다.

그러나 젊은 교수가 재능이 있다면 당신을 경쟁자로 여기는 일은 없을 것이고 별로 문제되는 일은 없을 것이다. 지도교수가 되려는 젊은 교수가 스스로 힘들어하고 또 자신이 없다면 이야기가 달라진다. 그래서 지도교수를 선택할 때에는 그 사람의 능력과 성격에 대해 정확하게 알 필요가 있다. 다른 학생들을 통해 지도교수로서의 행실에 대해 조언을 받을 수는 있지만 그 사람의 능력을 제대로 파악하는 일은 어려운 문제이긴 하다. 먼저 지도교수의 이력서부터 검토해야 한다(이것이 여의치 않을 경우에는 문제가 있지 않은지 의심해 봐야 한다). 젊은 교수가 이미 종신직이라면 그 교수에 대해 믿음을 가질 수 있으니 전혀 문제가 없을 것이다.

선임교수는 적어도 지도교수와 학생의 관계가 유지되는 동안에는 학생들을 어린 아이처럼 보는 경향이 있다(이 견해는 Feibelman이 제시하였다). 그런데 학생이 아주 똑똑해서 다른 직장을 찾게 되면, 그리고 크게 성공하게 된다면, 그 학생은 (배은망덕한) 경쟁자로 보일 수도 있다("다 나한테서 배웠는데 나와 경쟁하려 들다니 얼마나 배은망덕한 놈인가"). 이런 일들은 주위에서 흔히 있는 일들이다.

결국 올바른 지도교수를 선택하는 일은 매우 어려운 일이며, 선임 교수가 좀 낫긴 하지만 항상 그런 것만은 또 아니니다. 젊은 교수는 대개 열정이 있고 힘이 넘치며 역동적일 것이다(그만큼 경험이 적고 순진할 것이다). 반면에 선임교수는 창의적이지 못하고 역동적이지 않지만 경험이 풍부해서 좋은 충고를 많이 해줄 것이다. 또 인맥이 넓어 학위를 마치고 직장을 찾을 때 많은 도움이 될 것이다. 일상생활에서와 마찬가지로 지도교수를 선택하는 일에도 운이 많이 작용한다. 기회 요소를 최소한으로 줄이고는 싶겠지만 완전히 제거할 수는 없다.

이력서를 보면 그 사람에 대해 잘 알 수 있으므로 예비 지도교수를 만나면 이력서를 꼭 요구하도록 하자. 논문은 얼마나 발표를 했으며(학생 이름이 먼저 올라와 있는지 확인해야 한다), 연구비 사정은 어떤지도 파악해야 한다. 홈페이지를 운영하는 교수들도 늘어나고 있으므로 들어가서 꼭 확인해 보도록 한다. 학생들을 얼마나 데리고 있는지도 파악해보고 가능하면 그들과도 이야기를 나누어 보아야 한다. 졸업생들을 만나 경험을 들어보고 졸업 후에 무엇을 하고 있는지 확인하는 것도 아주 좋은 방법이다. 좋은 직장을 찾는 일이 어려웠는지, 교수님의 훈련 방법이 많은 도움이 됐는지, 교수님의 명성이 좋지 않아서 오히려 나쁜 영향을 미치지는 않았는지 등을 물어보도록 한다. 대학에서의 연구는 거의 훈련이나 마찬가지라고 해도 과언이 아니다. 교수의 자격증을 확인하러 대학에 들어가는 것이 아니다. 좋은 훈련을 받을 수 있는지 없는지가 중요하다. 이렇게 해서 모든 정보를 수집했다면 이제 지도교수를 선택하는 일만이 남았다.

지도교수를 선택할 때는 다음 세 가지를 잘 체크해야 한다.

첫째, 연구하려고 하는 프로젝트를 좋아하는가?

유명한 지도교수와 같이 일하는 것은 아주 좋은 일이다. 그런데 당신이 맡게 될 프로젝트가 별로 마음에 들지 않는다면 프로젝트를 바꾸거나 지도교수를 바꾸거나 둘 중에 하나는 해야 한다. 성공을 원한다면 좋아하는 프로젝트를 진행하는 일은 아주 중요하다. 그 프로젝트에 대한 책임을 져야 하기 때문이기도 하지만 열정을 다해 그 프로젝트에 매달려야 하기 때문이다. 좋아하지도 않는 일에 누가 열정적으로 일할 수 있겠는가.

둘째, 지도교수와 잘 지낼 수 있는가?

프로젝트가 끝나고 직장을 구해서 나갈 때도 지도교수와 잘 지낼 수 있을 거라고 생각하는가? 어리석은 질문이 아니다. 지도교수는 몇 년 동안은 아니더라도 실험실을 떠난 후 당분간은 당신을 위해 추천서를 써줘야 한다. 그래서 지도교수와 원만한 관계를 유지하는 일은 당신의 경력에 큰 영향을 미치는 부분이다. 연구를 진행하는 동안에뿐만 아니라 연구실을 떠나고 나서도 마찬가지다. 이쪽 계통이 다 그렇기 때문에 어쩔 수 없는 현실이다. 반드시 명심하고 있어야 한다. 지도교수와 같이 일하는 것이 즐거운 일이 아닌지 당신 자신에게 솔직해져야 한다. 지도교수와의 관계가 원만하지 못할 경우 손해 보는 쪽은 당신이고 더 많이 잃는 쪽도 당신이다. 너 자신을 알라. 그리고 (지도교수를 포함하여) 네 이웃을 알려고 노력하라!

Diversion

학위논문 지도교수에 관한 이야기는 인터넷에서 확인할 수 있다.

숲에서 여우가 작은 토끼와 마주쳤다. "안녕 꼬마야. 뭘 하고 있니?" "토끼가 어떻게 여우를 잡아먹는지에 대한 논문을 쓰고 있어." 토끼가 대답했다. "토끼 친구야, 그건 말도 안되잖아!" "따라와 봐, 보여줄 게 있어." 그들은 토끼가 사는 집으로 들어갔다. 잠시 후 토끼는 만족스런 표정으로 나타났다.

뒤이어 늑대가 나타났다. "안녕, 요즘 어떻게 지내?" "토끼가 늑대를 어떻게 먹어치우는지에 대한 논문 두 번째 장을 쓰고 있어." "미쳤어? 너 학력이 어떻게 돼?" "따라와 봐, 보여줄게." 조금 전과 마찬가지로 토끼는 만족스러운 표정으로 나타났다. 발에는 졸업장을 들고 있었다.

카메라가 다시 이동하여 토끼 굴을 따라가면서 보여준다. 모두가 예상했겠지만 매우 사나워보이는 사자가 여우와 늑대의 핏자국과 털 옆에 앉아 있는 모습이 보인다.

이 이야기의 교훈은 다음과 같다 : 논문의 내용은 중요하지 않다. 중요한 건 지도교수를 잘 만나는 일이다!

물론 모든 학생들에게 맞는 이상적인 지도교수는 없다. 다른 학생들에게는 별로라고 하더라도 당신에게 이상적인 지도교수를 만나면 된다. 마찬가지로 어떤 교수가 학생들과 잘 지낸다고 한다면 당신과도 잘 지낼 수도 있을 것이다. 그러한 사실이 선택의 지표는 될 수 있을지언정 보증서는 되지 못한다.

셋째, 지도교수가 있는 도시를 좋아할 수 있는가?

지도교수 그룹에서의 짧은 재임기간 동안에는 당연히 실험실에서 보내는 시간이 많겠지만 (잠깐의) 자유 시간에는 무언가 재미있는 일을 하기를 원하는데, 평소에 마음에 두고 있던 지역이 아니어도 상관이 없을까. 몇 년 동안의 박사 과정과 박사후 연구원 과정이 끝나면 원하는 지역으로 옮길 수는 있지만 평소에 싫어하던 지역이어서는 곤란하다.

2.5 최대한 빨리 멘토를 찾아라

논문 지도교수 밑에서 일하는 동안 다른 사람에게서(멘토를 말함) 진로에 대해 상담을 받으면 이상하게 보일 수도 있다. 하지만 멘토를 빨리 찾을 수 있는 길이 있다면 무슨 수를 써서라도 그렇게 하라. 지도교수와 학생의 관계가 끝나고 나서 앞으로의 진로에 대해 이야기하고 객관적인 입장에서 조언을 해줄 수 있는 멘토가 있다는 것은 아주 좋은 일이다. 선임 교수들 중에서도 훌륭한 지도교수와 멘토를 찾을 수도 있지만 젊은 교수를 멘토로 두는 것도 괜찮다. 경험 부족을 활력과 열정으로 보완할 수 있다(멘토를 한 명만 두라는 법은 없지 않은가).

경험이 많은 과학자는 잘못된 선택을 하지 않도록 조언을 많이 해줄 수 있어 큰 도움이 될 수 있다. 당신이 스스로를 잘 알고 있고 과학자로서 성공하겠다는 자신이 있다면 가능하면 빨리 멘토를 구하라고 조언하고 싶다. 당신보다 경험이 많고 당신이 하는 일과 당신이 과학자로서 성공할 수 있다는 가능성에 흥미를 가지고 있으며, 당신이 성공을 하든 실패를 하든 직접적인 관련이 없는 사람이 최고의 멘토라고 할 수 있다. 다시 말하면 훌륭한 멘토란 중대한 선택의 기로에서 객관적으로 현실을 볼 수 있게 해주는 사람이다.

당신이 결단력 있고 주도적인 행동을 취할 생각을 하고 있는데, 멘토가 있다면 지금이 싸워야 할 때인지 참아야 할 때인지 결정하는 데 도움이 될 것이다. 브릿지 게임(논쟁의 여지는 있지만 가장 심오한 카드 게임)을 하다 보면 여러 가지 전략을 배울 수 있는데, 가장 심오한 기술은 언제 베팅을 하는가이다. 이때가 바로 멘토가 빛을 발하는 순간이라 할 수 있다.[13] 적당한 멘토가 없어서 과학자의 꿈을 포기한 사례를 6장에서 다시 다룰 것이다.

2.6 공동 연구자 선택

뉴턴과 갈릴레오 같은 초기 과학자들은 주로 혼자서 연구를 했지만, 최근에는 두 사람 혹은 큰 그룹을 지어 공동 연구를 하는 추세다. 이런 추세는 현대 연구 프로젝트(특히 실험 과학)의 규모나 그 복잡성에서 기인하기도 하지만, 최근에는 프로젝트를 진행하기 위해 상호 보완적인 전문지식을 가진 연구가 그룹 내지는 팀이 필요하다.

공동연구(현대의 가장 중요한 과학적 진보는 공동연구의 결과라고 생각하기 때문에 강력하게 추천하는 바이다)를 진행할 때 파트너를 어떻게 선택할 것인가? 기본적으로 필요한 전제조건은 서로가 연구 주제에 대해서 같은 수준의 관심(가능하면 같은 수준의 전문지식)을 갖추는 것이지만, 이것은 효과적인 연구를 위한 필요조건이지 충분조건은 아니다.

가장 중요한 부분은 서로에 대한 신뢰라고 할 수 있다. 많은 과학자들은 명성이 있는 사람과 작업하기를 원한다. 그래야만 커뮤니티 내에서

13) Federico : 이러한 견해로 볼 때 나는 고등교육을 시작한 이래로 아버지가 멘토이었으므로 특히 행운이었다는 것을 인정한다. 그러한 행운을 가진 사람은 많지 않다 그러므로 다른 곳에서 멘토를 찾아야만 한다.

존경받을 수 있기 때문이다(그는 유명한 사람과 일하니까 괜찮은 사람일 거야). 불행하게도 유명한 과학자들은 매우 바빠서 시간을 내기가 힘들다. 그래서 그들은 자신에게 도움이 된다고 판단될 때에만 같이 일하려고 하고, 가끔씩 자신이 호의를 베풀었기 때문에 공동 작업하는 거라고 생색을 내기도 한다. 공동연구가 성공적이든 그렇지 못하든 당신을 불편하게 만드는 경우가 많은 것이 사실이다.

당신과 같이 작업하는 데 있어 기꺼이 시간과 노력을 아끼지 않는 "정상적인" 신뢰할 만한 파트너가 가장 좋은 선택이라고 할 수 있다. 이런 사람은 유명 교수처럼 화려하지는 않지만 결국에 가서는 더 큰 도움이 된다. 시작은 느릴지 모르지만 시간이 지나면서 흡족할 만한 결과를 얻을 수 있다.

한 가지 알고 있어야 할 것은 유명 교수와 공동으로 논문을 발표하게 되면 그 교수로 인해 당신이 묻혀 버리는 경우가 많다(결국 유명한 교수는 이름값을 하지 않겠는가?).[14)]

그룹 멤버들뿐만 아니라 다른 그룹에서는 어떤 프로젝트를 진행하는지에 대해서도 관심을 갖고 지켜봐야 한다(이것이 꼭 리더만의 일은 아니다). 모든 과학자는 자신의 작업에 대해 우호적인 관심과 판단을 보이는 사람들에게 호의를 보이기 마련이다. 앞으로 계속 좋은 관계를 유지해야 할 사람들이고 도움을 받는 경우가 생길지도 모른다.

---

14) 이것을 때로는 "매튜 효과"로 부른다. 매튜의 신약 성서 (ch 13, v 12)(제임스 왕 편)로부터 우리는, "... 가진 자에게 줄 것이다 그리고 그는 더 풍족해 질 것이다: 그러나 갖지 못한 자가 누구든 그가 가진 것은 줄어들 것이다." N. David Mermin은 이것을 Physics Today. v.57, may, pp10-11, (2004)에서 조금 토의했다. (v. 58, Jan, pp15-16, (2005)의 편지논평) Merton. R. K. (어떤 것이 그가 리차드 파인만에서 비롯된 결과로 볼 때 그는 스스로 Mathewed를 결정하였다.) 보통 주된 참고 문헌은 R. K. Merton, "과학에서 매튜 효과," Science 159(3819):56-63(1968)에 있다. 그러나 Louis F. Feiser와 Mary Feiser는 Inorganic Chemistry에 훨씬 이전에 있었다. D. C. Heath (1944)

공동연구를 시작할 준비가 되었다면 처음부터 각자의 역할을 분명히 하는 것이 좋다. 누구는 일이 많다느니 또 누구는 일이 적다느니 하는 불필요한 논쟁은 미리 차단하는 것이 좋다. 어떻게 연구가 진행될 것이며, 전체 감독은 누가 할 것인지 모두가 납득이 가도록 해야 한다. 특히 많은 멤버들이 필요한 작업이라면 관리·감독하는 사람은 반드시 있어야 한다. 감독만 잘할 것이 아니라 프로젝트가 성공을 하든 실패를 하든 거기에 대해 책임을 질 수 있는 사람이어야 한다. 감독하는 사람이 아니라 하더라도 관리 기술을 향상시킬 수 있도록 모든 기회를 잘 이용해야 한다.

2.7 성공으로 이끄는 습관들

많은 사람들이 과학자로 성공하기 위해서는 지능(과학적 지능 또는 과학적 우수함)이 가장 중요한 요소라고 생각한다. 물론 지능이 아주 중요한 부분이라는 점은 의심의 여지가 없지만, 우리는 조금 다른 견해를 가지고 있다 : 맞는 말이다. 지능이라는 것은 성공에 있어 없어서는 안 될 부분이다. 하지만 아니다. 지능이라는 것이 과학자의 성공을 결정짓는 유일한 요소는 절대 아니며, 가장 중요한 요소도 절대 아니다. 다른 사람들보다도 뛰어나진 않지만 성공한 과학자를 주위에서 적지 않게 찾을 수 있다. 과학적 재능이 베타 과학자보다도 못한 알파 과학자도 있다.

그렇다면 베타의 재능을 가진 과학자가 어떻게 알파 과학자로 성공할 수 있을까?

한 가지 분명한 조건은 오랜 시간을 아주 열심히 일하는 것이다. 메인 프로젝트를 진행할 때 각 단계마다 많은 기여를 하고 멤버들의 의견을 잘 조율하는 것이다(의견 조율을 잘하고 여기저기 관여하는 사람이 대변인 역할을 할 수 있고 또 관리자가 되는 좋은 공부가 될 수 있다).

두 가지 가장 중요한 점은 강력한 추진력과 팀을 성공으로 이끌 수 있는 능력이다 – 특히 실험 과학에서 더욱 필요한 능력이다(이 두 가지는 서로 충돌을 일으킬 수 있지만, "너 자신을 알면" 서로 잘 조정할 수 있을 것이다). 성공으로 이끄는 또 다른 습관은 신뢰할 수 있고 그룹에 꼭 필요한 사람이 되는 것이다. 사회 생활을 하다 보면 팀을 이끌고 조정할 수 있는 기술 또한 매우 중요한 부분이다.

하지만 성공을 이끄는 이러한 특징들은 당신의 성격에서 나오는 것이기 때문에 있지도 않은 능력을 억지로 만들어낼 수 있는 부분은 아니다. 한 가지 방법은 관련 있는 활동들을 시도해 보고(예를 들면 서브프로젝트 관리를 해보는 것이다) 당신에게 잘 맞는지 보는 것이다. 결국 당신이 해야 할 일은 자신의 성격을 제대로 평가해서 능력에 맞는 임무를 맡는 것이다. 당신이 일하는 습관과 조직에 맞는 부분들을 잘 개발해서 적용하면 분명 성공에 이를 수 있을 것이다.

2.8 훌륭한 성격을 개발하라 : 자기관리, 마감시간을 엄수하라

2.8.1 계획을 세우고 체계적으로 하라

연구 실적과 경력을 세심하게 잘 관리하면 성공할 확률이 높아진다. 중요한 연구를 하는 과학자에게는 모든 것을 기록으로 남겨두는 것(몇 년 후 찾아볼 수 있다)은 과학의 엄격함을 연습할 수 있는 좋은 방법이 된다. 연구 결과를 다른 과학자들에 의해 재생산될 수 있도록 명성을 높이는 일은 실험주의자로서 아주 중요한 일이라고 할 수 있다.

다른 과학자들이 재현할 수 없는 결과에 대해 논문을 발표해 명성을 높이는 일은 입냄새를 풍기는 것과 같다. 모두 알고 있지만 아무도 말해

주지 않는다. 시간 낭비라는 걸 알게 되면 누구도 당신의 결과를 재현하려는 시도를 다시는 하지 않을 것이다.

그렇기에 결과를 재현할 수 있도록 모든 내용을 발표해야지 핵심사항을 일반적으로 숨기는 상업적 세계와 같이 행동하지 말아야 한다. 실험을 위한 핵심 사항과 비법들(양자택일의 시나리오에서 도움이 된다)을 체계적으로 잘 구성하면 할수록 성공할 확률이 높아진다. 여기서 중요한 조언을 하나 하자면 연구를 진행하면서 스스로 잘 체계화하고 정리하라는 것이다. 나중에 똑같은 실험을 다시 하는 것은 대부분의 경우 악몽과도 같은 일이다.[15)]

특히 실험주의자들에게 해당되는 말이기는 하지만 실험실에서 이루어지는 모든 일들(우스꽝스럽게 보이는 일들까지도)을 세세하게 일지에 기록하는 것도 크게 도움이 되며 아주 중요한 일이다. 이러한 습관은 시간 낭비를 줄여주거나 실험이 잘 되지 않을 때 꼭 필요하므로 반드시 기록해 두도록 한다.

(우리 두 사람은 이 사실을 분명히 알고 있으면서도 그렇게 하지 못했다. 이제 와서 가장 후회되는 부분이기도 하다. 그럼에도 불구하고 이 중요한 사실을 여러분에게 이야기하는 것은 우리보다 더 잘 해낼 수 있을 거라고 믿고 더 큰 수확을 얻을 수 있을 거라 믿기 때문이다.[16)] 여러분은 우리처럼 시행착오를 겪지 않기를 바란다.)

스스로를 잘 단련하고 체계적으로 관리하는 일은 과학자들에게는 반드시 필요한 일이며, 따라서 여러분은 반드시 따라주기를 바란다.

15) 좋다, 그러나 독자들 중 누군가가 우리의 사무실을 실제로 또는 사진으로 본적이 있다면 그들은 유쾌하게 웃고 아마 우리를 적어도 공간구조의 문제에 대해서 더 이상 대단하게 여기지 않을 것이다.

16) Federico : 나는 일지를 유지하려고 노력할 때마다, 얼마의 시간 후에 항상 실패하거나 혹은 모든 것을 자세하게 쓰는 것에 대해서 게을리 하게 되었다. 나는 이따금 낱개의 종이에 기록을 하고 머잖아 그것들을 마찬가지로 잃어버린다(당신은 이 점에 대해서 웃고 싶을지 모르지만 나는 이것이 우습지 않다고 당신에게 확신할 수 있다). 나는 당신이 스스로 적당히 통제할 수 없다면 이것은 매우 절망적이라고 생각한다.

2.8.2 스스로에게 엄격하라

일을 할 때는 엄격하게 해야 한다. "엄격"의 사전적 정의는 '말, 태도, 규칙 따위가 매우 엄하고 철저하다'이다. 논문을 발표하고 나서 후회하지 않기 위해서는 스스로가 어떤 냉정한 비평가보다도 더 엄격해야 한다.

당신의 자료에 대해 남들이 이의를 제기하기 전에 먼저 이의를 제기하라. 흥미로운 결과를 발견했다면 두 번 세 번 그 이상 계속해서 반복하라.[17] 확실하지 않은 실험일 경우에는 동료에게 부탁해서 실험을 지켜보게 하라. 가능하면 동료에게 당신이 보는 앞에서 그 실험을 반복하게 해서 누구라도 똑같은 결과를 얻을 수 있도록 하라. 모든 연구는 철두철미해야 한다. 간단한 설명으로 끝내려고 하지 마라.

다른 그럴듯한 설명이 있다면 심사위원들이 제기하기 전에 배제할 실험이나 계산을 하는 일은 당신에게 달려 있다. 심사위원들에 대한 공포를 과학적 양심으로 생각하라(논문을 더 잘 쓰기 위한 자극제가 되는 것 중의 하나가 심사위원의 의견이라는 것이 틀린 말은 아니다. 심사에 대한 두려움이 실제 심사보다 더 효과적이라는 말이다).[18]

상상력을 풍부하게 하고 창조적이 되어라. 그렇지만 모든 실험 과정들은 명확해야 하고 사용된 데이터는 기계의 가공물에 의존적이어서는

17) 그렇게 하면 당신은 Journal of Irreproducible Results에 그것을 항상 게재할 수 있다.
18) 이 개념의 체스 버전이 있다(공격의 대처가 올 경우의 공격보다 강해야 할지도 모른다). 인생을 즐기는 사람인 그리고 잘 알려진 시거 흡연자인 그 당시 체스 세계 챔피언인 Emmanuel Lasker가 Laker에게 게임을 하는 동안 담배를 안 피울 약속을 받은 신경질적인 대가 Aron Nimzovitch와 경기를 해야 했다. 게임 초반에 Laker는 커다란 시거를 만들어서 많은 시거에 빠진 사람들이 습관적으로 하는 담배 피기 전에 시거를 어루만지고 애무하는 행동을 계속했다. Nimzovith가 토너멘트의 감독관에게 광분하여 이의를 제기하였다. "봐라, 봐! 그는 담배를 피우지 않기로 약속을 했었는데!" "그러나 그는 담배를 피우지 않았다, Nimzovitch 박사" "바보! 바보 멍텅구리! 체스 선수가 그러냐? 체스에서 대처는 행위보다 항상 더 강하다!"

안 된다. 여기까지 아무런 문제가 없다면 이제 솔직해져야 한다. 연구 작업에 대해서 거짓말을 하는 가장 중요한 죄는 피했다 하더라도 발표된 논문이 의심의 여지가 있고 심지어 잘못되었을 가능성이 있을지도 모를 가능성을 밝히지 않은 죄가 있을 수도 있다. 언제라도 맞닥뜨릴 수 있는 문제이지만, 그 문제를 덮어두려고 하지 않는다면 부끄러워할 일은 아니다. 발표된 논문에서 당신의 명성에 먹칠을 할 수도 있는 오류가 나중에라도 발견됐을 경우에는 정오표를 만들어 발표해야 한다(3.4절에서 과학의 잘못된 행동들에 대한 이야기들이 다시 언급된다).

2.8.3 마감 시간을 지켜라

가끔 사소한 일이라고 여겨지기도 하지만, 마감 시간을 잘 지키는 것 또한 아주 중요한 일이다. 동료들에 대한 존경의 표시이기도 하고 반드시 지켜져야 하는 일이다. 연구비나 장학금 신청, 논문 발표 등의 마감 시간을 지키지 못할 경우에는 불이익을 감수해야 한다. 마감 시간을 잘 지킴으로써 동료들에게 좋은 인상을 심어줄 수도 있다. 제 시간에 못 맞추는 것만큼 동료 연구원들을 짜증나게 하는 일도 없다. 스스로 정해 놓은 마감 시간을 자주 지키지 못한다면 초청 강연 또는 장학생 선발위원 제의가 더 이상 들어오지 않을 것이며, 명성에도 큰 타격을 받을 것이다. 마감 시간을 잘 지키기 위해서는 첫째, 지킬 수 없는 날짜는 처음부터 잡지 말 것이며, 둘째, 마감 시간을 지키기 위해 모든 것을 버릴 수도 있어야 한다.[19]

19) 마감 시간을 지키는 것은 과학의 경력을 추구할 때뿐만 아니라 일반적으로 인생에서 중요하다. 예를 들면 당신의 세금 양식을 아무리 늦어도 마감 시간까지 제출해야만 하고 또한 많은 이자 또는 심지어 벌금도 결국 마감 시간까지 지불해야만 한다. 당신이 전기, 신용카드 그리고 전화 청구서를 제시간에 지불하지 않으면 회사는 전기를 끊어 버리는 일 등이 발생한다. 보통 말하는 마감 시간은 방해 행위이다. 그러나 그들이 그렇지 않은 선택인 상황에서는 명령을 제시하므로 그것들을 진지하게 지키는 것 외에 선택이 없다.

과학 분야에서 마감 시간은 다른 분야에서보다는 더 융통성이 있는 편이기는 하지만 그런 말은 믿지 않는 것이 좋다. 혹시나 생길지도 모를 일에 대비해 가능하면 마감 시간보다 좀 더 일찍 끝낼 수 있도록 미리 관리하기를 제안한다. 당신이 제안한 아이디어가 불완전하거나 심각한 문제가 생길 경우 바로잡을 수도 있다.

지도교수나 예비 고용주는 당연히 마감 시간을 엄수할 거라고 생각할 것이다. 학술회의 초록 제출, 직장에서의 서류나 보고서 제출, 논문 제출 등도 마찬가지다. 나중에 교수가 되면 연구비 재단의 마감 시간을 지켜야 하고 학생들에게도 마감 시간을 강요해야 할 것이다.

마감 시간을 아주 진지하게 생각할 필요가 있다. 불이익을 당할 수도 있기 때문이기도 하지만 마감 시간을 지키는 일이 옳은 일이기 때문이기도 하다. 동료나 동년배들에 대한 존경을 표하는 방법이기도 하다. 행동을 같이 할 수 없는 사람들은 다른 사람들의 시간보다 자기 시간이 더 중요하고 소중하다는 메시지를 전달하기 때문에 우리 책에서는 별로 인기가 없다. 일반적으로 이런 오만한 사람들은 우정이나 신뢰, 존경 같은 것을 알 리가 없다. 융통성 있는 마감 시간이라는 것은 사람들에게 늦게 제출해도 좋고 진행이 지연되어도 상관없다는 인상을 주기 때문에 없어져야 한다고 생각한다. 결국 마감 시간을 맞추는 일은 동료들에 대한 공정함과 존경의 문제이기 때문에 매우 중요하다고 생각한다.

공동연구자를 선택할 때에도 마감 시간이 가이드 역할을 해줄 수도 있다. 믿음이 가지 않고 마감 시간도 지키지 못하는 동료와 같이 작업한다는 것은 힘든 일이다.(신뢰가 가장 중요한 문제라고 생각한다.) 반대로 당신 자신이 신뢰가 없고 마감 시간을 지키지 못하는 사람이라면 다른 동료들도 당신과 같이 일하는 것을 꺼려할 것이다.

2.9 인내심, 천성적으로 공격적인 사람은 언제 인내할 것인가를 배워라!

과학자로 성공하기 위해서는 영리함뿐만 아니라 헌신, 고집, 그리고 열정 또한 필요하지만, 인내심은 별로 중요하게 생각하지 않는 것 같다. 하지만 인내심을 기르는 일은 쉬운 일이 아니다. 인내심이 필요하지 않을 때 인내하기는 쉽지만 인내심이 절실할 때 인내하는 것은 아주 힘든 일이다. 다른 것들과 마찬가지로 인내심도 연습을 통해 길러질 수 있다. 인내심에는 두 가지 종류가 있는데, 하나는 일에 대한 인내심이며, 다른 하나는 사람에 대한 인내심이다.

두 가지 인내심 중 일에 대한 인내심은 이론주의자보다는 실험주의자에게 더 필요한 덕목이며 배우기도 쉽다. 대부분의 경우 한 발짝 물러나서 한두 번의 심호흡을 하고 정상적인 페이스와 스트레스 수준에서 일을 계속하려는 자제력만 있으면 된다. 예를 들면 기구들이 작동하지 않을 때 인내심이 많이 필요한데, 왜냐하면 집중력이 더 높아지고 버그를 찾는 데도 도움이 되기 때문이다(컴퓨터 프로그램에서 오류를 찾는 데도 도움이 된다). 정말 필요한 실험 장비의 배달이 늦어지는 경우도 있을 수 있는데, 이럴 경우 인내심을 가지면 기다리는 동안 다른 생산적인 일을 찾아낼 수도 있다. 복잡한 행정 절차를 처리할 때에도 이런 냉정함이 필요하다.

사실 친한 사람과 같이 있을 때 인내심이 더 필요한 법이다. 이탈리아 속담에 "인내는 강한 사람들의 미덕이다"라는 말이 있다. 이 속담은 과학 연구에만 적용되는 것이 아니라 일상 생활에서도 도움이 되는 말이다. 사람들과 오래 같이 있다 보면 서로 대립하거나 말다툼을 할 수도 있는데, 인내심을 갖고 말을 삼가는 것으로도 최악의 상황을 피할 수 있다. 인내심을 기르는 일은 상대방의 관점에서 생각할 수 있는 능력을 키워 미연에 불상사를 방지하는 일이라고도 할 수 있다(네 이웃을 알라).

학생으로서 지도교수, 연구원, 그리고 비서와 행정 직원들과의 관계에서도 인내심을 가져야 한다(학생들은 힘이 없기 때문에 요령껏 이들과의 관계를 잘 유지하는 것이 좋다). 윗사람의 관심을 받고 또 잘 보이려고 하는 것이 인지상정이다. 학생 때만이 아니라 사회에 나와서도 마찬가지다. 책임자를 만나기 위해 비서와 일정을 조정해야 할 때도 있다. 그러므로 논문 지도교수와 그런 관계를 갖는 것은 지극히 정상적인 행위이다. 지도교수의 눈에 들기 위해 참고 기다릴 줄도 알아야 하고 정중하지만 확고하게 주장을 내세울 줄도 알아야 한다.[20]

성공을 하게 되면 그만큼 힘은 늘어나겠지만 인내심이 그만큼 줄어들어야 하는 것은 아니다. 다른 사람들과의 관계에서도 참고 기다릴 줄 알아야 한다.

참고 기다리면 힘든 시기도 잘 이겨낼 수 있지만, 문제는 그 인내심을 기르는 일이 쉽지 않다는 것이다.[21]

2.10 혼자의 힘으로 일어서라

인내심을 기르고, 동료들과 서로 협조하고, 공손해지는 일에 아무런 문제가 없다면 혼자서 당당히 서지 못할 가능성이 있다. 당신이 하고 싶은 일을 모두 이루지 못한다 하더라도 존경을 얻을 수 있을 것이다(세익스피어의 '햄릿'에서). 폴로니우스는 그의 아들에게 이렇게 말했다. "싸움에 말려드는 것을 조심해라. 싸움에 일단 말려들었다면 다시는

20) Federico : 나는 대학원생 때에 지도교수의 주목을 끌기 위하여 싸우고는 했다. 그러나 내가 처음 학생들을 지도하고 있는 지금에 나는 왜 그가 그렇게 바빴는지 충분히 알게 되었다. 그룹을 관리하는 것은 학생들이 상상할 수 있는 것보다 시간, 조직, 그리고 전념의 면에서 더 많이 복잡한 것을 요구한다.

21) 당신이 좋은 요리법을 발견하는 데 성공하면 우리는 당신이 그것을 어떻게 했는가를 듣기를 정말 원한다.

너에게 싸움을 걸지 못하도록 단단히 혼내주도록 하라." 하지만 사소한 일을 두고 싸움에 휘말리지는 마라(프로 운동선수들도 그렇듯이 심사위원과 논쟁을 벌여서 얻을 것이 없기 때문에 다음 번을 위해서라도 심사위원의 의견을 존중해주는 것이 좋다. 마찬가지로 당면한 문제에 대해서는 이길 수도 질 수도 있지만 차후의 문제에 대해서는 좀 더 나은 위치에 설 수 있을 것이다).

2.11 낮은 가능성과 맞서 싸워라 (싸우지 않는 사람은 이길 수 없다!)

지금쯤은 다 알고 있겠지만 우리는 속담을 좋아한다. 라틴 속담에 "행운은 용기 있는 자의 것이다"라는 말이 있다. 당신이 용기 있고 또 행운을 원한다면 다음 글을 잘 읽어보기 바란다.

꽤 괜찮은 구인광고를 보고 저런 곳에서 꼭 일하고 싶다고 생각하는 경우가 있을 것이다. 그리고 경쟁률이 매우 높아서 합격될 가능성이 매우 낮을 거라고 생각한다. 연구비를 신청할 때도 통계 자료를 보고 가능성이 적다고 지레 짐작하는 경우가 많다. 이런 경우 많은 사람들은 시도조차 해보지 않고 미리 포기해 버린다. 이런 변명을 하는 사람도 있다. "안 되면 쪽 팔리잖아. 그래서 나는 쪽 팔리지 않는 길을 선택하는 것이다."[22]

당신이 생각하는 경쟁률이 실제와는 다르다는 사실을 알아야 한다. 그 자리에 가장 적합한 사람이 지원해야 한다고 생각하고 당신의 성공 가능성을 낮게 생각하지만, 그 지원자가 다른 제의를 받을 수도 있을 것이고 인터뷰 당일 사고를 당할 수도 있는 것이다. 그리고 우연찮게 거

22) 브라우닝의 음침하고 작은 연극의 독백 시 "나의 마지막 공작부인"에서.

부할 수도 있는 일이다. 만에 하나 이런 경우가 생겼는데 당신은 지원조차 하지 않았다면 얼마나 어리석은 짓이겠는가. 굴러온 복을 차버린 것이나 마찬가지다. 과학계는 경쟁이 아주 치열한 편이어서 지레 겁을 먹고 미리 포기할 만큼 성공 가능성이 낮은 건 사실이다.

당신이 혹시 그런 상황에 서게 된다면 낮은 가능성과 맞서 싸우고 어쨌든 시도는 해보라고 말해 주고 싶다. 스코틀랜드 프로 골프 선수는 너무 자신 없는 퍼트에 대해서 "과감하게 치지 않으면 들어가지 않는다(Never up, never in)"는 말을 했다. 이력서를 많이 제출하면 할수록 그만큼 취업 성공률이 높아진다는 의미이다. 최악의 경우 면접 제의가 한 군데서도 들어오지 않았다 하더라도 어차피 달라지는 것은 없다. 상황이 더 나빠지는 게 아니다. 이력서를 작성한다고, 연구비 신청을 한다고 시간을 쓰긴 했지만, 당신이 쓴 시간은 당신 자신을 위해 투자를 한 것이지 낭비를 한 것이 아니라는 걸 알아야 한다. 그 특별한 시도를 하고 또 하게 될 때가 분명 있을 것이다. 그렇다. 실패할지도 모른다. 자존심에 상처를 입을지도 모른다. 하지만 왜 그런 것까지 신경을 써야 하는가. 위대한 사람들도 다 실패를 통해 성장하는 법이다. 반대로, 잘 될 경우 지원한 곳에서 제안을 받을 수도 있고, 그렇게 되면 수락할지 안 할지는 당신의 선택에 달려 있는 것이다. 당신 스스로가 새로운 기회를 만들어 낸 것이다.

다음 두 가지 예는 지금 우리가 하고 있는 이야기가 귀 기울일 만한 가치가 있다는 것을 확인시켜 줄 것이다.

Federico : 유럽과 일본, 양국 간에는 REES(Research Exchange for European Students)라는 교환학생 프로그램이 있다. 프랑스, 독일, 이탈리아, 영국 학생들만 이 프로그램을 신청할 수 있는데(기타 국가들은 다른 프로그램이 있을 것이다), 각 국가마다 신청 조건이 다르다. 평균 3~5명의 학생들을 여름 학기 동안(7월초에서 9월 중순 사이) 일본 대학이나, 정부 연구기관, 일반 기업체에 보내 연구 인턴직을 하게 된다. 나도 이 프로그램에 참가하여 1999년과 2000년도를 일본에서 보낸 적이 있다.

처음 이 프로그램에 대한 이야기를 들은 것은 1998년 초였다. 그 당시에는 병역 의무를 마치고 이탈리아 대학들에서 박사 학위 시험을 준비하고 있었다. 일본에서 몇 개월 보내는 것도 재미있는 경험이 될 것 같아 신청을 하게 됐는데, 4명을 선발하는데 30명 이상의 학생들이 신청한 사실을 나중에 알게 되었다. 나는 거의 뽑힐 뻔 했지만 결국 실패하고 말았다.

그리고는 로마에서 박사 학위를 시작했고 그다음 해에 그 광고를 보고 다시 도전해 보기로 했다. 두 번째 신청할 때에는 내가 연구해 보고 싶은 프로젝트에 대해 생각할 시간이 더 많았고 내가 원하는 실험실을 선택할 수도 있었다. 그래서 이번에는 보너스 점수까지 받았다. 지난 해와 마찬가지로 4명 선발에 30명 이상이 지원했고 나는 당당히 일등으로 뽑혔다.

일본에 있는 동안 여러 가지 일로 스트레스를 많이 받긴 했지만 1999년 9월 일본에서 돌아왔을 때 나는 다시 가보기로 결정했다. 프로그램 주최 기관에 보고서를 제출하면서 재신청이 가능한지 물어보았다. 원칙적으로는 안 될 것이 없지만 새로운 학생을 보내는 것이 더 일리가 있으며, 4명 이상이 지원하면 내가 떨어질 거라는 대답을 들었다. 어쨌든 신청은 해보기로 했다. 시간을 많이 잡아 먹는 일도 아니었다. 이력서를 업데이트하고 새로운 실현 가능한 프로젝트를 생각해 내기만 하면 되었다. 그룹 책임자도 내가 두 번째 교환 학생에 뽑힐 거라고 생각하지 않았지만 나는 당당히 같은 연구실로부터 승인 편지를 받았다. 그 해에는 교환 학생 프로그램에 대한 홍보가 부족해서 나를 포함해 두 명의 지원자만 신청을 했다. 작년과 마찬가지로 4개의 연구원 직이 있었고 나는 두 번째 기회를 잡아 일본에 있는 관계자들을 모두 놀라게 했다(아마 그들은 내가 부정한 방법을 썼다고 생각했을 것이다).

다른 좋은 예는 나를 결정적으로 지금의 이 자리에 있게 한 광고에 대한 이야기다. 덴마크에서 일하고 있을 때 'Physics Today'와 비슷한 잡지를 읽고 있었는데 전년도에 비해 일자리가 많이 늘어났다는 기사를 읽었다. 박사 학위를 마친 지도 얼마 되지 않았고 논문도 많이 발표하지 않았지만 이력서를 몇 군데, 특히 미국 쪽에 넣어 보기로 했다. 별로 기대를 하지는 않았지만 막상 불합격 소식을 몇 차례 들었을 때는 실망감도 느꼈다.

박사후 연구원 자리에 대해 제안을 많이 받았기 때문에 다른 곳에서 교수 자리를 얻을 수 있을 거라고 생각했다. 되돌아보면 일자리는 늘어났다고 하지만 내 이력서와 논문 목록이 너무 미약해서 다른 구직자들에 비해 경쟁력이 분명히 떨어졌다. 직접 그룹을 운영하고 실험실을 갖기에는 그만큼 성숙하지도 못했고 경험도 부족했으니 당연한 결과였다.

그리고 프랑스어를 쓰는 캐나다 퀘백 주의 몬트리올 근처에 있는 (전혀 알지 못하는) 바르네스라는 곳에 위치한 (한 번도 들어본 적이 없는) Institut National de la Recherche scientifique의 광고를 보았다. 여자 친구가 몬트리올에 있었는데 그녀와 만날 수도 있다고 생각해서 그 광고에 관심을 가졌다. 나는 전화로 여자 친구와 그 문제에 대해 상의를 했는데, 미국에는 지원만 하면 다 거절당했으므로 회의적인 반응을 보였다. 나는 아직도 그녀가 했던 말이 기억난다. "신경쓰지 마!" 잠깐, 나는 세 번째 일본에 지원했을 때도 희박한 가능성에 도전해서 이기지 않았던가. 가능성은 적었지만 어쨌든 지원해 보기로 결정했다. 그때가 2001년 4월이었고 5월 말경에 이메일로 인터뷰 요청을 받았다. 놀라운 사실은 총 10여 명이 지원해서 나 혼자 인터뷰 요청을 받았다는 것이다. 다시 한 번 나는 낮은 가능성과 싸워서 이번에도 이겼다.

여러분도 나처럼 해보라고 말하고 싶다. 조그마한 실천이 아주 큰 차이를 만들어 낼 것이다. 현재 나는 여자 친구와 몬트리올에 살고 있다.

이 학교에 지원하지 않았다면 여자 친구와의 관계를 지속하기도 어려웠을 것이다. 그리고 박사후 연구원에서 교수 자리로 옮기는 큰 발전을 이루어냈다. 좀 늦은 출발이긴 하지만 이것이 오히려 박사후 연구원 경험을 더 쌓음으로써 논문도 발표할 수 있었고 젊은 교수로서 성공할 수 있는 바탕이 되었다.

2.12 성공만큼 성공을 보장하는 것도 없다(한 분야에서 성공하면 다른 분야에서도 성공하기 쉽다)

너 자신을 믿어라. 그러면 과학에서뿐만이 아니라 당신의 인생에서도 더 큰 성공을 거둘 수 있다. 당신 스스로에게조차 자신감이 없다면 어느 누가 당신을 믿어 주겠는가? 과학 연구는 자원이 극히 부족해도 가능한 활동이므로 과학을 중요하게 여기는 대부분의 국가에서 강력한 자본주의 제도를 바탕으로 과학을 활성화시키고 있다.

선임 동료 중 한 명이 이런 말을 했다. "은행은 부자들에게만 돈을 빌려준다. 그다지 필요하지도 않는 사람들인데." 당신이 연구비를 한 번 받게 되면 다음에 신청할 때도 성공 확률이 높아진다. 연구비선발위원회의 어느 누구도 "이 사람은 이미 많은 연구비를 받았으니 다른 사람에게 주자"라고 말하지는 않을 것이다. 그보다는 "이 사람은 경력이 화려하다. 다른 재단이 투자하고 있고 중요한 프로젝트 몇 건을 완료했으니 우리도 이 사람에게 투자해야 한다"라고 말할 것이다.

"성공만큼 성공을 보장하는 것도 없다" 이 말은 과학 연구뿐만 아니라 대부분의 분야에 적용되는 말이다. 성공을 하면 할수록 더 자신을 믿는 법을 배우게 되고 그래서 더 용기가 생기고 미래의 사업에도 큰 도움이 되는 것이다. 따라서 자신을 믿으면 믿을수록 성공 가능성은 더 커진다는 말을 꼭 명심하기 바란다.

한 가지 유의해야 할 점은 자신에 대한 믿음이 도를 넘어서게 되면 현실을 직시하지 못하게 되어 역효과를 가져올 수도 있다. "너 자신을 알라"는 말과 상충될 수도 있는데, 간단한 예를 들어 보면 당신이 35살이고 한 번도 마라톤을 뛰어본 적이 없다면 당신이 좋은 체격을 가지고 있다고 하더라도 마라톤 대회에서 세계 챔피언이 될 가능성은 없다. 중요한 점은 낙관적인 태도가 도움이 될 때도 있지만 현실을 직시하는 범위 내에서이다. 절대 비관적이어서는 안 된다.

2.13 유럽 대 북아메리카

유럽은 북미보다 더 위계 질서가 잡혀 있는 경향이 있으며, 특히 대학들의 주변 환경이 더 그런 분위기를 띤다. 독일이나 이탈리아의 경우 전임 교수들은 막강한 권력을 행사하고 있으며 학과 내에서 고용과 승진을 실질적으로 결정하기도 한다. 전임 교수들은 스페인에서 영국까지, 프랑스에서 네덜란드를 거쳐 덴마크까지의 유럽 대륙에서 특별한 지위와 특권을 즐기는 듯 보인다. 물론 젊은 연구원들에게 많은 자유를 주는 "깨어 있는" 유럽 교수를 가끔 만날 수는 있다. 하지만 그런 사람은 어디까지나 예외다. 이제 막 연구 활동을 시작하려는 젊고 활동적인 과학자가 초기 단계에서 자신의 진로를 선택할 수 있는 기회가 거의 주어지지 않는다면 당장 다른 자리를 알아보려고 할 것이다. 유럽의 연구 제도는 이 점에서 보면 개별 국가들 차원에서, 그리고 유럽 연합 차원에서 중대하고도 근본적인 개혁이 절실하다고 할 수 있다.

유럽의 사고방식은 북미와는 완전히 다른데 이는 서로 다른 연구 정책이 반영된 결과이며, 대학이나 학과의 조직 구성이 서로 다르기 때문이다(중요한 요인 중 하나는 돈과도 관련이 있긴 하지만 단순히 재정적인 차이로 보는 것은 너무 단순한 시각이라고 할 수 있다).

유럽에서는 교수들이 초창기에 종신 자리를 잡는 일은 흔하지 않다. 어떻게 보면 이것은 장점이라고 할 수 있다. 이 제도의 단점이라고 하면 젊은 교수나 정부 연구소에서 근무하는 젊은 연구원이 고참이 상사로 있는 한 그룹에 속한다는 것이다. 이것은 과학적 독립성을 고용 보장과 맞바꾼다는 의미이다.

북미에서는 상황이 정반대다. 종신 자리를 보장받기 위해서는 치열하게 싸워야 하지만, 처음부터 독립적으로 행동하여야 한다. 다시 말하면 실험을 수행하는 데 필요한 연구비를 확보할 수 있다면 선임연구원의 결정을 따르지 않아도 된다. 오히려 연구 주제를 직접 선택하고 그 선택에 대해 총 책임을 지게 된다. 캐나다에서는 이 정도로 치열하지는 않지만 미국과 마찬가지로 연구에 대한 독립성은 보장된다.

앞에서도 언급했듯이 다른 중요한 차이점은 북미에서는 단기 계약이든 선임이나 종신 자리이든 외국인 고용 문제에 대해서는 훨씬 더 개방적인데, 아마 북미(특히 미국과 캐나다)는 원래 이민자의 땅이기 때문이지 않을까 생각한다. 유럽에서는 다른 유럽 국가의 과학자를 고용하기는 하지만 비유럽인들에게 있어 장기 고용은 매우 드문 일이다. 연구비 제도의 수준과 더불어 이 점이 지난 반 세기 동안 북미 제도가 유럽보다 더 우수한 점이 아닐까 생각한다. 이런 흐름은 (아인슈타인과 페르미 같은) 많은 유명한 과학자들이 (독일과 이탈리아에서의 반 유대주의 법과 임박한 전쟁으로 인해) 유럽을 빠져나가게 했던 제2차 세계대전 이전부터 있었다.

짐작컨대 미국에서의 이런 성공적인 개방은 반 유대주의가 더 이상 아무런 문제가 되지 않았을 때에도 계속 유지되었다(그러나 "요새화된 미국(Fortress America)"이라는 국토 안보 정신의 영향으로 미국 이민은 훨씬 더 강화되었고, 이는 미국으로 과학자들을 불러들이는 데 있어 중요한 걸림돌이 되었다).

서로 상반되는 두 제도에는 각각 장점과 단점이 있는데, 자신의 특성과 능력에 잘 맞는 제도를 선택해야 한다. 초기 단계부터 알파 과학자 같은 리더가 되고 싶다면 독립이 보장되는 북미를 선택하면 된다.

반대로 스스로를 타고난 베타 과학자라고 생각한다면(아니면 감마 과학자라는 의심이 든다면) 또는 가정을 꾸리기를 원하고 몇 년 동안 실직의 두려움에서 벗어나고자 한다면 유럽에서 시작하는 것이 나을 것이다(특히 유럽인이라면). 유럽 제도는 종신직으로 베타 과학자를 선호하는 편이다.

캐나다 퀘벡에서 일하는 과학자로서 우리는 캐나다(특히 퀘벡)가 유럽과 미국 사이의 좋은 절충지가 될 수 있다는 것을 말하고 싶다(과학자가 아닌 많은 일반 사람들은 캐나다가 삶의 전체적인 질과 사람들의 사고 방식의 면에서 좋은 절충이 될 수 있다는 것을 알고 있다).

첫날부터 독립적으로 일할 가능성이 있고, 동시에 몇 년 동안의 힘든 작업 후에는 종신으로 고용될 가능성이 매우 높다(앞에서 간단히 언급했듯이 캐나다에서는 누구나 다 종신직으로 일하며, 좀 과장해서 말하자면 현재 상황에 대한 해결책을 제시해줄 수 있는 곳이다).

유럽 대 북미의 젊은 과학자들에 대한 장단점에 대해 이야기했지만 알파 재능을 가진 유럽 과학자에게는 괜찮은 전략이 하나 있다. 북미에서 높은 수준까지 연구 경력을 쌓고 난 뒤 화려한 전임교수나 연구 책임자로 의기양양하게 유럽으로 돌아오는 것이다(물론 미국에서 경쟁이 너무 치열하다고 느끼는 사람에겐 유럽에서 하급자 자리도 쉽게 찾을 수는 없을 것이다. 전공 분야에서 국제적으로 저명한 인물이 되지 못한다면 유럽에서 괜찮은 자리는 어느 누구에게도 보장되지 않는다).

2.14 아시아에서 일하기

Federico : 일본은 수십 년 동안 전 세계 두 번째 경제대국 자리를 유지해오고 있다. 수 년에 걸쳐 혁신, 과학, 기술에 지속적으로 투자해온 일본은 수십 년 동안 어떤 연구 분야에서는 선두 주자로서의 역할을 하고 있다. 그러나 과학과 기술에서 아시아는 괄목할 만한 성장을 보이고 있다. 한국, 싱가포르, 홍콩, 대만 등의 국가(도시국가)들은 연구와 개발에 꾸준히 투자하여 현재는 결실을 맺고 있다.

최근에는 (세계에서 가장 큰 인구 대국인) 중국과 인도도 세계에서 가장 개발되고 산업화된 국가의 대열에 합류하고 싶은 열망으로 과학 연구의 중요한 자원들에 이미 투자를 시작했다. 이들 대국들은 가까운 미래에 투자를 꾸준히 증가시키려고 하고 있다. 이들은 노동력이 싸다는 장점도 가지고 있다. 북미와 중국 사이에는 역두뇌 유출이 이미 시작되었으며, 특히 북미의 중국인들 사이에서 많이 진행되고 있는 상황이다. 또한 미국에서 과학으로 큰 성공을 거둔 많은 중국인들이 좋은 대우를 받으며(연봉과 연구비 차원에서) 중국으로 다시 돌아가고 있다.

아시아의 어떤 지역은 경제적으로는 아직 개발중에 있지만 사람들이 친절할 뿐만 아니라 사계절 따뜻한 날씨의 혜택도 동시에 누리고 있다. 남아시아 출신의 과학자 J가 유럽에서 남동아시아로 옮긴 동기가 되기도 한 부분이다. 그가 돌아가게 된 다른 이유로는 비행기로 2시간 밖에 걸리지 않기 때문에 가족들과 가까이 지낼 수 있고, 아내와 아이가 상당히 현대적이고 안전한 캠퍼스에서 즐길 수 있는 “안락함”을 꼽을 수 있다. 연구비와 사회 기반 시설의 접근이 제한적이라는 단점이 있기는 하지만, 똑똑하고 영리한 사람이기 때문에 이 문제를 잘 해결하고 있다. 그는 제한된 연구비만으로도 수행 가능한 안전하고 간단한 아이디어에 바탕을 둔 연구 프로그램을 진행하기로 결정했다. 동시에 이전의 지인과 공동연구자들을 이용해 필요한 기반 시설을 이용한다. 우리는 (연구를 포함하여) 다른 어떤 것보다도 돈이 최고인 세상에 살고 있기 때문에 J와 같은 과학자가 아직 있다는 것은 아주 기분좋은 일이다.

유럽과 북미 과학자들이라면 일본이나 드물게는 한국이나 싱가포르에서 경력을 쌓는 것도 도움이 된다고 생각한다. 하지만 곧 중국에서 일하고 싶다는 유혹은 절대 떨쳐내지 못할 것이다(경험적인 측면뿐만이 아니라 중국에서 박사후 연구원을 구하기 위한 좋은 연줄을 만드는 부가적인 이득을 얻을 수 있다). 아시아의 과학 공동체들은 서구의 공동체보다 훨씬 위계 질서가 강한 경향이 있다. 2년 동안 일본에서 여름을 보내고 정기적으로 방문하면서 알게 된 것이지만 일본에서는 특히 그런 경향이 강하다는 사실을 알았다. 평생을 일본에서 살고 싶어하는 외국인은 극소수에 불과하다. 일본에서 일하려고 하는 사람들을 실망시키려고 하는 것이 아니라 서구 사회와 일본의 문화적 차이와 비교하면 북미와 유럽의 문화적 차이는 아무 것도 아니라는 것을 말하고 싶다(다른 아시아 국가에서는 근무해 본 적이 없지만 대부분의 아시아 국가들도 사정은 마찬가지다).

일본에 처음 도착했던 때를 지금도 생생하게 기억하는데(첫 아시아 방문이었다), 비행기에서 내리면서 든 첫 번째 생각은 "세상에, 완전히 다른 행성이 아닌가!"였다. 나중에는 아주 좋아하게 되었고, 일 년 후에 다시 교환 학생으로 일본 땅을 밟았다. 지금도 기회가 생길 때마다 일본에 갈 수 있어 매우 기쁘고 아직 많은 친구들이 그곳에 있다. 그럼에도 불구하고 일본에서 오랜 시간을 살지는 못할 것 같다. 일본이라는 나라는 내가 지금 알고 있고 익숙해져 있는 것과는 너무나 다른 세상이다. 그런 다른 사회에 통합되는 것은 절대 불가능할 것이다.

위계 질서는 내가 일하는 산업 연구실은 물론 정부 연구소에도 있다(관리자들은 확신이 들지 않으면 우선순위를 직접 정해주고 프로젝트를 정해주는 경향이 있기 때문에 통제된 환경일 수밖에 없고 어디서나 어느 정도의 위계 질서는 있을 수밖에 없다). 아쉽게도 대학에서도 그건 마찬가지다.

몇 년 전 S라는 친구가 안식년을 보내기 위해 일본에 갔다. 그의 생각은 현지의 전임 교수와 공동연구를 하는 것이었다. 조교수였던 S는 지위가 낮았기 때문에 호스트와 대화를 하기 위해서는 중간 단계를 거쳐야 한다는 사실을 알고는 깜짝 놀랐다. 이것은 매우 짜증나고 비효율적이라는 것이 증명되었다. 이런 근무 관계는 전혀 공동 연구 같아 보이지 않았다.

물론 위계 질서에도 장단점이 있다. 그런 근무 환경에 적응할 수 있느냐 없느냐는 지극히 개인적인 문제다.

2.15 두뇌 유출과 두뇌 유입

과학 연구에 중요한 자원들을 투자하지 않거나 할 수 없는 많은 국가들은 재능 있는 젊은이들을 해외로 유출시키는 일명 "두뇌 유출"로 몸살을 앓고 있다(독자들 중에서도 북미나 유럽으로 유출된 인재들이 있을 것이다). 과학자가 되기 위한 계획을 세울 때 이 점도 역시 고려해야 한다. 과학자로 성공하게 되면 많은 곳에서 제안을 받겠지만 정말로 좋은 조건을 제시하는 곳은 지리적으로 몇 군데로 압축되기 마련이다.

2.15.1 두뇌 유입 국가 : 미국, 캐나다

지금까지 대부분의 두뇌 유출은 다른 국가와 비교해서 연구비 예산이 여전히 큰 미국에 집중적으로 일어났다(이런 어마어마한 연구비 경쟁도 치열하다). 두뇌 유출은 현대 자본주의 사회의 자연적인 부산물이기 때문에 교수 자리를 위해 미국 학과들은 봉급, 착수 연구비, 기타 등등의 면에서 다른 곳보다 더 많은 돈을 제안할 수 있다. 이 점은 미국이 모든 중요한 연구 분야에서 세계 최고의 과학자들을 끌어들일 수 있는 원동력이다(다른 나라의 관점에서는). 어느 정도 불행한 일이지만 어쩔 수 없는 현실이다.

캐나다는 과거에 미국으로의 두뇌 유출로 심각한 몸살을 앓다가 "혁신 전략"의 일환으로 이 흐름을 뒤바꾸기 위해 애쓰고 있다. 해외로 나갔던 캐나다인들을 다시 돌아오게 하고 많은 외국 과학자들을 끌어들이는 두뇌 유입을 위해 심혈을 기울이고 있다.

이런 노력은 상대적으로 3천2백만의 적은 인구를 가진 캐나다를 생각할 때 가볍게 취급할 것이 아니다. 이민의 땅인 이 나라에서 외국인들은 처음에는 영주권을 얻고 그 다음에 시민권을 얻고, 그리고 사회의 구성원으로 통합되기가 쉽기 때문에 캐나다의 전략은 매우 효율적이라는 생각이 든다.

부수적으로 최근의 미국에 대한 테러 공격(특히 2001년 9월 11일에 자행된 공격들)의 여파로 미국은 외국 학생과 과학자들을 받아들이는 것에 선택적으로 허용하는 추세에 있어(결국에는 이 정책으로 직접적인 피해를 받겠지만 지금으로서는 그렇게 하는 것이 옳다) 캐나다 대학에 지원하는 수가 크게 증가하는 효과가 나타나고 있다.

2.15.2 두뇌 유출 국가 : 이탈리아

Federico : 나의 조국인 이탈리아는 두뇌 유출로 인해 극심한 피해를 받고 있다. 독립적인 과학 연구를 원하는 젊은 과학자들에게 이탈리아의 경우 정말로 견디기 힘든 근무 조건이다. 이탈리아는 GDP의 1% 미만을 연구에 투자하고 있다. 프랑스와 비교해 보면 정말 어처구니없는 예산 정책이다. 프랑스는 GDP의 2% 이상을 연구에 투자하고 있는데, GDP가 이탈리아의 두 배에 달하기 때문에(인구는 비슷하다) 네 배 정도의 차이가 난다. 프랑스 곳곳에서 많은 이탈리아 과학자들을 찾아볼 수 있다. 캐나다, 독일, 영국, 미국처럼 과학 연구와 지도력에 많은 투자를 하는 국가들에서도 많은 이탈리아인들을 발견할 수 있다. 이런 상황에서 일등급 학술지에 논문을 게재하는 이탈리아 연구 센터에서 이탈리아 사람들을 자주 볼 수 있다는 것은 아주 놀라운 일이다(연구비가 적게 드는 이론과 모델링 분야에 국한되어 있긴 하지만).

최근 몇 년 동안 젊은 이탈리아 과학자 그룹이 해외에서 일하고 있는 많은 수의 이탈리아인들과 인터뷰를 해서 "두뇌 유출"이라는 소책자를 발간했다. 이 책에는 젊은 과학자들이 조국을 떠나 해외에서 직장을 가지는 이유들이 수록되어 있다. 정말로 나는 그 책에 실린 이야기들에 많은 공감을 느낀다.

이탈리아에서는 더 이상 비전을 찾을 수 없다는 사실과 캐나다처럼 혁신적인 전략을 시작할 수 있는 능력이 없다는 사실이 이탈리아가 최첨단 연구 분야에서 계속 뒤처질 수밖에 없는 원인이다. 기본 연구를 육성하는 등의 장기적인 문제에 초점을 맞추기 전에는 나의 조국 이탈리아는 진정한 민주주의가 되기 위해서는 여전히 고통스런 과정을 겪어야 한다고 생각한다. 내가 과학자로 성공하고 과학자로서의 내 직업이 중요한 의미를 지니는 한에는 아마 나중에라도 이탈리아로 돌아가지는 않을 것이다. 2000년 가을 이탈리아를 떠나올 때 이 사실을 너무나도 잘 알고 있었다. 이 이야기가 분명히 내 개인적인 이야기이긴 하지만 여러분에게도 해당되는 이야기일 수도 있다. 더 나은 일자리를 찾아 조국을 떠날 때 여러분도 마찬가지로 다시는 돌아가고 싶지 않을 것이다.

2.16 제2 외국어를 배워라

여러분이 영어로 논문을 쓴다는 사실을 알기 때문에 다른 언어를 배우는 것에 반대한다고 생각할지도 모르겠다. 하지만 전혀 그렇지 않다. 외국어를 배울 수 있는 시간과 흥미가 있다면 꼭 배워두라고 말하고 싶다. 직장 생활에서 뿐만 아니라 당신 인생에서도 외국어는 유용한 기술이 될 수 있다.

영어는 과학 연구에서뿐만이 아니라 다양한 분야에서 전 세계 공용어로서 아주 중요한 역할을 하고 있다. 하지만 영어 외에 다른 외국어가 필요한 상황에서는 당신의 목숨까지도 구할 수도 있다.

Federico : 여기에 관한 일화를 하나 소개하고자 한다. 과학과는 연관이 없지만 아주 유익하고 재미있는 이야기다. 내 아버지가 10대였을 때 이탈리아에서 태어난 미국 소년이 교환 학생으로 와서 1년을 같이 보내게 되었다. 이 기간 동안 아버지는 이탈리아어를 배웠다. 이때가 1950년대 말이었다. 몇 년 후에 아버지는 베트남 전쟁에 미군으로 선발되었다. 하지만 아버지는 이탈리아어를 잘 했기 때문에 베트남에 가는 대신 이탈리아에 있는 기지로 보내졌다. 어린 시절에 배운 이탈리아어가 아버지의 목숨을 구한 셈이 되었다. 이탈리아어는 아버지가 수 차례 곤경에 처했을 때 큰 도움을 주게 되었다.

퀘벡 주의 바레나스에 있는 이 연구소에서는 프랑스어를 할 줄 아는 나노 과학자를 찾고 있었는데, 선발 범위가 그만큼 좁아졌기 때문에 나는 이 자리를 얻을 수 있었다고 생각한다(완벽하지는 않지만). 이 프랑스에 대한 지식이 많은 도움이 되었던 것이다.

당신이 중국에서 살고 싶은 생각이 없다면 중국어를 꼭 배우라고는 이야기하지 않겠다(물론 몇 년 후에는 아주 유용하게 쓰이겠지만). 대신에 유럽어를 배워보라고 권하고 싶다. 당신이 유럽인이거나 다른 유럽어를 말할 수 있다면 배우기도 훨씬 쉬울 것이다(당신이 가보고 싶은 나라의 언어를 배우는 것도 괜찮다).

Tudor : 내 친구 하나는 안식년 덕분에 이탈리아어를 조금 배웠는데 거기에 남아서 돌아갈 때까지 연구에 전념했다. 은퇴를 한 지금도 그는 거의 매년 이탈리아를 방문한다.

2.17 자신을 항상 업데이트 시켜라

연구 프로그램을 선택하게 되면 누구나 아주 오랫동안 연구를 하고 싶은 생각이 든다. 특히 성공에 목말라 있는 사람이라면 더욱 그렇다(20~30년을 한 분야에서만 일하고 있는 과학자들을 알게 되었는데, 그 분야에서는 전 세계에서 가장 유명한 전문가들이다. 하지만 그 좁은 틈새에 웅크리고 있는 점에 대해서는 걱정이 된다). 전문 분야의 수명은 과학에서 일반적인 수명보다 더 짧은 것은 어쩔 수 없는 일이다. 그래서 한 분야에서만 일하는 존재는 그 실현 가능성이 점점 더 적어진다. 모든 가능성에서 과학자 훈련은 적어도 두세 번은 재순환된다.

여기에는 물론 좋은 점도 있고 나쁜 점도 있다. 한 주제에 대해 깊숙이 파고들 수가 있어 충분히 내 것으로 만들어 세계에서 으뜸가는 전문가가 될 수 있는 장점이 있다. 이 수준까지 도달하게 되면 이 분야에서 가장 유명한 전문가로 간주되기 때문에 새로운 연구비를 얻는 일이 점점 쉬워진다.

동시에, 새로운 프로젝트를 시작하지 못하고 연구 분야를 넓히지 못하게 되면 같은 주제에 대해서도 창조적인 연구를 진행할 수가 없다. 그것은 반복적인 일이 되기 싫고, 연구를 계속 추진하고 열정을 이끌어 내는 중요한 원천이었던 초기의 매력을 잃어 버리게 된다.

연구비에는 우선 순위와 유행이 있다. 어떤 주제가 우선 순위에서 밀려나게 되면 점차적으로 연구비가 끊어지게 되고 심지어 갑자기 중지돼 버리는 경우도 생길 수 있다. 그래서 주제를 바꿀 수 있다는 것은 당신의 열정과 창의성을 유지할 수 있다는 것을 의미할 뿐만 아니라 연구를 계속 진행하기 위한 연구비를 끌어오는 데도 많은 도움이 된다. 그래서 연구에서의 다양성과 유연성은 소중한 자산이 되기도 하는 셈이다. 새로운 아이디어와 새로운 기술에 마음을 열어야 한다. 연구라는 것은 새로운 발견을 하고 새로운 도전을 맞이하는 것이지 새로운 재료를 가지고 재탕, 삼탕하는 것이 아니다.

과학 연구나 연구비, 특히 지식 분야에 관한 전체적인 동향에 관한 책을 읽는 것도 많은 도움이 된다. 자신의 연구 분야에서 연구비 동향에 발맞춰 나가는 것 역시 중요한 일이다.

오늘날의 현대 사회에서 정보 수집은 아주 중요한 일이지만, 중요하지 않은 정보는 적당히 걸러내는 일 역시 중요한 일이다.

chapter 3

게임의 법칙

3.1 과학의 생태

대부분의 젊은 과학자들이 현재까지 경험한 것들은 과학의 일부분에 지나지 않는다. 학생, 박사후 연구원, 논문 저자, 논문 심사자, 연구비 신청자, 연구비 심사위원, 고용 심사위원, 학술지 부편집자(또는 편집자), 학술회의 및 대회 조직위원, 그리고 그 외의 더 많은 것들은 과학자로서의 경험을 통해 할 수 있는 역할들이다. 여기서 우리는 산업과학과 정부과학에 대해서는 조금만 언급하고 공공과학(public science)에 대해 주로 언급하고자 한다.

과학에서 성공한 많은 사람들은 이 내용에 대해 초보 과학자들에게 잘못된 환상에 도전하도록 유도할 수도 있다는 냉소적인 반응을 보일지도 모르겠지만 우리는 현실을 직시해야 할 필요가 있다.[23] 이 현실주의는 초보 과학자들이 초기에 진로를 선택할 때 빠질 수 있는 함정을 피할 수 있도록 하는 데 꼭 필요한 요소라고 할 수 있다. 과학의 세계가 어떻게 되어야 한다는 식의 주장을 펼치기보다는 있는 그대로의 과학을 알 필요가 있다. 시스템의 엄정함과 공명정대함에 관한 상투적인 말은 여기서 하지 않을 것이다.

자연 생태에서 필요 생명 에너지와 상응하는 것이 공공과학에서는 돈이다. 태양 에너지 유입과 상응하는 것은 대학 사무원과 학생들의 연구

23) "부정적인 사람들"로 언급되는 사람들은 거의 항상 "현실주의자들"이라고 말한다. 그 다음 유추해 판단하면 "부정적인 사람들"을 비평하는 사람들은 "비현실"을 기대하고 "순수한" 혹은 "이상주의자"이다. 우리는 그 일반적인 위치에서 예외가 없다.

비(학비 보조금, 장학금 또는 유사한 것)와 많은 종류의 연구 프로젝트에 쓰이는 직접 연구비이다. 자연 생태계에서처럼 개별 과학자들의 목적은 치열한 경쟁 속에서 연구비를 최대로 끌어오는 것이다. 일반적으로 과학계에도 다윈의 적자생존의 법칙이 적용된다.

대부분의 경쟁력 있는 과학자들은 필요한 것이 무엇이냐는 질문을 받으면 "좋은 일을 하는 것으로 충분하다"고 말하지만 실제로 연구비에 대한 욕심은 많은 듯하다. 하지만 순수 다윈 시스템에 속하는 과학자들과는 달리 일부 과학자들은 그들이 필요로 하는 것보다 더 적은 금액으로도 행복해 하는 것 같다. 아마도 연구비가 적기 때문에 연구에 대한 압박을 받을 필요가 없을 것이고 또 연구비로 인한 유사 정치 행위를 할 필요가 없기 때문인 것으로 파악된다.

정부는 현재 임기응변적인 프로그램을 도입하여 정부 정책과 우선 순위에 따라 연구비를 지원함으로써 연구비의 전반적인 영역을 통제할 수 있으며 실제로도 그렇게 하고 있다(현재 나노 기술 같은 주목받는 주제들은 더 많은 연구비를 받는 반면에 에너지 연구는 석유 가격에 따라 비선형적인 상관 관계를 따르려는 경향이 있다). 과학자들은 이들 영역을 선택할 수도 하지 않을 수도 있지만 그 선택은 전략적인 결정으로 이해할 수 있다. 그러나 연구비는 각 영역 내에서 "우수성"에 근거하여 받는다(포르노와 마찬가지로 우수성이라는 것은 정의하기가 힘든 부분이지만 보고 나서 판단할 수 있는 부분이다). 이 "우수성"을 근거로 연구비, 장학금, 논문 발표 등의 결정이 이루어지게 된다.

"우수성이란 무엇인가?"라는 철학적 질문은 제쳐두더라도 "우수성을 어떻게 판단하는가?"라는 당면 문제에 대한 해답을 찾아야 할 것이다. 가장 적절한 판단은 당연히 그 분야의 전문가들에 의한 판단일 것이다. 하지만 이들 역시 연구비를 받을 사람들이 아닌가? ("수호자는 누가 수호할 것인가?"라는 라틴어 속담이 있다.) 이것은 이해관계의 기본적인 충돌이 아닌가? 그렇다. 분명히 문제의 소지가 있는 부분이다.

이 이해관계의 갈등은 과학자들이 서로 다른 시간대에 신청인과 심사자의 역할을 하는 시분할 방법을 통해 경험적으로 해결할 수 있다(집행권을 가진 재판관은 수문장이 보고하는 연구비 재단이나 학술지 편집장이다). 이번 주에 다른 과학자들에게 심사를 받는 과학자가 다음 주에는 다른 과학자를 심사하는 심사관이 된다. 이러한 신청과 평가의 과정은 영국 법에서 "동료 심판관에 의한 재판"으로 알려져 있다. 또는 "1066과 모든 것"이라는 영국의 풍자적인 역사에 따라서 과학계에서는 이러한 평가 과정을 동료심사제도 또는 간단히 동료심사라고 부른다. 무엇을 심사하는가에 따라 많은 형식을 갖는 과정이다. 동료심사는 매우 중요하기 때문에 다음 절에서 좀 더 자세히 다룰 것이다.

순환논리의 특이한 예에서 보면 우수성은 우수성을 선택하도록 만들어진 동료심사제도의 앙상블에 의하여 선택된 저작물에서 분명하게 나타나는 질로서 정의된다.

선수가 다른 선수를 심사하는 이상한 규칙이 적용되는 이 특이하고도 경쟁적인 게임에서 (최소한) 안전한 수준에서 (최대한) 살아남기를 바라는 선수인 과학자는 과학이라는 게임이 어떻게 돌아가는지는 알고 있어야 한다.

기본적으로 과학이라는 것은 이력서에 보기 좋게 나열한 논문의 개수에 의해 결정되는 논문 발표 게임이라고 해도 좋다(이 논문을 읽는 사람은 'CV'가 개인의 "가장 뛰어난 업적"을 의미하는 라틴어 "Curriculum Vitae"를 의미한다고 생각하지는 않을 것이다).

발표된 논문은 단지 이력서에 나열될 뿐이고, 논문을 읽는 사람이나 평가자가 논문의 영향력이나 중요도에 따라, (수 년 또는 수십 년이 걸릴 수도 있는) 남들이 인정하는 중요도에 따라, 그리고 논문이 발표되는 학술지의 인용도 지수에 따라 은연중에 가중치가 주어진다. 그러므로 이력서는 장학금, 연구비, 진흥연구비 등의 경쟁에서 중요한 요소가 된다고 할 수 있다. 여기에서 파생되는 다른 유사 논문 발표는 별도로 초청 학술회의 구두 발표나 보고서의 심사 없이 이루어지기도 한다.

이력서를 작성하는 데 필요한 논문 발표 게임은 과학자를 위한 이 모든 과정이 이루어지는 기본 토대가 된다. 그러므로 과학자가 성공적인 과학자가 될 기회를 극대화하기 위해서는 이 논문 발표 게임에 대해 잘 배워둘 필요가 있다. 이 모든 것은 "논문을 발표하든지 도태되든지"라는 문구로 함축된다. 여기서 논문 발표는 심사가 가장 잘 이루어지는 학술지에 창의적인 논문을 게재하는 것을 의미하지만 꼭 그러한 것들로 제한되는 것은 아니다. 보고서, 학술회 논문집, 저서, 그리고 심사 유무와는 관계없는 모든 구두 발표 등의 형태를 통해서도 과학자의 명성을 쌓아 올릴 수 있다.

하지만 여기서 잊지 말아야 할 것은 선정 과정의 한 부분으로서 또는 (포스터 발표를 포함하여 학술발표 회의는 말할 것도 없고) 일반적인 세미나의 한 부분으로서 주어지는 아주 짧은 발표도 이력서 작성과는 상관없이 어떤 경우에는 아주 중요할 수도 있다는 사실이다. 논문 발표 게임이나 이력서 작성에는 쓸모가 없다 하더라도 예비 고용자, 선발위원회 인사담당자, 논문이나 연구비 심사자, 당신이 선발하기 원하는 박사후 연구원 후보 및 학생들에게 어필할 수 있는 수단으로서도 중요한 가치를 지닐 수 있다.

초보 과학자는 초보 배우와 조금 비슷한 점이 있다고 할 수 있다. 좋은 배역(좋은 연구 주제)을 받아야 하고 그 배역을 잘 소화해야 한다(동료들에게도 그렇게 보여야 한다). 그리고 최종적으로 대중들에게 히트를 쳐야 한다.

과학자에게 있어 논문 발표는 배우에게 작품과도 같다. 그리고 영화와 같이 제한된 지역에서(일반인들은 읽지 않는 전문 학술지와 같다)만 상영될 수도 있고, 전 세계에서(전문가와 비전문가들이 모두 읽을 수 있는 Nature지 또는 Science지에 게재되는 것과 같다) 상영될 수도 있다. 논문 발표의 스타일과 형식은 사실 어떤 학술지를 선택하느냐에 따라 결정된다.

이상적인 세계에서는 논문의 내용만 좋으면 어디에 발표하는가는 전혀 중요하지 않다. 반면에 현실 세계에서는 논문 내용이 정말로 좋다면 가장 영향력 있는 학술지에 발표해야 한다. 학술지의 평균 영향력의 정도에 따라 (필요하다면 잘 정의된 인용도 지수로 측정된) 발표된 논문의 인지도에 큰 영향을 끼친다(당신의 미래에 대해 중요한 결정을 하는 이들을 포함하여). 사람들은 Nature지의 논문에 훨씬 더 주목하고 또 중요한 논문일 것이라고 생각한다.

따라서 이러한 분위기에서는 가장 훌륭한 학술지에 논문을 발표하기 위해 노력을 기울이는 것은 당연한 일이다. 목표가 높으면 거부될 가능성이 높고, 목표가 낮으면 승인이 쉬운 반면 영향력 점수를 포기해야 한다. 논문 발표를 해야 하는 과학 게임에서 중요한 점은 어떤 학술지가 최적의 학술지인지 판단하는 일이다.

요즘은 논문이 발표되는 학술지의 인용도 지수를 계산하여 계량화하는 경향이 점점 커지고 있다. 과학자들의 질을 높이려고 하는 일이지만 사용되는 지수가 항상 객관적이고 신뢰할 수 있는 것이 아니기 때문에 위험한 게임이라고 할 수 있다.

(논문의 인용 횟수를 계산하는) 인용 지수가 꼭 쓸모없는 것만은 아니다.(논문이 거의 인용되지 않을 경우 그 논문의 영향력이 얼마나 중요한가를 알아보는 것이 어렵게 된다.) 계수의 표준 값에서 중요한 상관관계를 만들기 때문에 논문이 자주 인용될 수 있으나, 반면에 흥미를 불러일으키는 연구에 의하여 판단된 초기 영향력이 큰 창의적 논문은 연구를 더 확장하거나 좀 더 쉽게 이해할 수 있는 방식으로 개념과 중요성을 제시한 논문에 의해 대체될 수 있다(창의적 논문은 어려운 개념을 쉽게 설명하기 위해 필요한 명쾌함이 항상 부족하기 때문에 이해하기 어렵다).

3.2 동료 심사 제도

공공과학과 논문 발표 과학의 생태계에 대해 간략히 설명했으니, 이제 주요 핵심인 동료 심사제도에 대해 이야기할 시간이다. 당신의 개인적인 경험이나 관점에 따라 앞으로의 이야기는 뻔한 이야기일 수도, 충격적인 이야기일 수도 있다. 동료 심사 과정에 대해 이야기하는 데 있어서 한 가지 가져야 할 관점은 사법 제도의 "정의는 실현되어야 하지만, 실현된 것처럼 보이기도 해야 한다"는 관점이다("정의가 실현되지 않았다면 실현된 것처럼 보여야 한다"고도 냉소자들이 말하기도 한다). 이것이 비밀재판과 밀실재판을 반대하는 주요 핵심이다. 그러나 동료 심사의 핵심은 심의가 비밀로 유지되고 심사자의 신분도 비밀이 보장되는 경우가 많다는 것이다. 그렇다면 심의가 어떻게 공정하게 이루어질 수 있겠는가? 이 부분이 오늘날 동료 심사 제도의 딜레마다. 오늘날 동료 심사 제도가 (민주주의처럼) 상당히 불완전하지만 지금까지 시도된 다른 제도보다 아주 나쁘지는 않다. 이 동료 심사 제도에 대해 더 자세히 다루고자 한다.

동료 심사 제도는 과학자들 사이에서도 이해관계가 서로 충돌하고 있는 주제다. 당신이 (논문이나 전체 경력에 대해) 심사를 받는다고 했을 때 당신 자신의 입장부터 먼저 살펴보도록 하자. 당신이 하고 있는 일(논문이나 연구비 제안서)을 같은 분야의 동료들에게 심사를 받는다고 한다면 심사위원들 중 한 명 또는 그 이상의 동료들이 당신이 지금 하고 있는 일과 매우 유사한 일을 하고 있을 수도 있다. 근본적으로 같은 주제에 대해 연구하고 있기 때문에 자신의 논문을 먼저 발표하려고 할 것이고 같은 연구비를 가지고 서로 경쟁하게 되는 셈이다. 편견을 배제한다고는 하지만 심사위원들도 인간이기 때문에 공정한 심사를 하는 것이 쉽지만은 않다. 그런 근거에서 본다면 경쟁자들이 심사를 하는 일은 없어야 할 것이다.

당신의 일이 가장 잘 심사될 수 있는 일반과학의 관점에서 보도록 하자. 경쟁자들이 모두 배제된다면 전문가의 의견을 어떻게 얻을 수 있을까? 충분한 전문지식과 이해관계의 충돌 사이의 선을 어디에 어떻게 그을 것인가 하는 게 기본적인 딜레마다.

어쨌든 당신도 가까이 지내는 경쟁자를 심사할 수 있다는 사실을 잊지 마라. 이런 질문들을 스스로 던져 보아라. 나는 얼마나 공정할 수 있는가? (심사 요청을 받았을 때) 이해관계의 충돌을 피할 수 있는가? 양심적이라는 평가를 받기 위해서는 이런 경우에 매우 양심적이어야 한다.

이런 이유로 모든 전문가들을 배제하지 않고 실제로 이해관계의 충돌을 피하기 위한 노력으로 많은 학술지나 연구비 관리 기관들은 당신의 논문이나 연구비 신청에 대해 가능한 심사자들의 명단을 요구할 것이다(그 명단을 준비할 때 노골적인 이해관계의 충돌을 피하기 위한 어떤 일반적인 지침이 있을 것이다. 예를 들어 자주 같이 연구하는 동료, 이전의 논문 지도교수, 그 밖의 당신의 연구실과 연관 있는 사람 등은 배제해야 한다). 당신과 친하기 때문에 당신에게 우호적인 심사를 할 수 있는 과학자들의 명단을 내놓을 가능성이 여전히 있다.

공정한 심사에 대해 이야기할 때 시드니 해리스가 그린 동료 평가에 대한 다른 삽화가 있다. “저거야? 저게 동료 심사야?”라는 그림 설명이 곁들여 있다(ScienceCartoonsPlus.com에서 사용 허가를 받은 그림이다). 물론 글로 설명하는 것이 더 쉽긴 하지만 이 거대한 방정식을 지워나가는 시각적 효과가 너무 좋기 때문에 소개하는 게 나을 것 같다.

대부분의 과학 분야는 그 규모가 작아서 당신의 연구와 직접적으로 관련이 있는 단체는 당신에게 우호적인 사람, 적대적인 사람, 그리고 아무런 관심이 없는 사람으로 나눌 수 있다. 한 나이 많은 동료가 당신 목록에 있는 심사위원들은 그 분야의 전문가들이어야 하고 우호적인 사람들이어야 한다고 말한 적이 있다. 어떤 사람이 우호적인지 아닌지 판단이 서지 않거나 당신보다 먼저 논문을 발표해야 한다면 그 사람은 목록에서 제외시키는 편이 낫다. 그러나 위원회는 그 심사위원들을 당신에게 우호적인 사람들이라고 판단하여 긍정적인 평가를 내릴 경우에는 조금 가감해서 평가하고 부정적인 평가를 내릴 경우에는 당신이 선택하지 않은 심사위원들의 평가보다 더 좋지 않게 평가하게 된다. 당신을 지지하는 사람들이 누구인지를 확실하게 알고 있어야 한다. 나중에 후회하는 것보다는 조심하는 것이 낫다. 더 중요한 것은 "네 이웃을 알라"이다.

당신이 공정한 심사라고 생각하는 것에 대해 이야기했지만 그 심사가 꼭 과학 발전에 기여하는 것은 아니라는 사실을 명심해야 한다 : 그렇게 엄격하게 적용되는 것은 아니다. 당신의 친구가 의도적으로 당신을 떨어뜨리려 하지 않을 것이고 큰 실수만 하지 않는다면 다른 심사위원들보다 더 우호적일 거라고 생각할 것이다.

이 시점에서 다른 대학에 근무하는 D라는 동료 교수의 전략을 한번 보기로 하자. D가 주요 연구비 관리 기관 중의 하나에 연구비 제안서를 작성하는 동안 제안서 초안에 대한 의견을 구하기 위해 선배 동료를 만났다. 그 선배 동료는 초안을 아주 마음에 들어 했고 수정 사항을 몇 가지 지적해주었다. 예를 들어 "공동 연구자"에 대한 부분에서 그는 D의 친구라고 알려진, 그리고 잠재적으로 공동 연구자가 될 가능성이 있는 어떤 교수의 이름을 왜 쓰지 않았는지를 물었다. D는 그와 가능한 공동 연구는 아직 먼 미래에나 가능한 일이므로 공동 연구자보다는 심사위원 목록에 올리는 것이 좋을 것 같아서 그랬다고 대답했다. 이 예리한 대답은 선배 동료에게 젊은 나이에 걸맞지 않는 비범한 통찰력이 있다는 강한 인상을 심어 주었다.

대부분의 학술지와 연구비 재단은 (당신과 경쟁 관계에 있거나 최근에 심각한 의견 대립을 가진) 과학자를 심사에서 제외해 달라고 요청하면 보통 받아들인다. 이런 정책이 있다 하더라도 그런 이야기는 굳이 하지 않을 것이고, 제외시킬 심사위원 목록을 달라고도 하지 않을 것이다. 이런 정보는 대개 세부 규칙사항에서 작은 글씨로 언급되어 있다.) 그런 위험한 사람이 있다고 생각하면 주저하지 말고 리스트를 제출하도록 하라. 그리고 이것은 방어적인 전술로 사용하도록 하고 리스트에 너무 많은 사람을 올리지 않도록 한다(너무 남용하게 되면 신용을 잃을 수도 있다 ; 고립된 "괴짜"로 소문이 나면 살아남기가 힘들다).

위원회에서 제외되거나 학술지 편집자로부터 거절당하게 되면 명시된 규칙의 도를 넘어서 학술지 편집자나 연구비 선발 위원에게 형편없는 글을 쓰기도 하는 일들이 가끔씩 생기기도 한다. 심사 과정에는 없지만 (그리고 심사 과정의 익명성으로 밝혀지진 않았지만) 이러한 일들에 대한 이야기는 접할 수 있다. 만약 당신이 (보통은 비공식적으로) 그 사람이 누군지 알게 된다면 다음에는 그 사람들을 확실히 제외시킬 수 있으므로 행운으로 여겨야 한다(문제의 그 사람에게 항의는 하지 마라. 역효과만 날 뿐이다. 앞으로 무슨 일이 일어날지 모르므로 심사위원에게 반응하지 않는 게 좋다). 심사가 익명으로 이루어지기 때문에 심사 과정 내부에서 일어나는 과도한 일에 대해서는 알기 힘들다. 단지 비공식적으로 알게 된다.

Science지와 Nature지 같은 학술지는 뉴스 특집, 견해 기사, 그리고 서신에서 동료 심사에 대한 토론 기사를 자주 올리는 편인데, 이 기사들을 통해 동료 심사의 장단점 (그리고 다른 흥미로운 주제들을 포함하여)에 대해 계속 이야기해 보고자 한다.

익명성이 보장되는 동료 심사의 여러 가지 형태에는 논문 제출도 포함된다. (A) 심사가 있는 학술회의에 논문을 제출한다든가 (B) 심사가 있는 학술지에 논문을 제출할 때 상대적으로 자주 동료 심사를 적용하는 경우부터 (C) 여러 기관으로부터의 연구비 신청과 (D) 장학금, 연구비 수혜와 그와 유사한 것 등의 신청으로 구성된 드문 일들까지……

학술지와 심사가 있는 학술회의 논문집에 발표하기 위한 투고 (A와 B)와 선발 위원회에의 신청(C와 D)에 대한 과정은 서로 달라서 분리해서 다루어야 한다. 가장 간단한 것부터 먼저 다루겠다. C와 D는 배심원 제도와 비슷하다고 보면 된다.

3.2.1 미발표 논문의 열린 위원회에서의 동료 심사

가장 중요한 동료 심사의 일부는 대개 공개된다. C와 D의 상황에서는 다른 배심원 제도에서처럼 연구비, 장학금, 고용, 수상 등을 위한 선발 위원회는 미리 알려지게 된다. 그렇다고 심의의 자세한 부분까지 알려 주지는 않는다 ; 단지 그런 경우 최종 결정은 공개하거나 신청자에게 알려주게 된다.

(잘 알려진 이해관계의 충돌에 대해서는 분명하게 배제한) 위원회가 알려진 위원들로 구성되어 있다면 한 명의 극단주의자 정도는 합의를 통해 효과적으로 조정할 수 있으므로 안전하다고 할 수 있다. 또한 위원회 내의 극단주의자는 위원회의 나머지 구성원들과 다른 후보자들에 대한 신뢰성을 유지하기 위해 (의식적이든 무의식적이든) 보통 자기 목소리를 낮추게 된다(어쨌든 이것이 위원회의 검토를 거쳐야 하는 서류들이 정해진 형식을 갖춰야 하는 가장 중요한 이유이다. 문장을 쓸 때는 항상 전문가들을 납득시킬 수 있어야 하고, 그 분야의 전문가는 아니지만 조금의 지식이 있는 사람들에게도 흥미를 줄 수 있도록 써야 한다).

일반적으로 서류 제출에는 엄격한 마감 시간과 규칙들이 있기 마련이다. 서류를 제출한 후에는 비록 분명하게 금지되어 있지 않다 하더라도 더 이상의 행동을 하는 것은 현명하지 못하다. "제출함"을 "채택됨"으로, "채택됨"에서 학술지의 "권, 호, 쪽"으로 수정하는 것과 같은 예외적인 경우에는 허용된다. 의심스러운 경우에는 수정이 가능한지, 수정사항을 위원장이나 비서에게 보내야 하는지를 사전에 미리 확인해야 한다(각 구성원에게 보내는 것은 좋지 않다).

3.2.2 비공개 동료 평가 : 학술지와 연구기금 재단의 심사

가장 비공개적으로 이루어지는 동료 평가 과정은 동료를 평가하는 학술지에 논문을 발표할 때 사용되거나 심사가 필요한 학술회의 논문집(A와 B)에서 사용되거나 또는 연구기금 재단을 위한 외부 심사(C)를 위해 사용된다.

이들 (A, B, C를 위한 외부 심사) 모두에 대해 (i) 심사위원들은 내부 명단과 논문을 제출할 때 같이 제출한 명단에서 선택된다. (ii) 실제 심사위원들의 신분은 저자들에게 노출되지 않는다. (iii) 심사위원들은 보통 다른 심사위원들의 신분을 서로 알지 못한다(많은 학술지들은 심사위원들이 항상 저자들에게 자신을 밝히지 않을 것을 요구한다). 그러나 앞에서 언급했던 것처럼 직접적인 경쟁자들과 같은 특별한 사람들을 심사자에서 제외시켜 달라는 요청을 할 수 있으며, 그러한 요구는 거의 대부분이 받아들여진다(편집자/재단은 이해관계의 충돌을 일으킬 수 있는 어떠한 문제도 원하지 않는다). 학술지와 논문집 심사위원의 유일한 실제 의견 조율은 편집자(또는 편집위원회)의 판단에 의해 이루어진다. 연구기금 재단에서 외부 심사위원의 의견 평가는 논의되고 있는 위원회의 손에 달려 있다. 학술지에서 (당신이 모르는 더 많은 평가자들과 아마 준편집장을 포함하는) 동료 평가의 첫 번째 또는 두 번째 평가가 이루어지는 동안 공식적인 항소 과정이 있을 수 있다. 그런 결점이 있고 복잡하고 투명하지 않은 이런 제도가 실제 세상에서 어떻게 운용될 수 있을까 하는 의문이 들겠지만, 실제로 동료 평가는 당신이 생각하는 것보다 더 잘 운용되고 있다.

3.2.3 비공개 동료 평가의 남용

하지만 동료 평가 제도는 남용될 수 있으며 실제로도 남용되고 있다(인간이 만든 모든 제도는 불완전하다는 것을 잊지 말아야 한다. 어떤 내부 일이 벗어나거나 어떤 좋은 일이 부당하게 거부되는 순수한 오류를 생각하는 것이 아니다. 여기서 "남용"이라는 말은 나쁜 의도 또는 정직하지 못한 의도를 의미한다).

심사위원이 무조건적인 신뢰를(그리고 이해관계의 충돌에 대한 분명한 지침을) 잘못 사용할 때와 신뢰를 통해 받은 정보를 부당한 이득을 얻기 위해 사용할 때가 최악의 경우라 할 수 있다. 이것은 경쟁 연구 프로그램을 시작하거나 방향을 바꾸는 일과 경쟁 프로그램이 먼저 발표될 수 있도록 발표 승인을 보류하는 일이 포함될 수 있다. 이런 종류의 남용 사례는 대체로 당신이 생각하는 것보다 많이 발생하지만, 심각한 피해를 주는 경우는 그렇게 많지 않으며 상당히 드문 듯 보인다.

더 흔하게 발생하지만 상대적으로 드문 일은 (대부분의 심사위원들은 상대적으로 정직하며, 이해관계의 충돌이 있다고 주장할 것이다) 당신의 일과 당신에 대해 잘 알고 있는 심사위원이 처음부터 당신의 일과 당신을 싫어하는 경우이다(아마 당신이 과거에 그 심사위원의 일을 가볍게 여겼기 때문일 것이다). 도덕적이지만 호감을 갖고 있지 않은 심사위원은 ("유감이지만, 나는 정말로 여기에 공정한 의견을 제출할 수 없었다"와 같은) 편견이 있음을 분명히 밝히고 심사위원직을 포기해야 한다.

이미 당신에 대해 나쁜 편견을 가진 대부분의 심사위원들은 자신들을 진실한 과학과 순진한 학술지 편집자들을 위해 고결하고도 편견이 없는 수호자로 생각하며, 이해관계의 충돌도 없다고 생각한다. 이런 오만한 태도로 그들은 당신과 당신의 일에 대해 혹평을 늘어놓을 수도 있다. 운이 좋으면 심사위원이 도를 지나친 나머지 편집자의 의심을 불러일으킬 수도 있다. 그래서 부정적인 의견은 평가 절하되고 다른 의견들을 받아들이게 될 것이다. 더 치밀하고 노련한 심사위원은 선을 넘지 않는 범위 내에서 너무 자세한 지적은 피하고 (피상적인, 중대한 결점이 있는, 경미한 진전, 이 학술지에 발표할 만큼 신선하지가 못하다는 등등의) 형용사를 사용하면서 빈정대는 방법으로 반박의 여지를 주지 않을 것이다.

가장 좋은 방법은 앞에서 언급했던 것처럼 이런 행동을 보일 것 같은 사람들을 심사위원 명단에서 제외시키는 것이다.

이와는 정반대의 경우도 있다. 중대한 결함이 있는 논문을 아무런 비평 없이 발표하는 경우이다. 심사위원이 저자와 친분이 있거나 이전의 논문들이 높은 관심을 받은 경우 생길 수 있는 일이다. 따라서 심사위원들은 동료 평가 제도가 제 기능을 발휘하기 위해 꼭 필요한 건설적인 비평 없이 논문을 읽는다. 이러한 행동은 분명히 논문의 질을 떨어뜨리지만 부당한 억압에 대해서는 그나마 덜 부당하다고 할 수 있다. 더구나 결함은 저자나 심사위원이 아닌 다른 사람에 의해 제기될 수 있다. 불공평하게 가혹한 "죽을 죄"와 비교하면 이것은 "너무 관대한" 가벼운 죄에 해당된다고 할 수 있다.

잠재적으로 다분히 위험을 내포하고 있는 이 익명성의 심사 제도가 왜 계속 유지되고 있는지 의문이 생길 것이다. 심사위원들이 자신의 심사에 대해 서명하는 열린 심사를 왜 하지 않을까? 순수 실용주의에서 그 이유를 찾을 수 있다. 이 익명성이 보장되지 않는다면 이 제도는 그 기능을 상실해 버릴 것이다. 부정적인 의견을 제출하는 심사위원이(무보수라는 점을 기억해야 한다) 피해를 입은 저자들의 공격에 노출되면 심사위원들은 향후 심사를 거부할 수밖에 없을 것이다(어떤 학술지는 심사위원들에게 감사의 뜻만을 전하기도 한다. 실제로는 편집자의 심사위원 명단에 어떤 사람들이 올라와 있는지는 추측만 가능할 뿐이다. 논문을 거절하는 데 도움을 준 심사위원에게 공식적으로 감사의 표현을 할 수는 없으므로 익명성을 유지하는 게 분명히 맞다고 본다).

그러므로 동료 평가를 하는 학술지의 익명의 심사 제도는 당분간은 바뀌지 않을 것이다(심사 제도 게임에서는 내시 균형(Nash equilibrium)이라는 용어를 사용한다 - 안정적이지만 완전히 만족스럽지 않은 상태). 다시 한번 말하지만 "동료 평가 제도는 민주주의와 같아서 매우 불완전하지만 다른 제도는 이보다 훨씬 더 나쁘다."

이런 사실들에 대해 아주 실망스러워하는 사람도 있을 것이다. 하지만 우리는 때때로 환멸을 경험하고 더 나은 제도를 만들려는 유혹을 받기도 할 것이다. 다른 사람들(주로 질투심이 많은 경쟁자들)이 당신을 쓰러뜨리려 하기 때문에 작업을 마무리하기 위해 싸워야 한다면 과학이라는 것이 제대로 돌아가고 있는 것은 분명히 아니다. 반면에 형편없고 심지어 잘못된 논문이 발표된다면 과학은 정말 잘못 되어가고 있는 것이다. 하지만 이것은 당신의 일에 관심이 있는 비방자와 동일한 의견일 수도 있다. 양자의 견해를 어느 정도 조정할 수밖에 없다(경쟁자들과 친구가 되고 모두의 노력을 모아 함께 일하려고 노력하는 것이 최선의 방법이다. 불행하게도 항상 가능한 일은 아닐 것이다. 최선의 방법이긴 하지만 그런 동맹은 본질적으로 불완전할 수밖에 없다).

본질적으로 우리가 제시한 것은 동료 평가 게임에 대한 규칙들이다. 당신이 참여하기 원한다면 그것으로부터 이익을 얻지 못하더라도 최소한 그것에 대해서 알고는 있어야 한다.

당신의 일이 중요하다면 1순위에 있는 학술지가 아니라 하더라도 어디에든 발표는 될 수 있을 것이다. 발표가 되고 나서 시간이 지나면 세상에 알려지게 되고, 많은 사람들에 의해 인용이 될 것이다. 이런 "뒤 늦은 만개"의 문제점을 감수한다면 인용도 지수를 통해 인정받을 수 있다. 이 제도는 그럭저럭 돌아가게 될 것이고 결국에는 그 우수성이 드러나게 될 것이다.

(상대적으로 애매모호한 것이 중요한 일로 드러나는 좋은 예가 표면 과학에서 다까야나기와 그의 동료들에 의해 보고된 논문(K. Takayanagi et al., surf. Sci. 164, 367(1985))이다. 그들은 Si(111) 표면의 7×7 재구성을 위한 만족스러운 모형을 처음 제시하였다. 이 문제는 특히 해결하기 어려워서 몇 년 동안 이 분야에 모든 사람들의 관심을 받고 있었다. 이 해결책이 Nature지나 Science지 같은 상위 학술지에 발표되지 않았지만, 그럼에도 불구하고 2004년 말까지 600번 이상 인용되었다.)

3.3 과학에서의 윤리학

3.3.1 동료 평가 이외의 남용

윤리적 남용이 동료 평가에만 있다고 생각하는 실수를 범하지 말자. 논문 발표 과정에서 일어날 수 있는 최악의 남용은 동료 평가가 시작되기 전에도 일어난다. 많지는 않은데, (보통은 과학팀 내부에서 권력의 남용에서 기인하는) 신뢰에 있어서의 불화가 대표적이다. 과학을 처음 시작하는 사람들에게는 훨씬 위험한 부분이라고 할 수 있다(6장을 참고할 것).

3.3.2 위조, 수정, 의외의 결과와 데이터 버리기

논문 발표와 관련해서 가장 가증스러운 종류의 잘못된 행동은 실험 데이터를 철저하게 위조하는 일이다.

당신이 그런 일에 직접적으로 또는 공동 연구가로서 관련되어 있는 것으로 의심되거나 실제로 말려들었다면 확실한 원본 데이터만이 모든 의심으로부터 벗어나게 해줄 수 있다(원본 데이터를 잘 보관하고 파기하지 않는 게 중요하다). 가끔은 위조가 철저하게 계획되었으며 위조자가 자기 착각에 빠져 있지 않았다는 사실이 명확해진다. 때때로 (더 비극적으로) "다음 번"에 실험이 더 잘되면 "제대로 된" 결과가 나올 것이라는 믿음으로 위조자가 진짜라고 믿고 있는 이론을 증명하기 위해 시간을 끄는 등의 황당한 반응을 보일 수도 있다. 어떤 경우든 평결은 똑같을 것이며 일생 동안 과학계에서 제명될 것이다.

의심스러운 논문을 쓴 과학자에 대한 효과를 다룬 소설인 스노우의 "The Search"에서 언급했던 것처럼 과학을 가능하게 한 유일한 윤리적 원리는 진실은 항상 밝혀진다는 것이다. 우리가 오류로 인한 잘못된 진술을 처벌하지 않는다면 고의로 잘못된 진술을 하게 하는 길을 열어주는 것과 마찬가지일 것이다. 그리고 고의에 의한 잘못된 진술은 과학자가 저지를 수 있는 가장 심각한 범죄에 해당된다.

어쨌든 이 모든 것에 대한 당연한 귀결은 실험주의자들이 이론주의자들보다 어떤 의미에서는 과학적으로 도덕적이어야 한다는 사실이다. 그 논거는 간단하다. 이론주의자들은 주로 분명하게 주어진 어떤 가정의 수학을 통해 결과를 도출해낸다. 말하자면 숨길 것이 없는 것이다(그런데 매우 복잡한 계산을 할 때는 큰 컴퓨터를 사용한다. 컴퓨터 프로그램의 복잡성과 유한 계산법 때문에 오류가 끼어들 수 있어서 이러한 종류의 일은 어떤 면에서 실험과 유사하다고 할 수 있다. 그러면 이러한 일은 역시 남용과 실제 실험을 보고할 때 일어날 수 있는 믿음의 절대적인 계약을 위반할 수 있다).

실험(또는 복잡한 계산) 보고에서 매우 상세히 설명되는 많은 표준 절차는 잘못된 효과를 배제하는 것을 포함하는 것, 실험을 반복하는 것, 비정상적으로 나타나는 결과들을 감추지 않는 것을 허용한다. 이것은 실험 보고서에서는 절대적인 약속이다. 이 약속을 깨는 실험가는 자신도 모르게 명성을 잃을 수 있다(위의 스노우의 말을 보라). 오류가 공개되지 않는다 하더라도 실험이 다시 재현될 수 없다는 사실로 인해 그런 논문은 절대 성공하지 못할 것이다. 그 논문이 어딘가에 발표를 한다고 하더라도 사람들이 그것들을 믿지 않을 것이며 그러한 것을 재생하려는 수고도 하지 않을 것이기 때문에 무시될 것이라는 사실을 여러 결과들과 과학자들이 밝혀낼 것이다(신뢰가 가지 않는 결과들도 빈번히 발표되기는 하지만 영향력 있는 학술지가 아닌 "결과가 잘못되었어"라는 말을 (익명으로라도) 해주지 않는 곳에서나 발표될 것이다).

3.3.3 표절

고의적인 표절(심사위원으로서의 특권을 잘못 이용하는 것도 포함한다)은 아주 나쁜 짓이다. 표절은 때로 무의식적으로 행해질 수도 있다. 기억이 잘 나지 않는 다른 사람의 논문에서 힌트를 얻는 경우이다. 표절의 의혹을 떨쳐 버리기 위해서는 철저한 문헌 조사를 통해 그 결과들을 인용하는 것이 가장 바람직하다. 아주 조금 관계된 내용일지라도 "다소 관련된 내용이 누구에 의해 발표되었다"는 식으로 언급을 해주는 것이 낫다. 결국 고의로 표절한 사람은 표절한 논문을 소스로 인용하지 않을 것이므로 실제로 인용한 논문에서 표절했다는 비난은 받지 않을 것이다. 당신의 논문과 조금이라도 관련이 있는 것은 무엇이라도 인용하는 것이 좋다. 인용하지 않은 내용은 분명히 표절이므로 표절이 의도된 것이 아니라고 주장하는 것은 매우 어렵다.

3.3.4 권력의 남용

공동체에서 어떤 사람은 다른 사람에 대해 권력을 가지게 되는데(알파는 베타에 대해, 베타는 감마에 대해), 이런 경우에는 실제 공적보다 더 많이 주거나 또는 더 적게 주는 경우가 발생할 수도 있다.

때로는 하급자의 공헌을 심하게 깎아내리는 경우도 있고, 상급자를 저자 명단에 추가시키는 경우도 있다(비용을 지불하는 데 도움을 준다거나 그들의 명성이 승인을 받는 데 도움이 된다는 이유로). 권력으로 인해 불이익을 당하는 사람들에게는 그런 남용이 성폭행이나 성희롱을 당하는 거나 마찬가지로 느껴질 것이다. 성희롱처럼 피해자가 공개적으로 제기하지 않으면 발견하기가 어렵고, 미연에 방지하기도 어려울 뿐더러, 바로잡기도 어렵다. 몇몇 유명 학술지들은 공동 연구자들에게 누가 무엇을 했는지에 대한 진술을 얻으려고 노력하지만 결과는 보통 침묵이거나 "우리 모두는 중요한 어떤 것에 공헌했으나 더 자세한 언급은 하지 않겠다"라는 답변을 얻을 뿐이다.

산업계에서 일하는 사람이라면 "공개된 과학의 결과는 누구에게나 공개된다"(위도르우 윌슨)는 정신과 "우리의 제품이 무엇인지, 어떤 기능을 하는지, 어떻게 만드는지 말하겠지만 (우리가 특허를 받지 않으면 혹은 받을 때까지) 우리가 원하는 대로 처리할 수 있는 우리 재산이다"라는 상업적 기밀 사이에서 윤리적 갈등을 느낄 것이다. 대부분의 산업적 관점에서는 "화폐의 법칙"을 기대할 것이다(그래서 적어도 특허권이 결정될 때까지는 많은 이야기를 하지 않는다). (특히 민감한 영역은 인간의 생명이 영향을 받을 수 있는 약물 시험 분야이다.)

정부기관에서 일하면서 정부의 정책과 상반되는 결과를 발표할 때에도 유사한 문제가 발생할 수 있다(가장 많이 보고된 경우는 제약 회사에 불리한 실험 결과를 발표하는 것이다).

이 두 가지 경우들(산업과 정부기관)에서 윤리적인 상황을 매우 복잡하게 하는 고용 계약의 형식에 보통 법적인 규제가 있다. 물론 대학에서 하는 산업 연구 계약도 유사한 규제가 적용되기는 하지만 지적인 영역이나 법적인 영역은 믿을 수 없다. 지적 재산권 다툼은 변호사들이 좋아하는 것이다.

3.4 윤리학이 실패한 때

이 부분에 대해서는 사례가 많지는 않지만 중요하게 생각해볼 문제이므로 간략하게 언급할 것이다.

3.4.1 과학적 사기의 특별한 예 : 숀 사건

2002년에 과학적 사기와 관련해서 두 건의 큰 사건이 물리학에서 일어났다. 이 절에서는 한 가지 사건에 대해서만 언급할 것이다.

2002년 여름에 한 독립적인 심사 위원회가 과학 단체의 여러 구성원들이 J. h. Schon에 대해 제기한 거짓 주장에 대해 조사하는 과정에서 가십과 논쟁이 만연하였다. 그때 (독일의 콘스탄츠 대학이 2004년에 박사 학위를 철회한) Schon은 벨 연구소 루슨트 테크놀로지의 상근 과학자였다. 이제는 이 주제가 Science지, Nature지, Physics Today, Physics World, 그리고 기타 학술지의 여러 뉴스와 논평 등에 실려서 광범위한 유사 과학 문학이 되었다.

아마 이와 같은 슬픈 사건으로부터 배울 수 있는 가장 흥미로운 교훈은 실험 과학은 자기 수정적이라는 것이다. 어떤 사람이 아무도 읽지 않는 잘 알려지지 않은 학술지에 가짜 데이터를 발표한다면 그들의 나쁜 행동의 실제 효과는 영에 가까울 것이다. 아무도 그것을 인용하지 않을 것이며, 심지어 어느 누구도 그것이 존재한다는 사실조차 모를 것이다. 한편 당신은 조작한 데이터를 가장 우수한 학술지에 최대 관심사로 발표하리라고 기대하지도 않을 것이고, 그것이 오래 가리라고도 생각지 않을 것이다. 사람들은 비슷한 실험을 시도하고 실패한 뒤에는 문제를 제기해서 공동체에 충격을 줄 것이다.

하지만 실험 과학이 자기 수정적이라 하더라도 이런 경우에는 큰 대가를 치르게 된다. 가짜로 밝혀지기 전까지는 전 세계적으로 많은 그룹들이 Schon의 결과를 재현하기 위해 이미 상당히 많은 시간과 자원을 투자하고 난 후다.

과학 논문 발표의 윤리학에 대해 더 엄격한 절차와 교육이 이루어진다면 미래에 이런 종류의 일이 발생하는 것을 막을 수 있을 것이다. 이런 당황스럽고도 악영향을 미치는 사건의 여파로 엄밀한 내부 심사 절차를 도입하게 되었다. 그래서 논문을 정식으로 투고하기 전에 동료가 평가하는 학술지를 거쳐가야만 한다. 내부 평가 절차는 공식적이든 비공식적이든 결국에는 과학 논문 발표의 질과 엄밀성을 향상시킬 수 있는 매우 좋은 방법이 될 수 있을 것이다.

Schon의 이야기가 갖는 문제 중 하나는 그가 최근에 유행하고 있고 새로운 기술을 개발하는 데 매우 중요하다고 생각하는 주제에 대해 연구하고 있었기 때문에 스포트라이트를 받고 있었다는 사실이다. 벨 연구소의 경영진이 그의 가짜 일을 정기적으로 기사화하여 그를 독려하고 계속 부추겼다는 설이 있다. 그는 명성이 높은 Science지와 Nature지에 자주 발표함으로써 같은 분야나 비슷한 분야에서 일하는 모든 사람들이 그의 일을 따라하려고 노력하였고 많은 다른 과학자들도 그의 실험 결과를 재생하려고 노력했었다. 성공이 되지 않자 많은 의심이 생겨나게 되었고 결국에는 불행한 결말에 이르게 된 것이다. 이 이야기에서 당혹스럽고도 동요를 일으키게 하는 부분은 그가 어떻게 처벌을 받지 않을 것이라고 생각할 수 있었을까 하는 것이다.

부분적이지만 위원회가 제시한 Schon 사건의 다른 문제점은 공동 저자들의 책임 문제이다. Schon과 같이 연구한 과학자들과 논란을 일으킨 논문을 같이 쓴 공동 저자들 중 어느 누구도 그의 데이터가 조작된 가짜라는 것을 전혀 알지 못했다는 것이다.

공동 연구자들은 모두 뛰어난 과학자들이고 서로 보완적인 전문지식을 가지고 참여하였지만 그가 실험을 수행하는 (그리고 데이터를 조작하여 가짜를 만드는) 동안 그를 실제로 관찰하지 않았으므로 어떻게 진행되고 있는지 분명하게 알지 못했다. 분명 이것은 과학에서 과도하게 전문화되고 있는 현재의 트렌드와도 다소 관련이 있다고 할 수 있다. 하지만 다른 분야의 과학자들과 공동 연구를 할 때 가능한 한 함께 실험을 하고 가능할 때마다 다른 사람의 연구실 일을 최소한 지켜봄으로써 서로 배우려고 해야 할 것이다. 결국 새로운 것을 배우기 위해 자신의 분야의 경계를 넘어서면 그것만으로도 흥미진진한 일일 것이고, 이렇게 여러 분야의 과학자들과 함께 하는 환경에서 일하는 것이 큰 이점이 되리라고 생각한다.

그해 우연히 또 다른 사건이 발각되었다. 이번에는 미 정부 연구소에서 붕괴 생성을 측정하여 초중량 원소 번호 118의 발견을 추론해온 팀의 핵심 과학자인 Victor Ninov가 본질적인 데이터[24]를 조작했었던 사실이 드러나게 된 것이다. 다른 연구소가 그의 결과를 재생할 수 없어서 의심이 생겨나게 되었는데, 일 년 동안의 신중한 조사 후 그의 데이터 조작이 드러나기 전에 결과는 철회되었고 과학 스스로가 조작을 바로잡는 결과를 가져왔다. 결과가 재빨리 수정된다 하더라도 과학에서 사기 범죄는 대단히 불명예스러운 일이다. 어떠한 변명도 인정될 수 없다. 이 사례들을 통해 장차 과학자가 되려는 사람들에게 분명한 메시지가 전달되었으면 한다. 만약 당신이 훌륭한 과학자라면 – Schon과 Ninov가 기술적으로는 우수했었다는 사실을 뒷받침하는 증거들이 많이 있다 – 당신의 이름을 알릴 수 있는 훌륭한 결과를 얻기 위해서 인내하고 기다릴 줄 알아야 한다. 쉬운 일은 결과적으로 당신에게 등을 돌리게 될 것이고 아주 현명하지 못한 선택이다. 만약 당신이 훌륭한 과학자가 아니라면 당신은 분명히 당신이 할 수 있는 무언가를 찾을 수 있을 것이다.

24) 예를 들면 Bertran Schwartzchild가 Physics Today 55(9) pp 15-17 September(2002)의 검색과 발견에서 보고한 것처럼. 사기는 1999년까지 거슬러 올라갔고 조사는 2001년에 시작되었고 완료하는 데 1년이 걸렸다.

3.4.2 신뢰의 몫을 억제하는 예

전리층의 라디오파 물리학에서 아플레톤-라쎈 방정식은 (전자와 이온의 온도는 무시됨) (http://physics.fi/fysiikka/oj/761648S/2004-05/Introduction_1.pdf 로부터 인용함) 오랫동안 아플레톤-하트리 방정식으로 알려졌으나 최근에 우선권에 대한 토론이 있었다.

이전의 보통 견해에 따라 분산 방정식을 포함하는 가장 이른 논문은 아플레톤(1928)과 하트리(1929)에 의한 것이었다. 아플레톤의 논문은 1927년 10월 라디오 과학의 국제단체에서 한 구두 발표를 근거로 작성되었다. 이론의 윤곽도 여기에 포함된다. 반면에 완전한 발표는 후에(아플레톤 1932) 있었다. 한편 지금은 틀렸다고 알려져 있지만 하트리는 방정식에 로렌츠 편광 항을 포함하였기 때문에 하트리의 공식은 아플레톤-라쎈의 결과와 본질적으로 다르다.

라워와 수치(1976)는 정확한 분산 방정식을 다소 다른 형태로 라쎈(1927)이 처음으로 논문 발표를 하였다고 지적하였다. 그의 논문은 아플레톤이 구두 발표를 하기 약 8개월 전인 1927년 7월25일에 투고되었다. 그러므로 실제적인 우선권은 라쎈에게 있어서 아플레톤-라쎈 방정식으로 불러야만 할 것 같다. 이 용어는 부덴이 그의 책에서 사용하였다(부덴, 1985).

후에 아플레톤은 전리층으로부터 반사에 관한 실험인 라디오파 연구로 물리학에서 노벨상을 수상했다. 그러나 그의 이름을 가진 기본 방정식(라쎈의 이름이 없음)이 그 일을 달성할 수 있었던 주춧돌이었다. 라쎈이 잘못 사용하였고 관대함의 부족이 아플레톤의 행동의 가장 자비로운 해석이었다고 믿지 않는 것은 어렵다.

3.4.3 신중한 문장 오류의 드문 예

1987년 3월에 고온에서 초전도에 관한 돌파구가 될 만한 논문이 Physical Review Letters에 실렸다. 실험을 감독했던 파울 추는 그가 제출한 원고에서 새로운 초전도 물질의 화학 합성에서 Y(Yttrim) 장소에 Yb(Ytterbium)의 기호를 바꾸어 쓰는 중대한 오류를 범했다. 그의 발명을 보호받기 위한 예방책으로서 그 뒤 그는 교정 완료 단계에서 정확한 기호를 재도입하였다.

가장 충격적이었던 것은 동료 평가 절차 동안 다른 과학자로부터 Yb 합성물은 초전도가 없다고 주장하는 전화를 받은 것이다. 그것은 그의 원고가 어떻게든 유출되었다는 것을 의미한다. [초전도체의 역사와 전설, Sven Ortoli, Jean Klein, Calmann-Levy France 1989]

심사 절차에 대한 추의 의심은 틀림없이 극단적으로 위탁된 상황에서 정당한 것처럼 보인다.

3.5 지적 재산권과 특허

당신이 어떤 것을 발명하면 거기에 대한 지적 재산권을 보호받기 원할 것이다. 일반적으로 지적 재산권은 특허 신청을 통해 얻을 수 있다. 당신이 개인 회사에서 일한다면 고용주는 보통 과학 학술지에 논문을 발표하는 것보다 특허(통상 회사 소유)를 신청하거나 조용히 그 일들을 가지고 있는 것을 더 원할 것이다. 그 일에 관련된 학생이 있다면 윤리적으로나 법적으로 복잡해진다. 누구의 이름이 특허 신청 시에 올라가는가 하는 문제가 남용의 문제로 이어질 수도 있다. 이것이 바로 과학자는 두려워하고 변호사는 좋아하는 지적 재산권이다.

고유의 과학적 또는 공학적 내용 외에 상업적 가치를 지닌 새로운 기술을 발명하게 되면 당신의 발명에 대한 지적 재산권을 보호하기 위해 특허를 신청할 수 있다. 특허권 사용료로 부자가 되는 사람도 있지만 대부분의 경우는 그렇지 않은 게 현실이다. 이는 시장이 너무 혁신적인 것을 받아들일 준비가 아직 되어 있지 않기 때문인데, 보통 발명품이 시장이 나오는 데는 약 20년이라는 시간이 걸린다. 그때가 되면 특허는 만료가 되고 만다.

트랜지스터의 발명(바딘, 브래튼, 그리고 쇼클리, 벨 연구소 1948)이 그 좋은 예에 해당된다. 트랜지스터는 처음 발명된 뒤 오랜 후에(1960년대 초반) 시장에 등장했다. 사실 돈의 관점에서 보면 당신은 수 년 동안 특허 등록을 하고 그것을 유지하는 데 돈을 지불해야 한다. 1,000개의 특허 중에 한 개만이 비용을 충당할 수 있는 충분한 수익을 보장하고 10,000개 중의 단 한 개가 실제로 결실을 맺고 발명자에게 실제 이득을 가져다 준다. 현실적으로 과학자 개인에게 특허는 이력서에 올리는 정도의 가치만 지닐 뿐이다.

일반적으로 (원소 또는 화학물질의 발견처럼) 자연적으로 일어나는 현상은 당신이 처음 관찰한 사람일지라도 특허가 될 수 없다. 지적 재산권을 보호받기 위한 전제 조건은 어떤 것을 발명해야 하고, 또 발명된 것이 사소한 것이[25] 아니어야 한다. 발명은 일반적으로 "인간의 독창성으로부터 생산되는 것"으로 정의될 수 있다. 특허의 개념은 자연에서 찾을 수 있는 어떤 것을 발견하는 것이 아니라 당신이 새로운 어떤 것을 개발해야 하는 것을 의미하는 것이다.

특허법은 국가마다 많은 차이점이 있을 수 있다. 예를 들면 북미에서 당신이 발명한 주요 결과를 논문으로 발표하면 당신은 특허를 신청하기 위해 일 년의 시간을 가질 수 있다. 유럽에서는 논문 발표를 먼저

25) 맥스웰이 예측한 전자기파의 입증과 관련하여 하이리히 헤르쯔는 파에 대하여 특허를 받지 않았다. 그러나 그는 파를 만드는 그리고 검출하는 방법에 대하여 특허를 받을 수 있었다.

하게 되면 그 아이디어가 더 이상 새로운 것이 아니라는 근거에서 특허 신청이 거절되기 때문에 특허를 먼저 신청해야 한다.

대학이나 정부 연구소에서 일을 하는 사람이라면 경력을 쌓을 수 있는 가장 좋은 선택은 훌륭한 논문을 발표하고 그다음에 특허를 신청하는 것이다. 정부 연구소에서 일한다면 선택권이 아예 없다.

Diversion

순수한 연구결과의 유용한 활용분야를 찾는 것을 쉽게 상상할 수 있도록 시드니 해리스의 만화를 참고할 것을 권하는데, “아마 파블로프 박사는 봉투에 침을 바르는 것을 가르칠 수 있다”는 설명이 첨부되어 있다.

한편 당신이 사기업의 연구·개발 부서에서 일한다면 경영진은 당신이 논문을 발표하거나 학술회의에서 발표하는 것보다는 특허 신청을 내고 연구 결과를 비밀로 유지하기를 바랄 것이다. 사실 산업계에서는 학술회의에 가르치러 가는 게 아니라 배우러 간다.

대부분의 일반 과학자들은 사기업에서 일하는 것을 원하지 않는다. 많은 과학자들은 연구의 기본적 동기를 그것을 할 때의 재미에서 찾는 경우가 많으며, 연구로부터 이득이 생기게 되면 사기업보다는 인류에게 이익을 주고 싶어 하는 의미에서 이상주의자들이라고 할 수 있다. 사기업을 위해 일하는 과학자들은(정부가 시장에서 상업적으로 가능한 특허를 받을 만한 고안물들을 개발하고 경제를 성장시킬 수 있는 설비를 갖추지 못하고 있기 때문에), 자신들이 없다면 이러한 이익이 경제를 성장시키고 더 많은 대학과 정부의 연구를 지원할 수 없게 될 것이라고 말할 수도 있다. 물론 당신은 다르게 생각할 수도 있을 것이다.

특허 제도는 과학을 좋아하는 사람들에게 흥미로운 틈새 시장을 제공하지만 결국에는 과학의 경계 안에 머물러 있는 자신을 발견하게 될 것이다.

틈새 시장에서 우리는 당신의 일상 업무에서 과학과 항상 접촉하고 있고, 과학에서 혁신을 추구하는 것이 아니라 과학을 이해하는 데 유용한 방법으로 당신의 능력을 발휘하는 것에 대해 이야기하고 있다. 이러한 틈새 직업으로는 변리사 또는 특허 심사관이 있다. 특허 심사관은 기계적인 일상과 안정성을 함축하는 모든 것을 가진 공무원이다(아인슈타인도 처음에 특허 조사원이었고 그에게 매우 성공적인 과학을 할 수 있는 시간과 에너지를 제공해준 그 일을 좋아했다. 그러나 아인슈타인의 경력은 과학에서 명성을 얻는 일반적인 길은 아니다).

성공적인 개인 변리사는 많은 돈을 번다. 그것이 목표라면 과학 학위가 큰 도움이 될 수 있다. 물론 로스쿨을 갈 수도 있지만 꽤 많은 돈과 시간을 투자해야 한다. 그렇지만 투자할 만한 가치는 충분히 있다. 유럽에서 (뮌헨, 헤이그, 그리고 베를린에 사무실을 가지고 있는) 유럽 특허 사무실에서는 꾸준히 직원을 고용하고 있다(이 말은 곧 포화 상태에 이를 것이라는 것을 의미하기도 한다).

3.6 고용 기회의 남녀 평등

고용 기회 평등이라는 개념은 오랫동안 이어져오고 있어서 교육 및 과학 분야에만 국한되어 있는 것은 아니다. 이 문제는 특히 미국에서 민감한 문제로 다루어지고 있다.

과학에서 성 차별 문제를 이야기하기 전에 고전 오케스트라의 음악가를 채용하는 대단히 흥미로운 경우를 생각해보는 것도 교훈적일 것이다. 오케스트라의 지도부는 우리는 여성을 채용할 준비가 돼 있지만 훌륭한 연주가가 없어서 채용을 하지 못하고 있다고 주장해왔다. 연고자 채용의 문제는 심사위원이 연주가의 신분을 알지 못하도록 아무 말없이 커튼 뒤에서 연주하는 블라인드 오디션 채용 방식을 통해 해결되었다.

이 제도는 매우 잘 운영되어서 북미에서는 일반화되었다. 여성 연주자들이 우승을 차지했지만 심사위원들은 그 사실을 알지 못했다.[26] 이 블라인드 오디션은 안타깝게도 지휘하는 모습을 보면서 심사해야 하는 지휘자 심사에서는 통하지 않는다. 여성 지휘자가 턱없이 부족한 이유를 설명할 수도 있을 것이다.

물리학과 관련 학과를 포함한 많은 과학 분야에서의 여성의 비율이 첫 번째 학위에서 정교수까지 급격히 줄어드는 것을 볼 수 있다. 이러한 경향은 생물학에서 가장 덜 나타나고 화학과 천문학에서도 덜한 편이다. 같은 과학이라는 분야에서 이렇게 차이를 보이는 것은 이상한 일이 아닐 수 없다. 국가마다 차이를 보이는 것 역시 놀라운 일이다.

여기에는 몇 가지 다양한 이유들이 있다. 상당히 많은 여성들은 아이를 낳고 기르는 일에 우선 순위를 두기 때문에 상근 교육 경력을 가지는 것에 많은 흥미가 없을 수 있다. 많은 여성들은 스트레스가 많은 곳에서 일하는 것을 원하지 않을 수 있다. 수 년 동안 여성의 수가 압도적으로 많은 의학에서 아이가 없는 여성들도 주 60시간 일하는 고된 일에 비해 주 40~50시간 일하는 것을 훨씬 더 선호한다. 과학 분야에서 일에 대한 노력의 이러한 차이는 평가를 할 때 어렵게 만든다("우리는 일 년 단위로 산출물을 평가합니까 아니면 의무 주기당입니까?"). 동등한 대우를 받는 데 있어 이러한 어려움이 있기 때문에 취미 활동이나 가정에 시간을 더 투자할 수 있는 고등학교 교사로 일하기를 원하는 사람들도 있다. 재능이 뛰어난 여성들만이 남성들이 우세한 과학 세계에서 그 장벽을 극복할 수 있을 것이다.

26) 이것의 어떤 것은 Malcolm Gladwell이 경험한 것을 Blik, Little, Brown(2005)에서 이야기했다.

몇 개 국가들에 근거지를 두고 있는 연구기금 재단은 여성들이 출산을 하게 되면 시간제든 상근제든 원래 자리로 복귀시키는 특별 제도를 채택했다.

이러한 성에 대한 편견이 없어진다 하더라도 부부가 모두 전문직인 경우 또 다른 어려움이 발생하게 된다. 어디에 살 것인지 고려하는 일에 대해 앞에서 언급했지만 두 사람이 같이 일할 수 있는 곳을 찾는 일은 훨씬 더 어려운 문제에 해당한다. 많은 대학들은 족벌주의에 반대하는 규정을 여전히 가지고 있기 때문에 문제는 더 어려워진다.

과학계에서 일하고자 하는 강한 의도를 가지고 있는 젊은 여성이라면 이 문제로 인해 쉽게 포기해서는 안 된다. 처음부터 당신을 지지해줄 수 있는 멘토 역할을 하는 지도교수를 찾는 것이 좋다. 당신을 기꺼이 도와줄 수 있는 사람이라면 남자든 여자든 상관 없다.

하지만 현재의 분위기를 고려해 볼 때는 남자 지도교수를 찾는 것이 나은 전략일 것이다. 여성 대학원생을 교육시킨 경험이 있거나 과학계에서 일하는 배우자나 여동생 또는 딸을 가진 사람이라면 적절할 수 있다.

학과에서 여권신장이 아닌 자신의 어려움을 극복하는 것이 목적이라면 초기에 조심스럽게 문제를 제기하는 것이 좋다. 과도한 불평과 흥분은 후원자들을 적으로 만들 수도 있다(후에 다시 다루겠지만 반대자를 공격적이고 비합리적인 사람으로 몰아가는 것도 좋은 전략이다). 적절한 기회가 왔을 때는 그 상황에 대한 타당한 자료를 수집해서 남자 동료들에게 가능하면 객관적이고 과학적으로 어필하는 것이 좋다.

너무 개인적인 일로 만들거나 감정적으로 처리하지 않는 것이 좋다. 두 명의 여 교수가 있는 학과의 남자교수로서 이 문제에 대해 한 번 이상 제기한 적이 있었다. 불만 섞인 목소리로 감정적으로 하기보다는 장난스럽게 했는데, 대부분의 동료들이 귀를 기울이기 시작한다는 느낌을 받았다.

여기에 관해 몇 가지 일화를 소개하고자 한다.

3.6.1 생물학/약리학의 연구 조교 R

Federico : R은 캐나다 주요 대학 중의 하나에서 생물학과/약리학 연구 조교이다. 우리는 물리학과보다 생물학과에 왜 여성이 더 많은지를 물어 보았다. 그녀는 여성이 과학 직업을 추구할 때 물리학이나 공학과 같은 자연과학(harder science)보다 생물학과 같은 소프트 사이언스(soft science)를 더 선호하는 이유는 자연과학이 소프트 사이언스보다 추상적인 사고와 논리적인 설명을 더 요구하기 때문이라고, 어느 정도 확신을 가지고 이야기하였다. 분명 많은 여성들이 이러한 생각으로 남성과 달리 자연과학을 경원시한다.

3.6.2 공학자 J

Federico : J는 미국 대학에서 학부 과정 학생으로 여름에 학교를 떠나 있는 동안 미군에서 계약직으로 일하게 되었다. 그녀를 만난 곳은 재료 과학과 공학 학술회의에서였다. 그녀는 여성이라는 이유로 불이익을 받는 과학과 공학에서의 경력에 대해 관심이 있다고 솔직하게 이야기를 털어놓았다.

J는 주로 남자가 우세한 환경에서 자신의 가치를 지속적으로 증명하는 것에 대해 걱정을 하고 있었다. 그녀는 역시 매우 미인이므로 진지하게 받아들여지지 않거나 "금발의 멍청이"로 여겨지는 것에 대해 더 우려하고 있었다.

한편 "기회 평등"과 "우대 정책"의 일환으로 미국에서 제정된 법으로 인해 남자들보다 직업을 구할 때 더 좋은 기회를 가질 수 있다는 것을 그녀는 알고 있다.

여성으로서의 역할모델을 갖는 게 필요하다면 주변의 여성 과학자에게 개인적 지도를 받는 것이 어떤지 물어보았다. 놀랍게도 J는 아니라고 했다. J는 자신이 독립적인 성향이 강해서 주변 남자들을 불편하게 느끼지 않았다고 했다. 하지만 자신감이 부족한 여자들은 남자들과의 관계에서 불편하게 생각해서 대학원이나 박사후 연구원 일에 대해 여성 지도교수를 선택하는 것을 더 당연한 것으로 여긴다는 말을 덧붙였다.

내가 남자이기 때문에 J가 말한 것을 관련지어 생각할 수 없다는 것을 알았다. 내가 아는 한 나의 성 때문에 얼굴을 찌푸린 적은 없었다. 한번은 교수 자리 때문에 인터뷰를 마친 후에 그 과에 여교수가 부족하기 때문에 여성을 채용할 것이라는 소문을 들었다. 이 문제에 대해 다른 대학에서 근무하는 교수 친구에게 물어보았는데, 그의 답은 시니컬했다. "그녀가 네 실력의 반만 된다 해도 아주 쉽게 이기겠는데."

3.6.3 화학자 D와 T

Federico : 같은 학술회의에서 미국의 동부 연안에 있는 대학에서 온 화학과 대학원생인 D와 T를 인터뷰할 수 있는 기회를 가졌다. 그들의 지도교수는 저명한 남성 교수이다.

여성이라는 것 외에 D는 외국인이기도 하다. 몇 년 전에 대학원 진학을 위해 아시아에서 북미로 유학을 왔다. 현재 대학원을 거의 끝내고 있어서 미국의 산업계에서 직장을 찾기를 희망한다. 성 문제 이전에 외국인이라는 사실이 그녀를 가로막고 있는 문제점이다. D는 열려져 있는 차별은 문제가 아니라 하더라도 자신이 남들에게 다르게 보인다고 느낀다. 학과에서는 전혀 문제가 없으나 직업을 찾는 문제에 대해서는 부정적이다. 그녀는 기회 평등과 우대 정책 프로그램은 좋다고 생각한다. 이 프로그램들로 인해 그녀의 조국에서보다는 북미의 상황이 훨씬 낫다.

수년 안에 졸업할 T는 역시 산업계에서 일하고 싶어 한다. 그녀는 기회 평등법 때문에 동등한 확정을 가진다면 남자들보다 더 많은 기회를 가질 수 있을 것이라고 생각한다.

T는 연구실에서 일하는 것에 대해 큰 자부심을 갖고 있다. 하지만 그녀는 화학에 대한 일반적인 지식이 좋다고 생각하지는 않는다. 그녀의 현재 지도교수는 남성이지만 학부 과정 동안 여성과 일하는 것을 원했다. 처음에는 박사 학위 프로젝트를 위해 여성 교수를 찾았지만 나중에 지도교수의 성보다는 프로젝트에 우선 순위를 두는 결정을 했다고 한다.

T는 주위에 여성 역할 모델이 충분하지 않다는 사실뿐만 아니라(우리 사회에서 여성은 아기를 낳고 가족의 일상생활을 돌보는 임무를 갖기를 여전히 원한다) 가족 문제를 포함하여 여러 가지 이유 때문에 과학과 공학에서 여성이 절대적으로 부족하다고 생각한다. 결과적으로 여성은 높은 학위와 연구 직업을 희망하는 동기가 일반적으로 적다는 것이다.

T는 이런 문제에 대한 가능한 해결책을 제시하였다. 특히 6, 7학년의 어린 여학생에게 과학 공부를 향한 동기를 부여하는 것이 중요하다고 말한다. 가족을 돌보는 일을 남녀가 똑같이 공유하여 여성들이 직업(과학뿐만 아니라 일반적인 일까지)에 대한 열정을 추구할 더 많은 기회가 주어져야 한다고 T는 이야기했다.

3.6.4 동유럽 과학자 S

Federico : 문화와 정책은 기회 평등과 같은 문제와 관련하여 특히 중요한 역할을 한다. S는 현재 동유럽에 있는 한 대학에서 정규 과학 직업을 가지고 있다. 약 3년 동안 서유럽에서 마리큐리 박사후 연구비로 일한 뒤에 최근에 돌아왔다. S에 따르면 동유럽의 전 공산주의에 의해 강요된 생활 방식 때문에 이 지역에서 과학과 공학 학과에서는 성 차별이 없었다. 사실 S는 조국의 과학계에서 여성으로 일할 때 어떤 이익이나 불이익을 느끼지 못했다고 자신 있게 이야기했다.

chapter 4 과학자로서 명성 쌓기와 활용하기

4.1 과학에 익숙해지기

앞 장의 배경 지식을 바탕으로 해서 이번 장에서는 과학을 잘하는 방법에 대해 이야기하고자 한다. 게임의 법칙에 대해 알았으니 어떻게 게임을 하는지에 대해 알아야 할 것이다. 과학자로서 성공하기 위한 열쇠는 적당한 논문 실적을 포함해 좋은 경력을 쌓아 가는 데 필요한 종류의 일들을 하는 것과 해당 분야에서 잘 알려진 전문가가 되는 것이다. 그러면 당신은 연구비의 확충, 장학금과 취업 기회 증대 등과 같은 결실을 얻을 것이며, 이는 당신에게 더 많은 논문을 발표할 수 있게 하고 이를 통해서 개인적인 성취를 이루는 일이 가능하게 될 것이다.

당신이 충분히 성공할 수 있는 재능을 가진 행위예술가라고 가정한다면 게임의 룰을 이해하여 스스로 매니저가 되고 전략 고문이 될 수 있는가 하는 문제를 생각해 보자. 당신의 이미지 향상을 위해 무엇을 해야 하고 무엇을 하지 말아야 하는지 등 매니저가 해줄 수 있는 충고에 대해 이야기해 보고자 한다. 실제적인 논문의 저술과 포스터 및 구두발표와 같은 내용에 대해서는 깊이 있는 논의가 필요하므로 5장에서 언급할 것이다. 지금부터 이야기하는 내용은 논문의 발간, 학술회의 및 세미나, 취업 면접, 장학금과 연구비 획득 등을 위한 다양한 전략 등의 순서로 설명하려고 한다.

4.2 논문 발표, 어디에 어떻게 할 것인가?

앞에서도 이야기했지만 중장기적인 당신의 목표는 명성을 높이는 것이다. 이를 위해서는 이력서에 올릴 논문 목록이 중요한 역할을 한다. 훌륭한 이력서를 만들기 위해서는 발표될 논문이 가장 적합한 학술지에 발표되어야 한다. 논문을 발표할 때 어느 학술지에 발표할 것인가를 결정하는 과정에서 향후 마주치게 될 다양한 평가위원회의 위원들은 당신이 발표한 학술지의 인용도 지수나 영향력 지수에 대해 중요하게 생각하는 전문가들이라는 것을 알아야 한다.

심사를 거치는 논문에 대해 이야기한 후에 다른 형태의 논문에 대해서도 이야기하겠다. 그리고 학술회의는 나중에 다시 다루므로 여기서는 개요만 이야기하고자 한다. 당신이 학술회의에서 발표를 하게 된다면 회의에 필요한 요약집을 작성해야 하는데, 이런 경우에는 심사를 거친 논문에서 발췌하는 것이 낫다. 다른 형태로는 북챕터나 모노그래프 형식이 있는데, 이들은 매우 전문화된 경우이기 때문에 여기서는 다루지 않겠다.

현재의 경력을 보여주는 방법으로 웹 사이트에 올려놓는 방법도 있는데, 이는 최근에 나타난 시도로서 여기에서 논의하기에는 아직 시기상조일 것이다. 일부 정기 간행물에서는 당신이 발간한 논문의 PDF 자료를 인터넷에 게시하는 것을 허용하고 있으나, 이를 허용하지 않거나 당신이 인터넷 게재 허용 신청을 하여 허락받은 후에 게재가 가능한 경우가 더 많다. 반면에 당신이 작성한 파워포인트 형태의 발표자료 게시는 출판자에게 저작권을 넘기지 않았기 때문에 게재가 가능하다.

4.2.1 심사논문 : 특별히 중요한 경우

앞에서 우리는 동료 평가나 이와 유사한 평가에 대해 논의를 하였고, 다음 장에서는 심사를 거치는 학술지에 어떻게 발표를 하는가에 대해 논의할 것이다. 그러므로 여기에서는 학장이나 관리자가 수행하는 정량적 평가에 있어서 사용되는 측정 기준에 대해 언급하고자 한다. 발표된 논문의 영향력 지수나 인용도 지수를 통해 과학자나 연구소의 가치가 정량적으로 평가되고 있는 유감스러운 경향이 최근 들어 나타나고 있다. 물론 이것이 과학자들을 자극해서 질을 높이는 목적에서 시행되고 있기는 하지만 지수가 항상 객관성을 유지하거나 신뢰할 수 있는 것이 아니기 때문에 위험한 방법이라고 할 수 있다. 그럼에도 불구하고 다른 사람들이 사용하는 전술을 이해하기 위해서 논문의 영향력 지수와 인용도 지수 등에 대해 알아봄으로써 이러한 기준에 따라 여러분의 업적이 어떻게 나타나는지를 알아볼 것이다.

4.2.2 인용도 지수와 영향력 지수

일반적으로 학술지의 영향력 지수는 지난 2년 동안 해당 논문지에 발표된 논문들이 인용된 총 횟수를 같은 기간 해당 학술지에 발표된 논문의 수로 나눈 값으로 정의한다. 즉 지난 2년간 해당 학술지에 발표된 논문들의 평균 피인용 횟수를 나타내는 것이다. 영향력 지수가 비록 해당 학술지의 질을 나타낼 수 있는 상대적으로 유용한 지표로 생각할 수 있지만, 불행하게도 이 개념은 너무 폭넓게 남용되고 있는 실정이다.

한 마디로 영향력 지수의 통계적 의미는 다음과 같은 예로 매우 한정되어 있다는 걸 알아야 한다. 즉 높은 영향력 지수를 지닌 학술지에 출판하려는 치열한 경쟁으로 인해 그 학술지에 실린 논문은 매우 엄격하고 깊이가 있는 심사를 받았을 것이라는 단순한 이유만으로 그 학술지에 실렸지만 거의 인용되지 않는 논문이 낮은 영향력 지수의 학술지에 실린 유사한 논문보다 좋은 논문일 것이라고 취급될 수도 있는 것이다.

불행하게도 전 세계 대부분의 연구비 지원 기관과 대학에서도 과학자의 성취도에 대한 객관적이고 정량적 지표를 중시하고 있으며, 영향력 지수는 종종 이러한 지표로 사용되고 있다.[27] 자신의 논문이 다른 논문에 한 차례도 인용되지 못했다면 그 과학자는 다른 일을 해보는 것을 심각하게 고려해 보아야 할 것이다. 그러나 훌륭한 과학자들에게조차도 최고의 학술지에 논문을 발표하는 일은 로또에 당첨되는 것과 마찬가지로 아주 힘든 일이므로 많은 과학자들은 Science지나 Nature지 등과 같은 유명한 학술지에 발표하는 데 소요되는 시간과 노력을 아깝게 생각하기도 한다.[28] 그래서 그들은 연구 결과를 해당 연구 분야에서 괜찮다고 판단되는 학술지에 투고한다. 그렇지만 이런 행동은 논문을 읽는 독자의 층을 좁히게 되는 결과를 가져오고, 결국에는 논문이 적게 인용되고 많이 알려지지 않게 된다.

훌륭하고 정직한 연구를 수행하는 이러한 과학자들이 단지 유명한 학술지에 논문을 발표하기 위해 공격적인 경쟁을 하지 않았다는 이유로 불이익을 받아서는 안 된다고 생각한다. 영향력 지수가 개발되지 않았던 과거에는 과학자들이 이런 걱정을 할 필요가 없었다. 해당 분야에서 가장 좋다고 판단되는 학술지에 논문을 발표했고, 그것만으로도 인정을 받는 데는 충분했었다. 인용도 지수는 분명 매우 유용한 도구이지만, 현재와 같이 관리자나 행정가의 입장에서 과학적 업적을 평가하는 것에만 사용하는 것은 연구를 수행하는 데 있어서 위험하고 비생산적인 방법이라고 생각한다. 그렇지만 이러한 추세에 직면하고 있는 사람으로서는 이 게임에 동참하거나 그 결과를 감내해야 하는 두 가지 선택만 있을 뿐이다.

27) 새로운 과학자 평가지표 h는 Nature v,436, 900 August 8, (2005)에 발표되었음.
28) Nature 잡지의 피인용횟수는 최근에 전례가 없었던 30.979에 달하였다.

4.2.3 인용 : 전략과 결과

과학 논문의 말미에는 거의 항상 이전 작업물에 대한 참고문헌이 나열된다. 요즘에는 연구 내용이 100% 새로운 것이라고 말하는 것이 쉽지 않으며, 다른 논문에 대한 언급이 없이 발표되는 논문은 거의 없는 실정이다. 비록 당신의 연구가 완전히 새로운 것이라 하더라도 거기에는 항상 연구에 대한 배경이 있기 때문에 다른 연구의 결과를 언급하는 것이 바람직할 것이다. 아울러 당신이 수행한 연구의 이전 상황이 어떠하였고, 당신의 연구가 그 문제에 대한 이해를 어떻게 진전시켰는지에 대한 당신 자신만의 기여에 대한 내용을 논문에 분명히 해야 한다. 그뿐만 아니라 앞에서 언급한 것처럼 당신의 논문에 대한 표절 시비 가능성에 대비하여 모든 관련 문헌을 인용하는 것이 효과적인 방어 방법이 될 수 있다.

약간 거칠게 말하는 사람들은 참고문헌의 인용은 화폐 교환과 같다고 말한다. 당신의 논문에 다른 사람의 논문을 인용한다면 그 사람도 좋아할 것이다. 그리고 이것은 인맥을 다지는 좋은 방법이기도 하다. 그 사람은 당신의 논문을 더 주의 깊게 읽을 것이고, 그 사람의 논문에도 당신의 논문이 인용될 가능성이 크다는 사실을 명심할 필요가 있다. 당신의 논문이 어떻게 인용되고, 누구에게 인용되는가에 대해 관심을 가지는 것은 단순히 자존심의 문제는 아니다. 유감스럽게도 최근에 논문이 많이 인용되는 것이 논문의 과학적 가치에 대한 척도가 되고 있고, 그에 따라 연구비를 획득하거나 확실한 성과급을 확보하거나 더 나아가서는 진급하는 데도 결정적인 요소가 될 수도 있는 것이 현실이다. 그래서 결국엔 생존 여부와도 직결되는 문제라고도 할 수 있다. 물론 다른 사람의 논문이 형편없는데도 인맥을 위해 인용하라는 것은 아니다. 그렇지만 당신의 논문과는 약간 상이하지만 훌륭한 논문을 인용하는 행위가 실질적으로 그 사람에게 해를 입히지는 않는다.

반면 앞서 연구를 수행한 전임자들과 그들의 업적에 대해 고의든 실수든 사의를 표하지 않는 것은 그 분야에서 가장 빠르고 쉽게 적을 만들 수 있는 방법이다(일반적인 끈 이론의 논문에서 가상의 참고문헌이 다음과 같이 만들어진 적이 있다). “이 시점에서 우리는 한 저명한 물리학자의 업적에 대해 언급하여야 하지만, 그가 우리의 연구를 언급하지 않았으므로 우리도 그의 연구를 언급하지 않을 것이다.” 아울러 앞에서 언급하였듯이 표절의 부담을 덜기 위한 최선의 방법으로 표절의 가능성이 있는 내용이 포함된 것들은 모두 인용하는 것이 최선의 방법이다.

Federico : R이라는 사람의 경험을 예로 들어 보자. 그녀는 표면 및 박막 분야에 대해서 중간 수준의 학술지를 검색한 적이 있었다. 여기서 중간 정도의 학술지란 종종 훌륭하고 중요한 논문이 수록된, 전문가가 유용하게 활용하는 학술지를 말한다. R은 우연히 그녀의 박사 학위 주제와 일치하는 이종 단결정 반도체 성장에 관한 연구를 수행한 아시아의 한 연구 그룹이 발표한 논문을 보게 되었다. 그 논문의 저자는 약간 다른 방법으로 연구를 수행하여 그녀의 결과와 유사한 결과를 발표하였다. R은 그들이 사용한 장치를 잘 알고 있었기에 처음부터 끝까지 철저하게 그리고 비판적인 시각으로 그 논문을 읽었다. 그 결과 그녀의 연구 내용을 언급하지 않았음을 알게 되었다. R은 논문의 주 저자에게 그녀가 같은 주제에 대해 연구하였음을 밝히고 그녀의 연구 내용을 pdf 파일로 첨부하여 정중하게 이메일을 보냈다. 논문의 저자는 진심으로 R의 비평과 연구를 공유한 데 대해 감사하다는 답장을 보내왔다.

R은 동료이자 친구에게 이 문제에 대해 상의를 했는데, 그 그룹이 친구와 같은 실험실에서 일부 실험을 했기 때문에 친구는 그들을 잘 알고 있었다. R과 친구는 이 문제에 대해 이의를 제기하기로 했다. R은 해당 논문에 대한 의견서 초안을 작성하자마자 해당 학술지의 편집자에게 편지를 보내면서 이미 발간된 논문에 대한 그녀의 의견서가 채택되는 경우에 대해 질문했다. 편집자는 다른 편집자와 상의 후 그녀의 의견서를 받아들이기로 했다.[29]

29) 그는 논평이 인쇄된 것이 처음이었는데, 이유는 누군가 논문을 읽었고 중요하게 받아들여졌다고 암시해 주었기에 논평을 받아들이는 것이 유리하다고 결정했기 때문이라고 했다.

문제가 된 논문의 주 저자가 편집자로부터 R의 의견서와 이에 대한 이의 여부를 물었을 때 아주 불쾌해했다. 자기의 논문이 공개적으로 비평을 받는 걸 좋아하는 사람은 없다. 그렇지만 그런 비평이 좋은 논문을 써야 하는 이유가 되기도 한다(결함이 있는 논문을 쓰는 것은 현명하지 않은데, 이는 논문을 읽는 누군가가 당신의 형편없는 논문에 포함된 결함에 대해 쉽게 흥분해서 매우 불쾌한 비평을 쓸 것이고 이 비평을 제대로 방어하지 못한다면 당신에게는 큰 모욕이 될 것이다. 이는 자존심에도 상처를 받을 뿐만 아니라 명성에도 누가 될 것이다). 종종 일어나는 이러한 사건은 연구의 독창성을 강하게 지키려는 것과 함께 R의 비평을 불신하게 하려는 시도와 같은 과격한 응답에서 일어난다.

이런 일이 보기 드문 일은 아니지만, 발표된 논문을 수정한다든가 공동으로 논문을 발표한다든가 해서 화해적인 접근 방법으로 문제를 피할 수 있다(분명 과학에 있어서 이러한 방법으로 해결하는 것이 가장 효율적이다. 불행하게도 많은 요약 논문집은 이러한 공동 저자의 논문을 잘못된 것으로 인정하고 있지만, 비평에 대해서는 중요한 내용으로 반대자의 접근을 반드시 지적하고 있다. 보다 완전한 세상에서는 중요한 내용의 수정, 또는 원저자와의 공동 저자로 발표하는 수정 또는 해명이 있어야 할 것이다).

이러한 비평과 응답 과정이 아무런 논쟁 없이 원만하게 이루어지기 위해서는 한 가지 방법 밖에 없다. 몇 달 후 R은 본인이 지적한 문제를 다루기 위해 일련의 실험을 수행하기로 결정하고 그녀의 경쟁자에게 연구에 참여할지의 의사를 묻는 정상적이지는 않은 과정을 가졌다. R은 상대편 연구 책임자에게 정중한 편지를 써서, 이전 사건에서 그녀가 악감정을 가졌던 것이 아니었음을 밝히고 계획하고 있는 실험을 함께 수행할 것을 제안했다. 상대편은 그녀의 제안을 기꺼이 받아들였으며 현재 그들은 좋은 친구로 지낼 뿐만 아니라 각자의 실험실을 상호 방문하기도 한다.

이 사건을 통해 배울 수 있는 것은 당신이 관대하게 인용한다면 당신의 동료나 경쟁자들까지도 당신의 연구에 대해 관대하게 대하고 친구가 될 수 있다는 것이다. 반대로 당신이 논문의 참고문헌을 작성하는 데 너무 인색한다면 당신은 문제를 야기할 뿐만 아니라 불필요한 원한 관계를 초래할 것이 분명할 것이다.

4.3 학술회의 제대로 활용하기

일반적으로 연구 결과를 발표하는 가장 좋은 방법은 “말은 흘러가고 글은 영원하다”는 격언에 따라 그 결과를 논문으로 발표하는 것이다. 여러분에게 지속적으로 상기시키고 있듯이 심사를 받는 학술지에 좋은 논문을 쓰는 것이 경력을 쌓고, 해당 연구 분야에서 당신을 각인시키는 최선의 방법인 것이다. 그런데 왜 학술회의에 참석해서 당신의 결과를 직접 발표하려고 하는가? 정말 불필요한 일이다.

대부분의 학술회의에서 발표되는 자료는 어떠한 형태로든 발간이 되기는 하지만 이러한 발표 자료는 심사받는 학술지에 게재되지 않는 한 수년이 지나면 찾아보기 매우 어려워진다. 특히 최근처럼 CD에 수록하여 배부하는 학술회의의 경우는 더욱 좋지 않은 경우인데, 이는 학술회의에 참여하지 않아 CD를 받지 못한 사람이 도서관 같은 곳에서 책으로 발간된 자료를 찾는 것보다 해당 발표 자료를 찾기가 더욱 어렵기 때문이다.

학술회의에 참여하는 것의 장점으로는 청중 또는 포스터를 보려고 오는 사람들에게 강렬한 인상을 심어줄 짧은 기회를 갖는다는 것이다. 이는 저자의 도서 판촉 활동처럼 당신의 연구 내용을 알리려는 행위인 것이다.

학술회의에 참여하는 것은 연구 내용의 발표 이외에도 네 가지의 이유가 더 있다. 그 이유는 (1) 광고와 피드백, (2) 정보 수집, (3) 일자리 탐색, (4) 타 지역 여행으로 요약할 수 있는데, 차례대로 설명하면 다음과 같다.

4.3.1 광고와 피드백

발표 내용이 청중에게 흥미를 줄 수 있기를 기대하면서, 그리고 피드백을 원하기 때문에 학술회의를 통해 발표하고 싶어 한다.

이런 건전한 목적과 더불어 발표한 논문의 해당 분야 동료 과학자들에게 당신을 기억하게 하고, 아직 발표되지 않은 최근의 연구 결과와 당신이 어떤 연구를 하고 있는지에 대한 앞으로의 전망에 대해 그들의 관심을 끌기를 원하기 때문에 학술회의에 참여한다. 논문을 발표하는 근본적인 목적은 동료들에게 현재 진행되고 있는 연구가 흥미와 가능성이 있다는 확신을 심어줌으로써 그들이 시간을 내어 당신의 최근 논문을 읽게 하고 조만간 발표할 논문을 기다리게 하는 것이다.

동료들에게 충분한 확신을 심어준다면 일부 동료로부터 공동 연구를 제안받을 수도 있다. 이런 효과를 위해서 새로 만나는 친구들과의 연락을 유지하기 위해 명함과 함께 최근에 발표한 논문의 복사본을 여러 부 가져가는 것을 절대 잊지 않도록 한다. 학생이라 하더라도 명함을 준비하는 것이 좋은데, 이는 명함이 당신의 선임 연구자들에게 당신을 보다 전문가처럼 보이게 만들 수 있기 때문이다. 최근에는 많은 사람들이 논문을 받아보는데 이메일로 받아보기를 선호하기는 하지만 집으로 돌아가는 동안 논문을 읽기 원할 수도 있고, 특히 관심이 있는 경우에는 학술회의장에서 읽기를 원할 수도 있는 것이다. 이것이 학술회의에 참여하는 가장 기본적이고 명백한 이유라고 할 수 있다.

4.3.2 정보 수집

학술회의에 참여하게 되면 관련 연구 분야의 최신 뉴스와 흥미 있는 뉴스를 접할 수 있다(물론 어떤 학술회의냐에 따라 천차만별이긴 하다).

정보 수집이라는 측면에서 본다면 이번 주에 출간된 온라인 학술지나 일반 학술지에 수록된 논문은 3~6개월 전에 학술회의에서 발표된 내용들이다. 반대로 이번 주 학술회의에서 발표되는 내용은 3~6개월 내에 발표되는 논문들이다. 최근의 연구 동향에 뒤떨어지지 않으려면 매년 한두 번 정도는 학술회의에 참여하도록 한다(학술회의에 참여함으로써 해당 분야가 얼마나 빨리 변화하고 있는지를 알 수 있고, 당신이 얼마나 빨리 그에 대응하는지의 척도가 될 수 있다).

4.3.3 인맥 관리

학술회의는 활발한 연구가 가능하도록 논의와 교섭 활동에 필요한 스스럼없는 모임이 만들어지는 곳으로 인맥 형성에 가장 중요한 장소라고 할 수 있다. 다른 과학자들과 편안한 분위기에서 만나 격식을 차리지 않고 다양한 주제를 논의하는 것은 친구를 사귀고 사람들의 생각을 알아보는 데 매운 좋은 방법이다. 대부분의 연구 핵심은 한 군데로 모아지는 경향이 있으므로 같은 연구 분야의 친구를 사귀는 것이 절대적으로 필요하다. 궁극적으로 성공이라는 것은 얼마나 많은 친구를 가지고 있는가와 그 친구들이 누구인가에 달려 있는 경우가 많다.

그렇지만 젊은 과학자로서 주의를 기울여야 할 것은 대부분의 과학자, 특히 유명한 과학자들은 지나칠 정도의 자긍심을 가지고 있는데 이들은 특히 상처를 받기 쉽다는 사실이다(예의 바른 사람은 절대 무의식적으로 무례를 범하지 않는다는 흥미 있는 말도 있다). 당신이 진행하고 있는 연구가 이런 부류의 사람들이 진행하는 연구 영역과 겹치는 문제 등으로 그들의 기분을 상하게 할 수도 있으므로, 만일 이러한 부류의 저명한 박사가 청중 속에서 강연을 듣고 있다는 것을 알고 있다면,[30]

30) 대부분 유명한 사람들은 그들의 발표 10분 전에 와서, 10분 발표하고, 발표 10분 후엔 자리를 뜨는 경향이 있어 가망성은 없지만.

강연 중에 그 저명한 박사의 세미나가 많은 영감을 주었다는 식으로 그 저명한 박사를 언급하는 것이 좋다. 물론 이러한 언급은 그들의 연구가 당신이 발표하는 내용과 실제적으로 관련이 있는 경우에만 해야 한다. 그렇지 않은 경우에는 멍청하다거나 한심하다는 평을 듣게 될 수도 있다. 이러한 내용을 발표 자료의 해당 부분에 자연스럽게 삽입한다면 강연 도중 잊어버리는 일은 없을 것이고, 청중들도 눈으로 확인할 수 있어서 훨씬 효과적이라고 할 수 있다.

저명한 박사가 자리를 떴을 경우에도 그의 학생들이나 박사후 연구원, 동료들이 청중석에 아직 있을 수 있으므로 해야 할 말과 하지 말아야 할 말에 대해 계속적으로 주의를 기울여야 한다. 이런 과도한 외교적 행동에 혐오를 느끼는 사람도 있을 것이다. 이런 혐오감에 우리도 어느 정도는 동의한다. 그렇지만 현실의 과학계에서 살아남아야 하고 이러한 간단한 충고가 유용하게 될 경우가 분명 있을 것이다. 아마 앞으로 당신도 지나친 자긍심을 갖게 되거나 그런 단계에 있을 때, 다른 사람이 당신의 업적에 감사해하거나 평가해주지 않는다면 당신도 화가 날 수도 있을 것이다.

또 한 가지 더 충고하고 싶은 것은 강한 자존심과 관련된 것인데, 이는 일반적으로 전문 영역에서의 싸움이라고 볼 수 있는 연구 영역에 관한 문제이다. 저명한 과학자는 과거에 발표한 논문에 관련된 주제가 자신의 전문 영역이라고 생각하고 있을 수도 있기 때문에 그의 허락없이 그의 전문 영역을 침입하는 큰 실수를 저지르지 말아야 한다. 당신이 이 문제를 일찌감치 인식하고 있다면 저명한 박사는 이 분야에 대한 당신의 연구가 그의 논문에 따라 이루어졌든 아니든 상관없이 편안하게 질문을 할 수 있을 것이다. 그렇지만 당신이 그를 전혀 언급하지 않는다면 큰 난관에 봉착하게 될 것이다(지도교수를 통해 여기에서 필요한 지도를 받을 수 있을 것이다). 만일 저명한 박사가 당신이 속한 학과에 속해 있다면 문제는 더욱 커지는데, 이는 같은 학과에서 교수들 사이에서 특수한 협력 과제에 참여하는 경우를 제외하고는 다른 사람의 연구 영역에 침입하지 않는다는 불문율이 있기 때문이다. 금지된 정원에 들어가기 전에 주의 깊게 생각하고 그 결과를 미리 예측할 줄 알아야 한다.

4.3.4 일자리 탐색

학술회의에 참여하는 또 다른 이유는 취업의 기회를 알아보거나 방문 기간을 연장하고 안식 휴가를 가질 수 있다는 것이다. 일반적으로 재료과학 분야와 관련된 APS, MRS, AVS, ACS와 같은 대규모 학술회의는 미국이나 유럽 등지에서 개최되는데, 대회 기간 중에 학회에서는 회사, 학교와 정부 연구소 등과 공동으로 취업 센터를 제공해 채용공고를 붙이거나 현장 면접 등이 이루어지기도 한다. 작은 규모의 학술회의에서는 학술회의 자체를 자신을 위한 자리로 만들어야 한다.

4.3.5 복합적인 이유라면 무조건 참석하라!

학술회의에 참가하는 최적의 조건은 앞에서 언급한 여러 이유가 적용되는 경우이다. 예를 들어 당신이 막 새 프로젝트를 시작하여 충분한 결과를 얻지 못한 상태에서 중요한 발표를 할 수 없는 경우, 학술회의의 발표 영역이 당신이 수행하는 연구 분야와 부분적으로만 겹치는 경우 등이 해당된다고 할 수 있겠다. 인맥을 형성하고 싶은 사람들이 이번 학술회의에 참여하지 않는다면 그 학술회의에 참여하지 않고 이런 기준에 부합하는 다음 학술회의를 대비하여 시간과 경비를 절약하는 것이 바람직할 것이다. 매년 많은 수의 학술회의가 개최되고 있어 당신의 요구에 부합하는 다른 학술회의를 찾는 일은 어렵지 않을 것이다.

4.3.6 초청 강연

학술회의 참가 여부를 결정하는 데 있어 초청연사로 초대되는 경우에는 이런 경험법칙이 적용되지 않는다. 이런 경우에는 앞의 참가 조건에 부합되지 않더라도 꼭 참석하여야 한다. 학술회의에서 초청 강연자로 초대받는 것은 비교적 드문 일로서 초청을 받았으면 그 특혜를 받아들여야 한다. 특히 경력의 초기에 국제학술회의에서 초청 강연을 한다는 것은 이력서를 아주 두드러지게 할 수 있는 요건이 될 수 있다. 동료들이 당신을 높이 평가한다는 증거가 되며 당신의 연구가 그 분야에서 높은 영향력이 있다는 것을 보여주는 것이다. 그것은 일종의 표창으로 자신감과 우수성을 강화할 수 있어 매우 중요하다고 할 수 있다. 나중에 유명해지게 되면 몇몇 학술회의의 초청 강연을 거절하거나 박사후 과정 연구생이나 젊은 공동연구자에게 넘겨줄 수는 있겠지만, 그 때까지는 학술회의의 조직위원회에서 여행 경비를 제공하지 않더라도 모든 초청 강연을 수락해야 한다.[31] 여행 경비쯤은 이력서와 미래에 대한 현명한 투자로 생각해야 할 것이다.

4.3.7 학술회의 참가 경비

학술회의에 참가할 때에는 출장비 예산 내에서 가능해야 하며 연구 기금과 관련해서 정당하게 지출될 수 있어야 한다. 상사나 지도교수가 출장을 허락해야 한다면 상사에게 그 학술회의에 참석해야 하는 합당한 근거를 제시하여 허락을 받아야 한다.

상사나 지도교수에게 해당 학술회의에 출장 갈 수 있도록 요청하기 전에 먼저 소요 경비를 산출하는 것이 현명하다(당연히 상사는 소요 예산

31) 20여년 전까지는 대부분 초청강연의 경비가 지불되었지만 최근에는 그렇지 않다. 이는 다양한 회의 간의 경쟁으로 지원비가 부족하기 때문이다.

경비 산출을 요구할 것이고, 요구가 있기 전에 산출하는 것이 훨씬 준비성 있는 사람으로 보일 것이다). 예를 들어 인터넷을 통해 좋은 조건의 항공 요금을 알아볼 수도 있다. 그렇지만 학술회의에서 학생을 위한 할인요금이나 학생용 기금, 또는 저렴한 비용의 숙소와 같은 할인 혜택을 제공하는지 미리 확인하는 것이 중요하다.

많은 학술회의에서는 실제로 구두 및 포스터 발표에서 최우수 발표 학생을 위한 우수 발표자 선정 제도를 운영하는 경우가 많아 이를 잘 활용한다면 큰 도움을 받을 수도 있다. 전체적인 여행 경비가 산출되면 학술회의에 참가하는 데 충분한 예산이 있는지 결정하는 것이 좋다. 만일 연구 그룹의 다른 동료가 같은 학회에 참가하고자 한다면 통합된 경비를 조사할 수도 있다.

학술회의는 주로 아름다운 경치가 있는 장소에서 개최되는데, 회의에 참가하기 위한 여행은 과학자들에게 매우 재미있고 매력적인 부가 급부가 될 수 있다. 이러한 이유로 학술회의에 자주 참여하고자 하는 유혹은 실제로 매우 강하다. 하지만 당신이 별로 유명하지도 않고 초청도 없었다면 학술회의 참여를 너무 조장하는 것은 좋지 않다. 사실 몇몇 학술회의를 계속해서 참여하다 보면 같은 발표 내용과 강연을 반복해서 듣게 될 것이므로 연구실이나 컴퓨터 앞에서 뭔가 새로운 연구를 시도하는 것이 훨씬 좋을 것이다.

4.3.8 회의 자료

학술회의에서 발표할 때 발표 내용에 대한 책자를 준비하면 더 나은 효과를 기대할 수 있다. 이 책자가 권위 있는 학술지에서 발표한 논문이라면(원래 초청 강연일 경우에만 이렇게 한다) 다른 논문과 마찬가지로 가치 있는 논문으로 취급받을 수 있다. 예를 들어 플라즈마 물리분과의 연례학술대회에서는 초청 강연을 심사 후 플라즈마 물리학 학술지의 특별판으로 발간한다. 플라즈마 물리학 학술지의 다른 논문과 비교해 보면 이런 논문들은 선정 과정이 엄격해서 – 정치적인 측면도 있지만 – 보다 가치가 있는 논문으로 평가된다.

유럽과 제3세계의 일부 학술회의에서는 발표자에게 정해진 양식에 따라 4페이지 정도의 책자로 제출할 것을 요구해 대회에 참가한 사람들만이 구할 수 있는 CD로 제작하기도 한다. 옛날에는 CD 대신 한두 권의 책자로 제작했었다. 시간이 지나면 이런 책자들은 구하기 어려워질 것이다. 이렇게 발간되는 한정된 배부판은 엄격히 말하면 긴 세월 동안 접할 수 있는 형태의 학술지라고 말하기는 어렵다. 이러한 이유로 많은 사람들은 학술회의 조직위원회의가 요구하는 요약본 제출의 압력을 무시하고 같은 내용의 논문을 미래에도 지속적인 접근이 허용되는 학술지에 발표하려고 한다. 학술회의 발표집에 요약 논문을 내는 것은 대부분의 학술지가 내걸고 있는 학술지에 제출된 논문은 최초로 발표되는 논문이어야 한다는 조건과 마찰이 있을 수밖에 없고, 이로 인해 학술회의에서 발간하는 유사한 논문의 가치를 더욱 낮추고 있다. 어쨌든 학술회의 발표 논문집에 발표되는 요약 논문의 질적 하락은 피할 수 없는 현실인 것이다.

아직 경력이 전혀 없거나 여분의 논문 발표가 절실히 필요한 상황이 아니라면 학술회의에 논문 자료를 제공하지 않는 것이 좋다. 이러한 논문은 심도 있는 심사가 잘 이루어지지 않으며, 정규 학술지에 발표되는 논문보다 질적으로도 좋지 않다고 보는 경향이 있다.[32] 요즘 학술회의 발표 논문집에 게재된 논문을 읽을 만큼 한가한 과학자는 거의 없다. 학술회의 발표 논문집에 실린 논문은 처음으로 읽혀지는 것이 아니기 때문에 거의 인용되지도 않는다. 당신에 대한 동료들의 의견과 평가는 얼마나 많은 어떠한 내용의 논문을 발표했는가와 어느 정도 당신의 논

32) 다른 예외는 IEEE 학술대회 잡지이다. 이 프로시딩은 엄격한 평가로 높은 수준을 유지하고 있다.

문이 인용되었는가에 의해 결정된다. 요약하자면 당신이 학생이기 때문에 논문 목록이 적은 경우에는 학술회의 논문이라도 도움이 될 수 있을 것이다. 이러한 상황이라면 지도교수와 개별적인 학술회의에서 발간하는 요약 논문의 발간 문제를 논의해야 할 것이다.

그렇지만 좀 더 멀리 본다면, 여타 논문의 발표는 당신이 이미 발표한 논문의 재탕일 가능성이 크고, 이는 남들에게 읽히거나 인용되지 않아 당신의 전체적 영향력을 감소시킬 수 있기 때문에 좋은 전략은 아니라고 본다. 과학자로서 당신의 명성을 만들기 위한 가장 좋은 전략은 훌륭한 연구와 양이 아닌 질적으로 우수한 논문을 발표하는 것이다. 이러한 환경의 간접적 혜택으로서 질이 낮은 논문은 발표하지 않는 것이 실제적으로 명성을 높일 수도 있으며, 앞으로 좋은 계보를 유지하는 데도 실제적으로 도움을 줄 것이다.

물론 학술회의에서 선보인 결과가 훌륭하고 독창성이 있다면 그 내용으로 논문을 작성해서 학술지의 정규 논문에 발표해야 한다. 그렇지 않고 연구의 초기 내용이거나 완전하지 않은 내용이라면 좀 더 기다려야 할 것이다. 일반적으로 연구의 초기 내용은 학술회의의 발표 및 포스터 논문으로는 받아들여지지만 정규 논문의 형태로는 잘 받아들여지지 않는다. 마찬가지로 유사한 제목과 내용으로 두 번, 세 번 발표하는 논문은 다른 과학자들의 시선을 끌지 못할 것이다. 일반적으로 과학 논문의 참고문헌 대부분은 별로 유용하지 않은 많은 논문 제목으로 채워져 있다. 그러므로 복제된 논문을 투고하는 것은 동료들로부터 신임을 얻게 해주지 못한다. 직장에서 당신에 대한 동료들의 의견이 직장 생활을 잘 영위하는 데 매우 중요하다는 사실을 기억해야 한다. 학술회의에서 발표한 연구 결과는 심사가 없는 구두 발표 또는 포스터 발표로 인용하는 것이 최선의 절충점이 될 수 있을 것이다. 이것이 가능하기 위해서는 학술회의 발표 논문집의 CD 제작을 위한 네 페이지 분량의 논문을 제출하지 않아야 한다.

학술회의 발표집에 게재하기 위한 다른 고려 사항이 있다. 학술회의에서의 논문 원고 제출 기한은 대부분 회의 기간 이후로 잡혀 있다. 여기에는 장단점이 있지만 마감 시간을 충족해야 한다는 등의 압력이 있어야만 효율적으로 일을 하는 일부 사람들에게는 좋은 일일 것이다.

물론 좋아하지 않는 사람도 있다. 충분한 시간을 갖고 심도있게, 그리고 주의깊게 원고를 작성하고 검토하는 것을 선호하는 사람들이 그들이다. 물론 예외도 있지만 일반적으로 이런 부류의 사람들이 최고의 과학적 산출물들을 만들어낼 수 있을 거라고 생각한다. 그렇지만 양보다 질적으로 우수한 논문을 발표하는 것을 선호하는 특성을 지닌 사람은 실수로 시기를 놓친다면 논문을 게재하지 못하는 불행한 경험을 겪게 되는 부정적 측면도 있을 수 있다. 당신은 어느 부류에 속하는지 가능하면 빨리 판단하여 자신을 적절하게 통제해야 한다.

4.3.9 포스터 또는 구두 발표

포스터 발표는 아주 다양하기 때문에 우리 두 사람의 서로 다른 관점에서 논의하는 것이 좋을 것이다.

Federico : 예외도 있지만 포스터 발표는 작은 규모의 회의에서 활용되는 편이다. 대규모 학술회의에서 연구 결과를 발표하는 중요한 목적은 다른 사람들의 관심을 끌기 위한 것이다. 다른 사람들보다 당신의 연구 결과가 두드러져 보이게 하기 위한 것이다.

많은 사람들이 참석하는 대규모 학술회의에서 당신의 발표를 돋보이게 할 수 있는 유일한 방법은 구두 발표를 하는 것이다. 포스터 발표를 하는 경우에는 그 포스터를 보기 위해 아무도 나타나지 않거나 친구들만 보러 올 가능성이 있다. 이것은 분명 당혹스러운 일일 것이고 다른 한편으로는 시간과 경비를 쓸모 없이 낭비한 꼴이 된다.

반대로 작은 학술회의에서는 포스터 발표가 오히려 나을 수도 있다. 소규모 학술회의에서의 발표는 좀 더 편안하고 비형식적인 분위기에서 이루어지며, 발표하는 데 있어 다른 많은 사람들과 경쟁하지 않아도 된다. 특히 소규모 연구 모임이나 학회에서는 포스터 앞에서 생생한 과학적 토의가 이루어지는 상황이 드물지 않게 생기게 된다.

Tudor : 발표 형식이 초청 강연의 형식이라면 항상 구두 발표로 이루어질 것이므로 어떤 형식으로 발표할지 굳이 고민할 필요가 없겠다. 일부의 초청 강연에서 강연에 참석하지 못한 사람들에게 차후에 공부할 수 있도록 초청 강연 발표자에게 발표 내용의 자료를 요구하기도 한다. 복사본을 요청하는 사람들에게도 유용하게 사용될 수 있다.

구두 발표를 할 것인지 포스터 발표를 할 것인지의 선택은 발표의 형식과 특성에 따라 달라지는데, 특히 많은 분과회의가 동시에 계획되어 있는지 또는 발표 시간의 제한이 있는지 등에 따라 달라지기도 한다.

만일 연구 회의가 단독의 분과회의로 열리는 200명 이하의 소규모 회의라면 단순히 어떤 것을 선호하는가의 문제다. 대부분의 경우 많은 사람들이 듣는 구두 발표를 선호한다. 그러나 이런 회의에서는 대부분 구두 발표자의 수를 제한하고 있으므로 한두 편의 포스터 발표를 해야 하는 경우도 있다. 소규모 회의에서 맥주와 포도주를 곁들인 저녁 시간대의 포스터 발표 분과는 매우 즐거운 시간이 될 수도 있다.

학술회의가 큰 규모인 경우에는 발표 시간이 엄격하게 제한되는 많은 분과회의가 동시에 열린다. 이런 경우 발표 형태의 선택에 있어서 결정적으로 중요한 요소는 발표하고자 하는 내용이 해당 분과와 얼마나 어울리는가에 따라 결정된다. 발표 내용이 발표 분과와 정확하게 일치한다면 소규모 회의의 효과를 지니고 있어 당신의 연구 내용과 관련된 주제에 대해 관심이 많은 사람들이 참여하게 될 것이기 때문에 구두 발표는 자연스럽고 훌륭한 선택이 될 수 있다. 여기에서의 구두 발표는 시간 제약이 있긴 하지만 회의실에 있는 모든 사람들에게 꽤 유용한 발표가 될 것이다.

그런데 분과회의가 다양한 분야를 포함하거나 당신의 발표 주제가 분과가 추구하는 주된 주제에서 벗어나 있거나 발표 내용이 다양한 분야가 혼재되어 있는 상황이라면 발표가 정해진 시간에 되지 않을 수도 있어 친구들이나 동료들이 못 듣게 되는 경우도 생길 수 있다.

이런 구두 발표보다는 비슷한 생각을 가진 사람들과 함께 포스터 발표를 하는 것이 더 나을 수도 있다. 이 경우에는 당신의 연구 주제와 관련된 사람들이 포스터를 같이 발표하게 될 가능성이 크고, 여기에서 당신은 다른 사람들과 같이 행동하고 어울릴 수 있을 것이다. 포스터 발표를 할 경우에는 구두 발표와 달리 포스터 앞에서 15분 이상 의무적으로 있어야 하지만 구두 발표와 달리 포스터를 보러 오는 전문가들에게 당신의 연구 내용을 자세하게 설명할 수 있고, 자료를 요청하는 사람들에게 전자우편으로 자료를 보내줄 수도 있다.

4.4 세미나 제대로 활용하기

학술회의와는 별도로 또는 학술회의 참가와 병행하거나 개인적 연락을 통해 연구소나 대학의 관련 학과 등에서 세미나를 개최하거나 참석을 요청받는 경우가 있다. 세미나는 연구소나 대학에서 적당한 규모의 사람들 앞에서 한 시간 정도 발표하는 것을 말한다. 그러므로 학술회의에서 허용되는 시간보다 많은 시간을 갖고 초청 연시와 같은 우월감을 가지면서 연구 결과를 쉽게 설명할 수 있다.

세미나는 당신의 연구 결과를 듣고 싶어 하는 사람들에게 설명하는 즐거움과 사치스러움 외에도 이력서 작성에도 도움이 되며 세미나를 잘 활용하면 많은 이득을 얻을 수 있을 것이다. 가장 중요한 세미나는 취업과 관련해 이루어지는 세미나로 일반적으로 취업을 위한 면접도 포함되는 경우가 많다. 동료의 초청으로 이루어지는 보다 자유로운 세미나는 공동 연구의 첫 단계가 되거나 향후 연구년에 그 기관을 방문할 수 있는 가능성 등에 있어서 필요한 대인 관계를 심화할 수 있는 좋은 방법이다. 세미나의 또 다른 측면은 학생이나 박사후 연구생의 평가와 모집에도 도움이 된다는 것이다.

비록 세미나는 학술회의에서의 구두 발표와 같은 형식이지만 실제로는 아주 다르게 이루어진다. 학술회의에서의 발표와는 달리 자유로운 분위기에서 이루어지는데 대부분의 경우 소규모의 청중을 대상으로 한다. 또 세미나의 진행 시간은 평균 40~45분 사이이므로 이 시간 동안 당신이 수행한 연구 분야에 대한 일반적인 소개와 함께 보다 광범위한 설명을 해주기를 기대한다. 해당 연구 분야에 대해 전체적인 이야기를 할 수 있는 기회가 되며 이러한 장점을 충분히 활용하여야 할 것이다.

세미나의 보다 미묘한 형태로 전문가회의라는 콜로퀴엄이 있다. 일반적인 정상적 세미나에서는 참가자가 물리학과의 우주물리학 그룹, 화학과의 유기화학 그룹 등과 같이 학과 단위로 한정된다. 한편 전문가회의에서는 매우 넓은 영역을 다루는 보다 일반적인 모임을 의미하는 것으로 학과 전체 또는 다른 학과의 사람들도 참석 대상으로 한다(노벨상 수상자의 콜로퀴엄은 항상 많은 청중을 끌어 모은다).

4.5 취업 면접

취업 공고에 지원하기 위해 특별히 요구하는 조건에 부응하도록 이력서를 적당하게 수정해야 한다. 통상적인 공고에서는 그들이 찾고 있는 일련의 기술과 경험을 조건으로 지정하고 있으므로 그런 조건에 대해 적당하게 강조하고, 당신이 어떤 사람이며 왜 당신이 그 일에 가장 적합한 사람인지에 대해 간결하게 설명해야 한다.

박사후 연구생 직위를 응모하는 경우에는 별도로 발송되는 추천서와 앞에서 준비한 서류로도 충분할 것이다. 반면 교수 직위에 응모하는 경우라면 교육 철학에 관한 서술문과 관심을 가진 연구 분야에 대한 설명서와 함께 상당히 구체적인 초기 장착기금 요구서 등을 제출해야 할 것이다. 산업체의 채용과 정부 연구소의 취업 광고에서도 유사하게 일련의 기술들을 요구할 것이다.

초기의 서류 작성 작업에서는 물론 추후 면접에서도 당신이 그 자리에 적임자라는 것을 증명하는 것은 전적으로 당신의 몫이다. 이러한 점에서 당신이 지닌 전반적인 기술, 그 자리에 맞는 능력과 적합성이 잘 요약된 훌륭한 자기소개서를 작성하는 것은 아주 중요한 일이라고 하겠다. 자기소개소를 포함하여 제출한 서류는 면접을 위한 준비이며, 그 서류에 포함된 내용에 대해 면접에서 장시간에 걸쳐 발전된 질문으로 이어진다면 면접에 성공하게 될 것이다.

이력서가 충분한 관심을 끌게 된다면 통상적으로 세미나를 하고 면접이 이루어지는 조직 내 면접에 초대받게 된다. 이러한 정식 면접은 주로 전화 면접을 통과한 후에 이루어진다. 대학에서의 일반적인 계급 구조를 이해하는 데 다음 글이 도움이 될 수 있을 것이다.

출처 불분명

학　장 : "한 번의 도약으로 높은 건물들을 뛰어 넘어라! 기관차보다 더 힘차게! 총알보다 더 빠르게! 물 위를 걸어라! 신에게 보험을 팔아라!"

학과장 : "한 번의 도약으로 낮은 건물들을 뛰어 넘어라! 전동기관차보다 더 힘차게! 총알만큼 빠르게! 바다가 잠잠할 때 물 위를 걸어라! 신과 이야기하라!"

정교수 : "달려가서 적당한 바람과 함께 낮은 빌딩들을 뛰어 넘어라! 거의 전동기관차 정도로 힘차게! 장난감 총알보다 빠르게! 실내 수영장에서 물위를 걸어라! 신이 특별한 요구를 허용하면 신과 이야기하라!"

부교수 : "정원의 헛간을 깨끗이 하라! 기관차와의 주도권 싸움에서 져라! 빠른 총알에 불을 붙여라! 수영을 잘해라! 신에 대해 이야기하라!"

조교수 : "높은 빌딩들을 뛰어넘기를 시도하기 위해 벽에 제자리 뛰기를 하여 최고점의 흔적을 남겨라! 기관차에 치였는가. 자신에게 상처를 입히지 않고 총을 취급할 수 있는가. 동물에게 말을 하라!"

대학원생 : "건물 안으로 달려 들어가라! 세 번 중 두 번은 기관차를 인식하라! 면역이 발생하지 않았다. 구명조끼를 입고 둥둥 떠 있을 수 있도록 하라!"

학부생 : "건물에 들어가려고 시도하다 계단에서 넘어졌다. 증기기관차를 지켜보라. 물총으로 젖게 하라. 진흙 웅덩이 안에서 놀아라. 자신에게 중얼거려라."

학과비서 : "건물들을 들고 건물 밑으로 걸어라! 기관차를 철로 밖으로 차버려라! 빠른 총알을 이로 잡고 그들을 먹어라! 단숨에 물을 얼려라! 신은 있는가!"

면접 여행을 준비할 때는 세미나나 그쪽에서 요구하는 형식의 발표에 초점을 맞추어야 한다. 예를 들어 미국 대학의 몇몇 교양학부에서는 일정한 주제에 대해 학부생 수준을 대상으로 한 시간의 수업을 준비할 것을 요구하기도 하는데, 이런 발표는 당신의 강의와 교육 능력으로 판단하기 때문에 매우 중요하다고 할 수 있다. 한 자리를 놓고 여러 후보자가 경쟁하는 방식이므로 발표와 면접을 잘하는 것으로 만족하지 말고 당신이 최고라는 것을 보여주어야 한다. 그렇지 못하면 그 자리를 얻지 못할 것이다.

면접에 대한 최적의 조언은 화이벨만의 저서와 매트 앤더슨이 저술한 physics today 2001년 4월호 기사 "교수가 되고 싶으십니까?"의 50~54페이지를 읽어보기 바란다.

대학에서의 집합명사

학장의 거만함, 정교수의 정중함, 부교수의 야망, 조교수의 신경과민, 강사의 곤혹스러움, 시간강사의 배고픔, 조교의 굶주림, 모든 교수단의 편집증

고등교육 연대기 19권 2호(1980년 1월14일)에서

4.5.1 취업 면접 준비

취업을 원하는 기관에서 당신의 재능을 보여줄 수 있는 세미나를 마친 후에는 선발위원회와 면접을 해야 한다. 취업 면접의 결과는 이력서와 이전에 만났던 적이 있는 어떤 사람과 연관이 있다. 이 취업 면접은 당신의 과학적 성취와 능력 이외에 다른 측면의 특성이 결정적으로 작용할 수 있다. 그러므로 면접을 위해 매우 신중하게 준비하는 것이 절대로 필요하다.

당신을 체스 게임에서 직접 시합을 하고 있는 선수라고 생각해 보자.

상대방의 공격을 예측해서 거기에 맞게 대비해야 한다. 이처럼 취업 면접에서도 당면할 수 있는 어려움과 도전은 아주 다양하다. 미국의 하버드대학, MIT대학, 칼텍, 프린스터대학 등과 같은 최고 수준의 대학에서 면접을 하게 되는 경우에는 당신이 말한 거의 모든 부분에 대해 엄격한 질문을 받게 될 것이다. 방심하고 있거나 당신의 대답에 정밀성과 현명함이 부족한 식사 시간에도 교묘한

질문을 받을 수도 있다. 반면에 규모가 작은 대학에서는 심사위원들이 호의적일 수 있는데 당신의 능력에 대해 별로 기대를 하지 않을 가능성이 있다. 이런 대학에서는 보통 뛰어난 후보들의 지원이 적기 때문에 선택 기준이 까다롭지는 않을 것이다.

그렇지만 어떤 경우에도 취업 면접 동안에는 앞으로의 연구 계획이 어떤지, 이를 위해 얼마나 많은 예산이 소요될 것인지와 초기 지원금이 소진된 다음에 필요한 연구비를 어떻게 확보할 계획인지 등에 대해 질문 받을 것을 예상하고 있어야 한다. 그렇기 때문에 실제 취업 면접에 있어서 다음의 내용에 대해 철저히 준비하고 있어야 한다.

(i) 세미나에 이어 향후 연구 계획에 대해 미리 언급할 준비를 하라. 일부 학과에서는 교수들을 대상으로 한 세미나에서 향후 연구 계획에 대해 설명할 것을 요구하기도 한다. 미리 준비가 되어 있다면 강연이 한층 유창해질 것이고 전문적으로 비춰져 심사위원들에게 좋은 인상을 주게 될 것이다.

(ii) 초기 연구자금 내역을 자세하게 기술하라. 이 자료에 대해 심사위원회 각 위원들을 위한 복사본과 여분의 복사본을 준비하고, 심사위원의 질문에 대비하여 소요 예산의 각 항목에 대해 명확하게 설명할 수 있도록 준비해야 한다. 요구하는 예산은 지원하는 학교에 따라 다를 수 있지만 필요한 예산보다 약간 증액하여 요구하는 것이 필요한데, 이는 향후의 협상에서 조율할 수 있는 여지를 가지기 때문에 현명한 방법일 수 있다. 성공적인 연구를 수행하기 위한 충분한 자금이 지원되지 않는 자리를 원하지 않는 사람은 없을 것이다.

(iii) 선발위원회의 위원이 누구인지 미리 확인하고 면접 전에 그들의 주요 연구 업적에 대해 자세히 검토하라. 아울러 그들의 최근 연구에 대해 몇 가지 질문을 준비하는 것도 바람직한데, 이는 동료들 앞에서 이런 질문을 받으면 면접관도 기분이 좋아지기 때문이다. 가능하면 그들의 연구와 당신의 연구 사이에 유사성을 찾아내어 당신의 전문성이

그들과 잘 보완될 수 있음을 부각시켜 단순한 동료를 얻는 것이 아닌 유능한 협력자를 얻는 것임을 상기시키는 것이 좋다. 항상 당신의 장점을 부각시키고 놀랄 만한 일은 될 수 있으면 피하도록 하라. 놀랄 만한 일이나 예상치 못한 질문은 임시변통 능력이 좋다고 해도 치명적인 영향을 줄 수 있다.

취업 면접을 준비하는 가장 좋은 방법은 자신이 인터뷰를 하는 사람의 입장에서 생각해 보는 것이다. 여러 가지 측면에서 면접은 체스를 두는 것과 같은 심리 게임이다. 당신이 면접하는 사람을 편하게 해준다면 당연히 당신을 고용하게 될 것이다. 어떠한 기술과 성격의 특징이 이러한 특별한 고용주에게 이익이 될 것인가? 이것이 면접에서 장래의 고용주에게 미리 무엇을 보여주어야 하는지를 알아내는 것이 얼마나 중요한지를 설명하는 것이다.

응시원서를 준비할 때부터 개개의 고용주에게 당신의 관심과 목표를 보여주는 것이 좋다. 이러한 관계를 만들기 위해서는 해당 학과에서 수행한 연구와 당신이 계획하는 연구 분야 사이의 관심사가 충분한 연관이 있어야 한다. 그렇지 않다면 아예 응모하지 않는 것이 좋을 수도 있다. 합격이 된다 해도 주위와 적응하지 못해 고립될 가능성이 크다. 앞으로의 일을 생각하고 훌륭한 체스 게임의 선수가 되어야 한다. 준비를 철저히 해서 면접에 임한다면 그만큼 합격할 확률도 높아질 것이다.

4.5.2 면접 실전

쉬운 일은 아니지만 면접을 보는 동안에는 내적으로는 긴장을 풀도록 하고 외적으로는 건방지지 않으면서도 자신감 있는 모습을 보여줘야 한다. 실제로 면접 시에는 민감한 상태이겠지만 성공적인 인상과 긍정적인 태도와 강한 결단력을 보여주는 것이 중요하다. 면접이 끝나고 면접관들이 당신에 대한 보고서를 작성할 때 당연히 긍정적인 내용이기를 바랄 것이다. 그들이 당신을 동료로 선택하고 당신의 존재가 학과를 더욱 재미있게 하고, 가능하다면 그들의 연구에 직접적인 이득을 가져다 줄 것이라는 인상을 남기고 싶을 것이다. 채용이 거절된 경우에도 그들에게 최소한 당신보다 매력적이지는 않지만 직무 설명 내역서에 적합한 사람이 있었기 때문에 다른 사람을 뽑을 수밖에 없었다는 유감을 느끼게 할 수 있어야 할 것이다. 면접중에 서로 상호작용을 잘하는 모습을 보이고 적극적인 태도를 취하는 것이 좋다. 면접에 있어서 훌륭한 청취자가 되는 것도 중요하지만 동시에 위원회 위원들이 지적한 점에 대해서는 답변을 잘해야 하고 수준 있는 질문을 할 수도 있어야 한다. 이렇게 하기 위한 가장 좋은 방법은 앞에서 언급한 것처럼 지원한 학과와 그 조직원에 대해 완벽하게 사전 준비를 하는 것이다.

면접 시에 신경이 과민한 것처럼 보인다면, 물론 당연하긴 하지만, 면접관들도 알아차리게 될 것이고 좋은 인상을 주지는 않을 것이다. 모든 질문에 대해 제대로 답변을 하고 가능하면 간결하고 짧게 하도록 한다. 면접관들은 말이 너무 많거나 적은 사람을 좋아하지 않는다. 동시에 적당한 질문도 해야 하는데, 이 질문을 통해 필요한 정보를 얻을 수도 있고 현명하게 보일 수도 있다.

사실 면접에서는 서로의 의견이 교환된다. 고용주로서는 채용을 해야 하는지 아닌지를 결정하기 위한 충분한 정보를 얻을 필요가 있고, 당신으로서는 정말로 여기에서 일하고 싶은지 아닌지를 결정할 수 있는 충분한 정보를 얻기를 원한다. 원칙적으로 첫 번째 이유가 더 중요하다. 그렇지만 훌륭한 면접관은 당신이 면접관을 만족시키기 위해 노력하는 만큼 당신을 만족시키기 위해 노력할 것이다. 나중에 당신이 면접관의 입장에 서게 되었을 때 이 점을 꼭 기억하기 바란다.

4.5.3 면접을 위한 경비

여행 경비를 조달할 방법이 없다면 여행 경비가 어떻게 상환되는지 확인할 필요가 있다. 면접자에 대한 여행 경비는 경우에 따라 지급될 수도 있고 그렇지 않을 수도 있으니 이에 대해 확인해둘 필요가 있다.

Federico : 박사 학위가 막 끝나갈 무렵 박사후 연구원 자리를 위한 면접을 위해 절반의 여행 경비 지급 조건으로 네덜란드에 초청을 받은 적이 있다. 부근의 연구소에서 세미나를 할 수 있는 연구소를 쉽게 찾을 수 있을 것이고, 이를 통해 나머지 경비의 50%를 확보할 수 있을 것이라는 이야기를 들었다. 당연히 조금도 주저하지 않았다.

고용주가 총 여행 경비를 지급하지 않는다면 채용이 적극적으로 추진되지 않을 가능성이 크다. 시간적인 제약 때문에 절박하게 취업 자리를 찾는 상황이 아니라면 이러한 형태의 타협을 이끌어낼 것을 강력하게 권한다. 자신을 존중할 줄 알아야 한다. 예비 고용주가 당신을 진지하게 생각하지 않는 경우에는 합격되지 않을 가능성이 높다고 할 수 있다. 당신보다 유능한 후보자들이 응모하고 있어 당신을 여벌의 인력으로 취급하고 있는 가능성이 크기 때문이다. 물론 면접관이 인색한 사람이기 때문일 수도 있는데, 이 역시도 이러한 일자리를 피해야 할 충분한 이유가 된다. 왜냐하면 돈을 인색하게 쓰는 행위는 향후 실험실에서의 일상생활에도 대부분 부정적인 영향을 미치기 때문이다.

절박하게 일자리가 필요한데 원하는 시간 안에 찾을 수 없다면 진로를 바꾸는 일에 대해서도 심각하게 고려해볼 필요가 있다. 비록 인정하고 싶지 않은 현실일 수도 있지만 당신은 과학자로서 적합하지 않은 사람일 가능성이 있고, 이런 경우 가능하면 빨리 진로를 변경하는 것이 좋다.

4.5.4 모의 면접

이 절에서는 일자리를 구하지 못한 상황의 두 가지 경우에 있어서 실패한 면접의 예를 설명하고자 한다. 이러한 예들은 분명 고무적이지는 않지만 여기서도 교훈을 얻을 수 있을 것이다. 취업 면접이 모두 일자리를 얻을 수 있게 하지는 않지만 꼭 면접 때문에 거절당하는 것은 아니다.

4.5.4.1 북미에서 철수의 경험

철수는 북미에서 아주 유명한 대학으로부터 취업면접에 초청되었다. 그는 바로 전 해에 작은 대학의 교수로 있었지만 학과의 정책에 적응하는 데 일부 어려움을 겪고 있는 상황에 있어 다시 직업을 구하기로 결심하였다. 면접 중에 그는 그동안 획득한 하전입자 가속방사선 장치에서 최근의 실험적 결과를 설명하려고 노력하였다. 그는 새로운 기술을 사용하였고, 이 방법은 그가 전에 연구하던 문제에 대하여 새로운 가능성을 보여주었다.

불행하게도 선발위원회의 한 위원이 이 특수한 기술의 전문가여서 철수에게 그 기술 자체에 대하여 심도 있는 질문을 하였다. 물론 철수는 기술의 기본지식을 알고 있었고, 면접을 위해 충분한 연습을 하고 있었다.

그렇지만 그는 그 특수한 기술에 대한 전문가가 되고자 하지는 않았고 그저 그가 흥미를 가진 문제에 대하여 하전입자 가속기의 전문가의 도움을 얻어 한번 사용하고자 할 뿐이었다. 철수는 그의 연구를 발전시키기 위하여 주제를 정하고 그 문제를 직접 해결하기 위해 모든 기술을 사용하는 연구 중심적인 과학자였다. 다른 한편 면접관은 기술적인 측면으로 치중된 사람이었다. 그는 그 특수한 기술과 관련해 연구과제를 개발하고자 '이 기술을 가지고 무었을 할 수 있는가'라고 자신에게 자문하고 있는 중이었다. 그는 이 기회를 이용하여 다른 심사위원들에게 그의 전문성을 알리고 싶었을 뿐 다른 의도를 가지고 있지는 않았었다.

철수는 그 기술에 대하여 아는 것을 설명하였고, 그 기술에 대한 전문가가 되기를 원하지 않았기에 그렇게 자세하게 알 필요는 없다고 질문위원에게 이야기하며 자신을 변호하였다. 하지만 그의 이러한 답변은 위원회에 잘 받아들여지지 않았다. 철수는 결국 그 자리를 얻지 못하였는데, 나중에 그에게 엄격한 질문을 한 면접위원과의 불행한 사건 때문이었다는 것을 알게 되었다.

선발위원회에서 철수는 그의 최근 실험 결과를 어떻게 획득하였는지에 대한 충분한 설명 없이 보여주는 데에만 너무 치중하였다. 만일 철수가 면접관의 생각을 알았더라면 쉽게 마찰을 피하고 면접관의 전문성에 대한 적당한 경의를 보임으로써 승자가 될 수 있었을 것이다. 사실 철수는 지뢰를 밟은 것이다. 그렇지만 선발위원회 위원의 논문에 대하여 조사하였다면 이러한 지뢰는 쉽게 피할 수 있었을 것이다.

4.5.4.2 유럽에서 영희의 경험

영희는 유럽인으로서 미국에서 교수가 되기 위하여 연속적으로 취업면접을 보았다. 그녀의 다음 면접은 독일에 있는 대학에서 있었는데, 이 면접에 성공하면 그녀가 계속 유럽에 남을 수 있었으므로 매우 중요한 면접이었다. 그러나 불행하게도 이 면접을 준비하면서 두 나라 간의 문화적 차이를 고려하는 것을 간과하고 미국에서 했던 동일한 내용을 발표하였다. 되돌아보면 이는 커다란 실수였다.

교수를 채용하려는 미국대학에서는 새로운 교수가 투자자들을 유도할 수 있는 야심적인 제안을 듣기 원한다. 그러나 유럽의 학과에서는 매우 집단적이고 협동적인 방법으로 현재의 전문성을 발전시켜 나갈 수 있는 사람을 원한다. 미국의 대학이 조직에 잘 적응하고 협동적인 사람을 싫어한다는 것은 아니지만, 특히 종신제 신분의 교수 과정에 있는 경우에는 당신이 당신만의 전문 분야를 구축하고 독립적인 과학자임을 보여주기를 원한다.

영희는 독일 대학에서의 면접에서 과도하게 독립성을 강조하였다. 그녀의 격렬하고 야심찬 미국 스타일의 발표는 좋게 인정되지 않아 결국 직업을 얻는 데 실패하였다.

4.6 연구비 확보하기

당신이 어느 정도 자율적인 과학자로 발전해 나가기 위해서는 연구비에 대하여 "상사가 이 돈을 지불할까?"하는 수준 이상을 알아야 한다. 초기에 당신이 연구에 대하여 걱정하고 다른 사람에게 돈에 대한 걱정을 하도록 하는 것은 당연한 것이다. 돈을 지불하는 사람이 연구 방향을 결정하듯이 확신에 찬 책임자를 따라 당신은 연구를 수행하고, 책임자는 부품을 구입하고, 장비수리비와 여행경비를 지급하는 것이다. 연구책임자는 이러한 연구경비 지급과 결정을 일상적으로 하고 있다. 당신은 이러한 연구책임자와 협상하는 기술을 발전시킬 필요가 있다.

부모 새가 먹이를 가져다 주는 둥지에 있는 어린 새와 새끼 새가 부모 새를 확신시켜 둥지 안의 다른 형제보다 우선하여 먹이를 얻어내는 필수적인 기술을 상상하는 것이 유용한 상상이 될 수 있을 것이다. 나중에 둥지를 떠난 젊은 새는 독립적인 약탈자가 되어 먹이를 얻는 새로운 기술을 금방 배우게 된다.

만일 회사의 연구소에서 일하고 있다면 당신은 실제로 새장에 놓여있는 것과 같아 일반적으로 관리자가 당신의 연구에 필요한 경비를 제공한다. 관리자는 당신에게 어떤 연구를 수행할 것인지를 결정하고 통보

한다. 약간의 예외적인 경우가 있는데, IBM, HP와 벨연구소에서는 아직까지 경쟁을 통하여 선정된 기초연구를 수행할 수 있는 기회를 주고 있다.

유머 : 연구의 판단, 수년 동안 KODAK 연구그룹 책임자인 G.E.K. Mees의 아래에서 보는 관점.

어떠한 연구를 수행할지 결정할 수 있는 최선의 사람은 실질적으로 연구를 수행하는 사람이며 차선의 사람은 모든 주제와 연구 내용을 알고 있는 부서의 장이다. 그다음부터는 결정에 적합한 사람들이 아니며 점점 더 부적합한 집단이 된다. 이 집단 중의 하나가 연구관리 이사로서 절반 이상의 잘못된 결정을 내리고, 회사의 부사장급 위원회에서는 거의 모든 잘못된 결정을 내린다.

– 과학에서 난립된 걸음

물론 회사에서 연구의 세세한 측면까지 관여하는 것에 대해 빈정거리며 할 수 있는 이야기일 뿐이다.

유머 : 예상하듯이 시드니 해리스는 여기에 대한 고전적 만화를 가지고 있다. 설명에는 관리자가 그의 연구팀에게 다음과 같이 이야기하는 내용이다. "예산상의 어려움으로 우리의 초과근무시간과 주말계획을 축소할 수밖에 없고, 가능하다면 일주일 이내에 모든 획기적인 성과가 나오기를 요구합니다."

이러한 조건을 좋아하거나 싫어하는 것은 당신에게 달려 있다. "박사학위만으로는 충분하지 않다"라는 책에서 피터 화이벨만은 회사나 정부의 연구소와 같이 관리되는 환경에서의 장점과 단점을 잘 묘사하고 있기에 여기에서 더 언급하지는 않겠다. 다만 이러한 환경이 당신에게 적합한지 아닌지는 일찍 결정하는 것이 좋다. 이는 연구소의 연구원에서 독립적인 대학의 연구원으로 자리를 옮기는 것은 당신의 연구소에서의 업적으로 지속적인 연구비를 확보할 수 있을 정도로 충분한 명성을 지니고 있어, 학계에서도 유명하게 활동할 수 있지 않다면 매우 어려운 상황에 처해지기 때문이다. 회사에서도 외부 연구자금으로 지원되는 과제를 수행할 수 있는 경우에는 당신이 직접 연구비 신청 계획서를 실질적으로 작성하여야 한다. 하나의 연구환경에서 다른 연구환경으로의 전환 과정에 대하여 자세하게 설명하는 것은 너무 상이한 일이지만, 연구기금에 응모하는 데에 대한 아래의 내용을 읽어 봄으로써 몇몇 도움을 얻을 수 있다. 이 내용을 읽는 대부분의 연구자는 학문적인 분위기에서 연구의 자유를 선호할 것으로 생각되기 때문에 이 부분을 집중적으로 설명하겠다.

당신의 경력을 개발하는 동안에 당신은 다양한 기금에 신청서를 작성하여 연구기금을 확보하는 기술을 배양하여야 한다. 그렇지만 당신이 교수의 직위나 이와 유사한 직위를 갖기 전까지는 연구계획서의 일부를 작성하도록 요구받을 수는 있지만 직접적으로 연구기금을 신청할 자격을 지니지는 못한다. 연구계획서 작성에 참여 요구를 받았을 경우에는 열정적으로 그 기회를 받아들이는 것이 좋다. 어떻게 연구비가 확보되는지 그 과정을 지켜볼 수 있는 최선의 기회이고, 이 경험은 당신이 직접 연구기금을 신청할 때 좋은 경험으로 작용할 것이다.

당신이 공식적으로 응모할 수 있는 것은 연구기금이 아니고 당신 자신을 위한 몇몇 종류의 장학금일 것이다. 장학금 신청서를 작성하는 것은 어느 면에서 연구기금에 응모하는 것과 유사하기 때문에 같이 논의하는 것이 편리하다. 연구기금이나 장학금을 신청하는 것은 결국 기금을 지원하는 재단에게 당신과 당신의 아이디어가 투자할 가치가 있다는 것을 확신시키는 것이다. 이러한 일을 어떻게 효율적으로 하는가를 배우는 것은 빠를수록 좋다.

4.6.1 장학금과 기금의 공통점

학생과 박사후 연구생으로 시작하기 위한 일반적인 방법은 기금재단의 장학금을 신청하는 것이다. 대부분의 장학금은 봉급만을 포함하지만[33] 장학금은 최소한 다음과 같은 세 가지 이상의 특전이 있다.

(i) 당신의 관리자가 봉급을 지불하지 않아도 되므로 당신의 과제에 아마 더 많은 자금을 사용할 수 있을 것이다. 보다 아량이 있는 지도교수는 허용이 되는 경우 봉급을 인상하거나 보충하여 주기도 하고, 나머지를 학회에 참석하는 경비나 다른 용도로 활용할 수도 있게 한다. 그러므로 당신은 물론 지도교수도 좋아하고 전반적으로 풍요로워진다.

(ii) 미리 장학금을 받게 되면 당신은 연구 분야를 선택하는 데 자유로운 많은 선택을 할 수 있다. 봉급을 포함한 모든 경비를 어느 한 사람에게 의존한다면 당신의 선택은 제한적일 수밖에 없음은 분명하다. 그렇지만 대부분 장학재단에서는 장학금을 신청할 때, 어느 곳에 입학할 것인지를 선택하도록 요구하고 있고, 후에 변경하는 것이 쉽지 않아 이러한 선택의 자유는 생각보다 제한적일 수 있다. 당신은 장학금을 받게 된다면 얼마나 유연성이 있는가를 확인해야 한다. 아울러 장학금 신청이 좌절되었을 경우에도 지도교수가 당신을 받아들이는지도 확인해야 할 것이다. 당신이 장학금을 받았는지 알지 못하는 상태에서 지도교수가 당신을 받아들인 경우에라도 장학금은 당신의 고용주의 존경과 감사와 함께 분명한 보답을 가져다 줄 것이다.

(iii) 장학금과 연구비 신청 사이에는 중요한 공통점이 있다. 두 경우 모두 당신은 재단에게 당신이 과학적으로 중요하다고 믿고 있고, 할 수 있는 것을 하기 위해 경비를 대도록 확신시키는 작업이다. 당신의 경력

33) 적으나마 몇 개의 예외의 경우가 있다. (i) 유럽 연합에서 수여하는 Marie Curie 개인 장학금은 작은 여행 경비를 제공한다. (ii) NATO 장학금은 이주비용을 제공한다. (iii) Humbolt 장학금은 다양한 수당을 제공한다.

에서 일찌감치 장학금을 한두 번 받게 되면 향후 교수로서 연구비를 신청할 때, 이미 기금을 확보한 기록을 갖게 되는 것이고, 연구비를 신청하는 것이 어느 정도 용이할 것이다. 이것은 특히 장학금 신청의 어려움을 겪지 않았거나 장학금을 받을 만큼 훌륭하지 않았던 경쟁자들보다 돋보이게 할 것이다.

때때로 이러한 기회가 잘 나타나지 않을 경우도 있다. 대부분의 장학재단은 일년에 한두 차례만 장학금 신청을 받기 때문에, 신청 일정과 직업을 찾는 당신의 일정과 일치하지 않을 수 있다. 이에 대한 뾰족한 방법은 없고, 여러분은 장학금이나 연구장학금의 신청 일정 등에 대하여 항상 관심을 가지고 향후 유쾌하지 않은 상황을 피하기 위해 최선을 다해 가능하면 많은 계획을 세울 것을 강조할 수밖에 없다. 일정이 일치한다면 어떠한 신청서든지 시간에 맞추어 잘 작성하여야 한다. 이상적으로는 최소한 마감 기한 두 달 정도 전에 준비를 시작하여 모든 서류를 작성하고, 일주일 정도 서랍에 넣고 차분해지기를 기다린다. 그리고 서류들을 모두 꺼내 놓고 냉정하고 회의적 시각으로 하나하나 읽으며 최종적으로 손질한 뒤에 충분한 시간을 두고 제출한다. 신청서를 작성할 가치가 있다면 가능한 한 최선을 다해 잘 작성해야 한다.

면접에 대한 준비 과정에서 지적하였듯이 정확한 계획, 정보의 접근, 뜻밖의 사건의 회피와 체스 경기에서 좋은 경기자가 되는 일은 당신을 경쟁자들보다 유리하게 할 것이며, 성공할 기회를 높여줄 것이다. 이것은 신청서 작성에서도 마찬가지다.

장학금을 수혜하기 위해 주의를 기울여야 될 사항은 제안되는 장학금 내역, 마감 일정과 자격 유무에 대한 필요한 정보를 아는 것이다.

어느 사람의 이야기 : 나는 대학원생으로 많은 시간을 장학금 프로그램을 찾는 데 소모하였다. 특별한 보살핌이 없는 상황에서 장학금 수혜는 과학자의 초기 경력에서 큰 기회임은 분명하다. 오늘날과 같은 현대화되고 국제화된 세계에서 이러한 정보를 찾는 것은 몇 가지 힌트만 있으면 어렵지 않다. 물리학자들을 위한 많은 정보가 네이처, 사이언스, 물리세계, 오늘의 물리, 재료연구학회지 등의 월간 인쇄물에 이러한 광고가 나열되어 있다. 이러한 논문집은 2장에서 논의하였다. 다른 프로그램의 정보는 인터넷 검색이나 소문을 통하여 쉽게 구할 수 있다. 학생이나 박사후 연구원 과정 이후에도 이러한 탐색을 위하여 시간을 투자하는 것은 당장 사용하는 목적이라기보다 당신의 학생이나 당신이 아는 누군가에게 도움이 되기 때문에 가치가 있다.

장학금이나 일반적인 목적의 연구 장학금의 신청에는 작성 요령에 따라 당신이 수행한 초기의 또는 일정 기간 동안의 연구에 있어서의 뛰어난 업적을 서술하여야 하는 부분이 공통적으로 있다. 당신은 수행한 연구에서의 최고 업적에 대한 요약과 영향력에 대해 기술하도록 요청받을 것이다. 아울러 정해진 형식에 따라 연구 계획을 기술하도록 요구받을 것이다. 만일 당신이 정기적으로 업데이트 된 이력서를 가지고 있다면 이것들을 작성하는 데 크게 도움이 될 것이다. 당신의 업적과 계획에 대한 설명에서 어느 정도 과장하여 삽입할 것인가를 판단하는 것도 중요하다. 너무 많은 과장을 하면 당신은 시끄럽고 불안정한 초짜 판매원같이 보이고, 너무 적으면 당신의 일에 대해 열성이 없는 것으로 보이게 될 것이다. 이 단계가 스승과 믿을 만한 동료들과의 상담이 매우 필요할 때이다.

4.6.2 장학금 수혜

앞에서 이야기하였듯이 학생과 박사후 연구생의 상위 몇몇 사람들은 개인적으로 장학금과 연구 장학금 형태의 직접적 기금을 받을 수 있을 것이다. 이 기금은 보통 대부분이 개인 수당이고, 때때로 실험연구과제의 소모품이나 여행 경비가 포함될 수 있다. 이러한 장학금을 확보하는 것은 경쟁이 매우 심해서, 보통의 경우 제일 뛰어난 학생에게만 부여된다. 연구 장학금을 통한 수당은 최고의 학생에게 수여되는 의미가 포함되어 있어 대부분의 경우 지도교수의 연구기금에서 지급되는 수당보다

후하게 지급된다. 이것이 학생들이 장학금을 받기 원하는 다른 이유가 될 수 있다. 아울러 장학금 수혜가 끝난 이후에도 당신의 경력에서 장학생이라는 기록은 오랫동안 도움이 될 것이다.

학생으로서 석사장학금 또는 박사장학금과 같은 장학금을 맨 처음 신청할 때에는 연구 경험이 적으므로 학부의 평점과 같은 대학에서의 성취도가 중요하며, 성취도에 따라 가산점이 주어진다. 그 이후의 단계에서는 경력에 있어서 논문 발표 기록과 같은 다른 기준이 더 중요해진다. 장학금을 위한 신청서 작성에 있어서 참여하는 과제를 서술하도록 요구받을 것이다. 대부분의 경우 당신은 향후의 지도교수와 교수의 전체적인 연구계획과 이에 부응하는 본인의 관심을 어떻게 설정하는가에 대한 협의를 하여야 할 것이다.

장학금을 신청하는 것은 보통 당신이 기금재단과 첫 번째의 접촉일 것이다. 그렇기에 이것은 기금과 관련된 기록을 쌓는 데 도움이 될 것이며, 가치가 있는 연습으로 고려될 것이다. 나중에 당신이 연구 지원을 받기 위해서는 지원서를 지속적으로 여러 번 기한 내에 신청해야 하는 것을 알게 될 것이고, 거절당했을 경우에도 실망하지 말아야 한다. 연구비 획득의 성공이 적은 것은 공적인 기록이 아니고 단지 당신의 자존심에 타격을 줄 뿐이다. 그렇지만 다른 운동경기처럼 당신이 슛을 하지 않는다면 절대 골인되지 않을 것이며, 많은 경기에서 한 골을 얻기 위해서 많은 슛을 쏘아야 한다는 것을 우리는 알고 있다. 당신은 이러한 거절당하는 경험의 아픔이 연구를 하는 데 지불하여야 하는 피할 수 없는 비용임을 배워야 한다.

4.6.3 연구 제안서 및 계획서

앞에서 이미 언급하였지만 중요하므로 다시 언급을 하면 연구 제안서 작성을 위하여 충분한 시간을 할애하여야 한다. 때로는 이를 위하여 다른 대학과 연구그룹, 회사의 협동연구자가 필요할 것이다. 다른 기관의 상위 조직에서 승인을 받아야 할 것이며, 시간이 오래 걸릴 수도 있다. 이러한 과정은 시간적 압박이 없다면 추진하는 데 훨씬 쉬울 것이다.

이 절에서 언급하고자 하는 것은 연구 제안서나 계획서의 과학적 부분을 제외하고도 우리가 직접 취급하지 않는 중요한 많은 신청서의 특수한 양식에 대해서이다. 성공적인 연구 제안서를 작성한 사람들에게 모델로 활용할 자료를 얻음으로써 많은 것을 배울 수 있으며, 그러한 자료에는 도움이 되는 유용한 문장과 참고할 가치가 있는 문장이 있다.

대부분 젊은 과학자들의 예상과 달리 연구 제안서의 과학적 내용은 과학논문을 작성하는 것과 별반 차이가 없다. 일반적으로 중요한 차이점은 논문을 쓰는 경우 그 결과를 이미 알고 있지만 제안서에서는 어떠할 것인지에 대한 당신의 희망을 암시하는 것이다. 연구 제안서를 작성하는 데 있어서 기억해야 할 점은 검토 보고서를 작성하거나 평가위원회의 위원일 수 있는 전문가가 검토한다는 것이다. 그러므로 명백한 것은 이러한 전문가들에게 확신을 심어주는 것이 절대로 필요하다는 것이다.

그렇지만 앞에서 언급했듯이 위원회에는 그 분야에 약간의 지식을 지녔으나 완벽한 전문가가 아닌 유사 전문가가 일부 포함될 것이다. 이러한 유사 전문가에게 기술적으로 서술하는 부분의 말미에 중요한 점을 잘 설명하고 명백하게 할 수 있는, 주의 깊고 정교한 한두 문장의 요약을 삽입하여 그들에게 확신을 심어주는 것이 매우 중요하다. 당신은 계획서에서 유사 전문가에게 난해한 설명이 없이 중요한 점을 이해시켜 깊은 인상을 남기기를 원할 것이다. 이 일을 잘한다면 유사전문가들은 그들 자신이 당신의 제안서에서 기본적인 개념을 발견해 내고 결국 당신의 지지자가 될 것이다. 때때로 그들은 당신에게 언론에 공표하기 위한 대중적인 요약문을 작성할 것을 요구하기도 할 것이다. 이러한 언론에 공표하는 인쇄물을 볼 수 있는 기회는 매우 드물지만, 그럼에도 불구하고 당신은 이 기회에 당신이 하고 있는 연구에 대하여 전문적 용어를 최소화하면서 충실하게 설명하여야 한다. 여기서 당신이 명확하게 일을 처리한다면 유사전문가들은 더욱 복잡한 내용에 대하여도 당신을 더욱 지지할 것이다. 여기서 말하고자 하는 것은 위원회를 낮춰서 이야기하라는 것이 아니라 그들과 가까이 하라는 것이다. 이러한 노력은 방문객에게 설명하는 것과 같이 당신이 수행하는 연구를 제한된 시간에 설명해야 할 경우에 많은 도움이 된다.

비록 기금재단 운용자의 목적이 세납자의 돈을 제일 좋은 계획 사업에 투자하는 것이지만, 연구자의 연구 제안서에 제시된 내용과 똑같은 실제적인 발견이 이루어질 것이라고 기대하는 것은 그리 합당하지 않은 것 같다. 개발 과제가 아닌 과학적 연구는 결국 정말 새로운 것을 시도하는 것이다. 새로운 과제를 착수할 때, 당신은 어느 정도 놀라운 결과를 기대하고, 예상치 않은 결과를 반긴다. 만일 당신이 무엇을 발견할지 이미 알고 있다면 그것은 결코 연구라 할 수 없을 것이다. 닐스 보어의 말대로 예측하는 것은 어려운 일이고, 특히 미래에 대하여 예측하는 것은 더 어려운 것이다.

이와 관련되어 앞으로의 일을 고려한다면, 비록 새로운 연구 제안서를 작성할 때에도 최소한의 일부 결과를 이미 알고 있는 것은 그리 드문 일이 아니다. 여기에 어느 정도 위험을 감소시키는 유혹적인 방법이 있다. 이 방법을 사용하고 싶다면 당신의 연구 결과 전부를 즉각 발표하지 않고, 일부 훌륭한 결과를 서랍에 넣어두는 것이 좋은 전략이 될 수 있다. 만일 당신이 이렇게 행동할 수 있는 여유가 있는 입장이라면, 연구 제안서를 작성할 때 어떠한 결과를 얻을지 어느 정도 합리적인 확신을 가지고 설명할 수 있고, 서랍에 있는 자료를 이용하여 선행연구 결과를 만들어 계획서의 제안이 가능성이 있고 타당하다는 인상을 줄 수 있다. 이렇게 한다면 당신의 제안서가 더 확신을 주고 현실적으로 보이기 때문에 기금을 확보하는 데 용이할 것이다.

그렇지만 당신의 제안이 전에 누구도 발표하지 않은 새로운 것이라고 주의하여 강조하여야 한다. 동시에 당신은 발표를 미루고 있는 결과가 사장되는 것을 원하지 않을 것이기 때문에 어느 누구도 같은 주제를 가지고 경쟁하지 않는다는 확인을 해야 한다. 이러한 이유로 대다수의 과학자들은 경력의 초기에 모든 결과를 공표해야 한다는 생각을 갖고 있다. 일부 결과의 발표를 보류하는 전략은 어느 정도 그 사람의 연구 경력의 후반부에 유용할 것으로 보인다.

많은 재단에서는 연구사업이 지원되는 경우, 국가에 어떠한 기여가 이루어지는지에 대하여 서술하도록 요구한다. 이것은 지원 기관이 응용 연구에만 지원하려는 경우의 위험성 때문에 매우 다루기 힘든 부분이다. 이 부분은 기금에 있어서, 특히 당신이 응용 연구가 아닌 기초 연구를 하고자 착수하는 경우에 가장 확인하기 어려운 것이다.

이들을 벗어나는 데 쉬운 길이 없기 때문에 말할 수 있는 것은 신중하게 준비하여야 하고, 최선을 다해야 한다는 것이다. 당신은 과장된 기대효과의 서술과 당신보다 더 많이 아는 전문가의 공격 사이에서 적당한 균형을 잡아야 한다. 당신의 아이디어를 동료들과 이야기하고, 창조적으로 되도록 노력해야 한다. 만일 장기적인 관점에서의 이익이 있을 뿐이라면 정직하게 기대효과를 기술하는 것이 좋다. 학문적 연구에서 과제 수행을 통해 국가에 기여하는 가장 확실한 기여는 앞으로 산업현장에서 일하는 특별한 기술로 훈련된 질 높은 고급 인재를 양성하는 것이다. 이러한 측면을 강조하는 것이 항상 가장 합리적일 것이다. 기초 연구를 지원하더라도 군대와 같은 특별한 목적을 지닌 재단은 그들의 특수한 목적과 관련해서 어떠한 이익이 있는지 알기를 원한다.

당신이 응모하는 기금 재단은 보통 연구 결과를 주기적으로 보고할 것을 요구하며, 연구 기금이 종료되는 시점에 세납자의 돈을 어떻게 사용하였는지 최종 정산할 것을 요구한다. 성공적인 연구 제안서에는 연구에 대한 일정을 기술하고 있으며, 보고서에는 어떻게 연구가 수행되었으며, 어느 정도 연구가 진척되었는가와 예상치 않았던 연구 산출물이 있었는지 등의 기술이 요구된다. 대부분의 재단은 융통성이 있지만, 일반적으로 원래의 계획서에서 예상하거나 약속했던 내용에 따라 잘 이행하고 있다고 보고하는 것을 좋아한다.[34]

4.7 정보는 필수적이다.

연구 장학금과 장학 제도에 대한 적절한 정보의 획득 방법에 대한 앞에서의 논의와 같이 현대의 국제화된 세계에서 정보는 필수적이다. 사실 최근의 노벨 경제학상은 불균형한 정보에 의한 시장 제도에 대한 연구에 수여되었다.

정보를 획득하는 방법으로는 오늘날 학생들이 가장 좋아하는 인터넷 탐색을 포함하여 독서와 동료와의 대화 및 정보 교환과 같은 다양한 방법이 있다. 당신이 이용하고자 하는 아주 많은 유용한 정보가 주변에 나돌고 있지만 어떤 것들은 잘 홍보되지 않을 수도 있다. 이것들은 자연스럽게 우리에게 정제된 정보의 필요성을 만들어 준다. 우리는 매일 여러 형태의 정보에 노출되어 있다. 이러한 정보들을 효율적으로 여과하고, 어떠한 정보에 관심이 있고, 어떻게 이용할 것인지 결정하는 것이 필수적이다. 이것은 결코 쉬운 일이 아니지만 당신이 적절하게 사용할 수 없다면, 놀라울 만큼 많은 정보는 쓸모없는 것이 되기 때문에 필수적으로 해야 할 일이다.

지식이 인류의 생활에 요구되는 세계에서 올바른 정보에 접근하는 것은 절대적으로 필요하다. 과학자의 경력에 있어서 정보는 여러 형태의

34) 기금재단에서 새로운 아이디어에 기반한 독창적인 연구계획서를 제출해 달라는 것과 후원이 종료되는 순간 보고서가 제출되는 것을 기대하는 것이 불가사의한 일이다. 그들은 연구가 미지의 것이고 놀라운 결과가 기대되는 것을 이해하지 못하는 것 같다.

기회를 의미하기 때문에 정보를 모으고 적당하게 여과하는 것이 매우 중요한 일일 것이다. 당신이 과학자로서 성공적 경력을 추구해 나가기를 원한다면 이를 잘 활용하여야 한다.

거의 모든 정보는 간단한 인터넷 검색과 몇몇 주요 논문집을 조사하면 얻을 수 있다. 자료를 찾는 일도 인터넷 망의 성능을 지능적으로 이용하면 어렵지 않을 것이다. 그렇지만 정말 좋은 자료를 얻기 위해서는 생각보다 훨씬 많은 시간이 소요되지만 그 이상의 가치가 있을 것이다.

chapter 5 자신의 학문(과학)을 다른 사람에게 전달하기

앞에서 이미 얘기했듯이 연구 그 자체는 전적으로 연구자 당사자에게 달려 있다. 반면에, 동료들의 검토가 필수적인 연구의 세계에서는 어떤 연구도 그것이 "문헌"이 되기 전까지는 존재한다고 말하기 어렵다. 물론 여기서의 문헌이란 동료들의 검토가 끝난 문헌을 뜻한다.

이런 바람직한 상태에 도달하기 위해 연구 보고서는 먼저 다수의 "문지기들", 즉 편집자(들)과 감수자(referees)들을 통과해야만 한다. 요컨대, 연구 보고서는 문지기들에게 보고서가 지니고 있는 우수성과 독창성, 그리고 명확성을 납득시켜야만 하는 것이다. 연구비 신청과 같은 문제와 관련해서 이미 앞에서 언급한 것처럼 연구자가 뛰어난 의사 소통 능력을 지녔다면 더 말할 필요가 없겠지만, 두 부류에 속하는 사람들의 마음을 움직일 수만 있다면 성공할 가능성은 더 높아진다. 우선 한 집단은 그 분야에 대한 피상적인 지식만 가지고 있는 편집자들과 책을 여기 저기 읽어 보는 일반 독자들로 구성되어 있는데, 이런 부류는 말 그대로 조르고 설득해야만 한다. 또 다른 대중은 감수자, 그 분야의 권위자, 비평가와 같은 전문가 집단으로 그 분야를 훤히 꿰뚫고 있는 사람들로 구성되어 있으며 연구자의 작업이 그 분야의 기준으로 보았을 때 가치가 있는 연구라는 것을 확신해야만 설득이 되는 부류이다. 이와 유사한 개념은 박사학위 논문에도 적용된다. 즉, 이 경우에도 관련된 사람들은 확신이 들어야만 논문을 통과시켜주는 심사관들과 논문 주제에 관한 상세한 정보를 필요로 하는 사람들로 구성되어 있지만, 학위 논문이라고 해서 반드시 그것이 책이나 저널에 발표되는 것은 아니라는 점이 다르다고 할 수 있다.

이와 같이 동료 간의 검토가 이루어진 다음 문자로 기록되는 결과물이 나오기 전과 그 후에는 보다 더 순식간에 이루어지는 (그럼에도 대단히 중요한) 의사 소통이 대중들과 직접 대면하여 이루어지는데 구두(口頭)발표, 초청간담회, 세미나, 학회 포스터 등의 형식이 그것이다.

훨씬 더 엄격한 형식을 유지해야 하면서도 결코 덜 중요하지 않은 것이 교육 과정 약력에 관한 것이다. 이는 연구자가 스스로의 가치(값어치)를 전달하고 취업, 연구비 지원, 장학금 수여, 입상(入賞) 과 같은 매우 중요한 측면에 자신의 업적을 결부시킬 수 있는 전통적인 방식이라고 할 수 있다.

이 모든 방식은 연구자 여러분이 자신의 학문을 다양한 대중들과 소통하기 위해서는 꼭 마스터해야 하는 대상이며 이것이 본 장(章)에서 다룰 주제이다(여기에서는 원래 장학금, 연구비, 일반적인 기금 마련을 위한 신청서 작성을 어떻게 하는가 라는 문제를 상세히 논의할 계획이었는데, 이러한 경우들에 대해 써 놓은 걸 살펴보니, 우리가 말하려는 것이 앞의 연구비 마련을 위한 장에서 다루어진 것을 알 수 있었다. 그래서 여기에서 그 정보를 부연 설명하는 대신에, 제4장 6절에 나오는 내용을 참고해 주기를 바란다).

5.1 과학적인 저술 : 일반성

일단 좋은 저술가가 되는 것이 중요하다. 과학자로서 당신은 의사 소통을 잘하는 사람이 되고 자신의 생각이 널리 공표되기도 바랄 것이다. 좋은 과학자는 저술을 통해서 또 직접적인 발표를 통해서 다른 분야에 있는 과학자 전문가들로 구성된 청중들뿐만 아니라 일반대중들에게도 자신의 연구 결과와 결론을 효과적으로 전달하지 않으면 안 된다.[35] 이 능력으로 인해서 (적어도 부분적으로는) 매우 훌륭하거나 훌륭한 과학자와 평범하거나 평균 이하의 과학자가 구별되는 것이다.

대중들과 소통하는 사람이라는 다소 진부한 의견을 넘어서서, 앞의 여러 장에서도 지적했듯이 학문적으로 성공하고픈 과학자는 학계의 여러 차원에서 의사 소통을 할 수 있지 않으면 안 된다. 예를 들어 동료 과학자들(연구 결과를 검토하는 익명의 동료 과학자들을 포함하여)의 차원, 동료 간 검토가 이루어지는 출판의 차원, 기금을 마련해 주는 기관과 연구 기금 마련과 학계에서 인정받는 일에 요긴한 각양 각색의 위원회(또 다시 동료 과학자들을 통해서) 등 각각의 차원에서 의사 소통 능력은 매우 중요하다. 이러한 의사 소통의 대부분은 글쓰기를 통해 이루어지는 것으로, 말하자면 연구자 본인이 현장에 있지 않을 때에 독자적으로 존재하게 되는 것인데, 따라서 효과적인 의사 소통을 위한 글쓰기는 성공의 필수불가결한 요소가 된다.

지금 여기는 과학 관련 글쓰기의 기초를 배우는 곳이 아니다.[36] (그

35) 그러나 '제 7장 원자핵의 구조'의 본문이 시작하듯이 시드니 해리스 만화에서 묘사한 것까지 상세히 언급할 필요는 없다고 본다. 카렌이 침대로 기어 들어 와서는 그녀의 따뜻한 몸을 로저의 몸에 기대었을 때, 로저가 외쳤다. "뭐라구?" "어떤 핵들은 구면상이고 어떤 핵들은 타원체라는 건 나도 알거든요. 하지만 어떤 핵들은 그 양자 사이에서 파동으로 존재한다는 건 어디에서 발견한 거죠?"

36) M. Alley, The Craft of Scientific Presentations: Critical Steps to Succeed and Critical Errors to Avoid(Springer-Verlag, New York, 2003).
R.A. Day, How to Write and Publish a Scientific Paper, 4th ed. (Oryx Press, Phoenix, 1994).
J.R. Matthews, J.M. Bowen and R.W. Matthews, Successful Science Writing: A Step-by-Step Guide for the Biological and Medical Sciences (Cambridge University Press, Cambridge, 2000).
S.L. Montgomery, The Chicago Guide to Communicating Science(University of Chicago Press, Chicago, 2003).
J.A. Pechenik, A Short Guide to Writing about Biology, 5th ed.(Harper-Collins College Publishers, New York, 2004).
G.M. Whitesides, Whitesides' Group: Writing a Paper, Advanced Materials 16, 1375 (2004).

걸 가르쳐 주는 책은 아주 많이 있다.) 명심해야 할 사항은 가장 중심적인 목표가 명료함이라는 사실이다. 이는 곧 어떤 문장이라도 그 의미에 대해 의심의 여지가 없어야 한다는 뜻이기도 하다. 오히려 이 자리는 연구자 본인이 전달하고자 하는 메시지를 어떻게 포장하고 어떻게 색채를 입히는지를 논의하고, 연구자는 언제나 한 가지 이상의 메시지를 동시에 보내고 있다는 사실을 인식해야 하며, 보내고자 하는 모든 메시지를 어떻게 이해하고 어떻게 통제하는지를 논의해야 하는 곳이다.

연구자가 전달하는 것을 결코 피할 수 없는, 가장 중요하다고 여겨지고 강조되는 메시지는 바로 연구자 본인이 누구인가 하는 메시지이다. 혹은 적어도 연구자가 어떻게 보여지느냐에 관한 메시지인 것이다. 연구자가 어떤 사람인지에 대한 메시지가 전파되는 것은 막을 방도가 없다. 그렇기 때문에 부주의로 인해 자신에 관한 불리한 사항을 보내서는 안되며 메시지를 잘 선별하여 전달하는 방법을 배우지 않으면 안 된다. 뮤지컬 『마이 페어 레이디』에서 언어학자 헨리 히긴스는 “한 영국인이 입을 열기 시작하는 순간, 그는 다른 영국인으로 하여금 자신을 경멸하게 만든다.”[37]고 주장하고 있지 않은가.

캐나다 언론계의 거장인 마샬 맥루한 역시 “매체는 메시지다.”라고 주장하였다. 이와 마찬가지로 흔히들 “매체는 메시지 전달자이기도 하다.” 혹은 “메시지가 메시지 전달자이다.”라고도 하는데 다 맞는 말이다. 연구자가 글로 쓰는 것은 그 어떤 분량의 글이건 간에 본인이 누구인지에 대한 것을 다소간 드러내 보여 주는 것이 필요하다. 그렇지만, 연극을 하는 배우처럼 만약에 연구자가 어떻게 글을 쓸 것인가에 대해 보다 더 주의를 기울인다면, 무언가 좀 더 낫게 자신이 보여질 수 있는

37) 이것의 원전은 실제로 쇼 자신인데 본인 저작인 (“마이 페어 레이디”의 원작이 되었던) “피그말리온” 서문에 나온다. “한 영국인이 입을 열 때 다른 영국인으로 하여금 자신을 증오하거나 경멸하게 만들지 않고서 말을 한다는 건 불가능한 일이다.”

법을 배울 수도 있고, 열심히 연습함으로써 실제로 외견상 그렇게 될 수도 있다. 연구자의 글 속에 연구자 자신의 목소리가 배어 있다는 사실을 잘 알고 있어야 하며, 저작물로부터 한 걸음 뒤로 물러서서 본인이 어떤 종류의 사람으로 보여질 수 있는지를 잘 이해해야 한다.[38)]

연구자가 배워서 명심하고 있어야 할 또 다른 측면은 연구자는 보통 자기 변호적인 입장에 놓이게 된다는 점인데, 말하자면 자신의 견해를 제시하고 거기에 대해 독자들의 동의를 얻어내려고 노력한다는 뜻이다. 더 많은 독자들이 연구자 본인을 소중한 사람이라고 평가를 내릴수록, 연구자가 그들을 확신시킬 가능성도 더 높아진다.

만일에 연구자가 의심 많은 독자를 상정하고, 그가 물어 올 만한 질문에 대한 답변을 마련한다면 훨씬 더 효율적으로 텍스트를 구성할 수 있을 것이다.[39)] 독자들이 생각해 내기도 전에 그러한 질문들에 대한 답을 줄 수 있다면 그건 더 좋다고 할 수 있다. 연구자가 성공적이라면 독자들은 이렇게 생각할 것이다. "있잖아, 이 저자는 정말이지 너무나 지적이네. 이 사람이 어떤 사람인지 알고 싶다." 이런 생각은 너무나 자연스러운 일이다. 왜냐하면, 이런 감정에는 "이 저자는 나처럼 생각하는 구나. 그러니까 이 사람 말은 경청할 만한 가치가 있을 거야."라는 뜻을 내포하고 있기 때문이다.

이 책을 통틀어서 반복하고 있는 바이지만, 연구자는 두 층의 독자들에게 깊은 인상을 주어야만 한다.

---

38) 본인이 쓴 "글 쓰는 법"(William Morrow, New York, 1995)이라는 아주 매력적인 소책자에서 리차드 로우즈(무엇보다도 "핵폭탄 만들기"라는 작품으로 퓰리처 상을 탄 작가) "목소리"에 관한 매우 통찰력 있는 장(章)을 할애하고 있다. 여러 주옥같은 글귀 중에 그는 랄프 왈도 에머슨을 인용하고 있는데 내용은 이러하다. "사람은 자신이 인생의 어디에 서 있는지, 사색의 깊이는 어디쯤 와 있는지에 대한 지적인 역량을 드러내지 않고서는 두세 개의 문장을 말로 표현할 수 없다."

39) 이러한 경우의 고전적인 예는 1977년 우주론을 대중화시킨 스티븐 와인버그의『최초의 삼분』(Basic books)이다. 거기에서 그는 이 책은 수학을 알지 못하지만 논의 주장의 흐름을 면밀히 따라갈 수 있는 의심 많고 교활한 변호사를 겨냥했다고 말했다.

한 층은 그 분야에 완전히 정통한, 눈이 날카로운 전문가 집단으로서, 성경에 나오는 의심 많은 도마와 같은 존재들이다. 연구자가 함께 일하는 동료를 설득해서 이러한 역할 – 사람의 약점만 보고 트집을 잡는 악역 – 을 할 수 있도록 한다면 연구 보고서가 문서화되어서 보내지기 이전에 적대적인 글읽기가 시행되는 것이기 때문에 이는 값을 측정할 수 없으리만큼 중요하다 하겠다.

그러나 연구자는 견문이 넓은 평범한 독자들에게, 예를 들면, 자신의 연구 분야와 다른 것을 연구하는 과학자나 아니면 훨씬 더 멀리 떨어져 있는 사람들과도 자신의 문서에 대해서 의견을 교환하려고 노력해야만 한다. 여기에서도 또 다시, 정말이지 중요한 문서라면, 그 텍스트를 연구자의 작업 분야와는 전혀 상관 없는 사람들에게 보여주고 그 문서를 검증해 보는 것이 가치 있는 일이 된다(어떤 일류 저널들은 비전문가들이 판독하는 이러한 종류의 명료성을 논문 게재 여부를 위한 기준으로 삼기도 한다. 이러한 저널들은 훌륭한 과학들이 자신의 전문 영역 밖에 자신의 연구 결과물을 내놓는 것을 좋아한다는 사실과, 이처럼 보다 넓은 독자층이 있다는 것은 자신들의 저널이 가지고 있는 영향력이 그만큼 증대된다는 사실을 잘 알고 있다).

앞에서도 언급했었지만, 보조금 신청과 같은 일과 관련해서 동료연구자들로 구성된 어떤 위원회에서든지 이 두 층으로 되어 있는 독자들을 대상으로 하는 것은 빈번히 매우 중요하다. 물론 몇몇의 그 분야의 전문가들이 있어야 하는 것은 당연하지만, 저작물이(혹은 적어도 그 저작물의 중요 쟁점이) 단순하고도 명백하게 설명되어 있다면 그 저작물을 쉽게 이해할 수 있는 사람들은 언제나 더 많아지게 된다. 그런 위원회 구성원의 대부분은 자신들이 편협한 전문가들이 아니며, 위원회 앞으로 보내진 저작물 대부분의 요지를 파악할 수 있다고 믿고 싶어 한다. 만약에 연구자가 논문의 가장 중요한 요점을 명쾌하게 설명할 수 있다면, 그런 사람들은 자신들이 잘 좇아 갈 수 없는 어렵고 난해한 부분에 대해서도 연구자 당사자는 무슨 얘기를 하고 있는 것인지 잘 알고 있다는 점을 수용하기가 훨씬 더 쉬워진다. 그들은 자신들의 전문 영역 밖에 있는 그 무언가를 눈에 띌 만큼 이해할 수 있는 역량이 자신들에게 있다는 사실을 발견하기 때문에, 그리고 자신들의 의견이 연구자의 작업을 상당히 향상시킬 수 있을 것이라고 여기기 때문에 훨씬 더 기분좋게 느끼게 된다. 이러한 사람들은 또한 투표하여 결정을 내리고, 어떤 때는 과도하게 적대적인 전문가들에 대항하기까지 한다. 전문가들은 연구자다. 자기 저작물의 핵심을 요약할 수 있는 방법을 승인할 것이며 연구자가 명쾌하게 사고하고 있으므로 잘못된 길로 빠져들 가능성이 낮다는 것을 추론해 낸다는 것까지도 발견할 수 있다.

똑같은 문건에 대해서 두 층의 대중들을 겨냥하는 것은 문체론상으로 말하자면 다소 불균형한 결과를 초래할 수도 있다. 즉, 길고 복잡한 문장들과 아주 많은 기술적인 용어들로 구성되어 있는 이해하기 어렵고 까다로운 문단들과 (종종 문장 길이의 한계 때문에) 전문가들만 아는 기술적인 용어들은 거의 없는 보다 짧고 명백한 문장들과 좀 짧은 문단들이 군데군데 섞이게 되는 것이다. 만약에 이것이 명확성과 보다 광범위한 대중에게 다가갈 수 있는 역량에 대한 대가라고 한다면, 그렇다고 할 수 있다. 명확성과 광범위한 영향력은 값을 치를 만한 가치가 있는 것이다.

과학 분야에서 충분히 성공하려면 여러분은 일반 독자들을 위한 대중화에 부응해야 할 것이다. 이 점에서 여러분이 전문가들을 존중하는 의미에서 해야 할 일은 기술적으로 적절치 못한 말을 함으로 해서, 누군가가 꼭 집어서 "저건 명백하게 틀렸다."고 말하게 되는 것을 실제로 피하는 것이다. 대중성을 띤 발표에서 여러분이 힘써야 하는 것은 (항상) 명료함이다. 정확하게 무슨 말을 얼마만큼 할 것인지를 결정하라. 많이 말하면서 지나치게 불명확한 것보다는 덜 말하면서 분명한 것이 더 낫다. 기술적인 용어를 꼭 써야 하는 상황이라면 그 말의 뜻을 명확하게 밝혀라. 이상이 우리가 대중화에 대해서 말할 수 있는 모든 것이다.

이 절(節)의 나머지 부분에서 어떤 주제가 다루어질 것인가에 대한 규칙은 젊은 과학자가 터득하지 않으면 안 되는 것으로 여겨질 수도 있는 규칙이기도 하다. 그 규칙은 동료 과학자들이 검토하는 논문 게재 여부(5.2), 논문(5.3), 교육과정 약력(5.4) 등이다.(장학금 신청과 연구비 지원 및 연구 제안서와 같이 글 쓰는 기술이 요구되는 그 밖의 중요한 구성 요소들은 제4장에서 다루었음을 상기하시라.)

책은 (몇몇의 장(章)이 편집물에 기고되는 경우는 일단 제쳐 놓고) 굉장히 큰 주제이며 과학자로서의 생애에서 보통은 일찍 나오기가 힘든 것이기 때문에 여기에서는 논의에서 제외시키기로 한다(이 책의 제2판이 나오게 된다면 그 때 가서는 한번 논의해 볼 수도 있으리라). 다시 한번 시드니 해리스의 만화에 나오는 그림은 사용하지 않고, 햄린 교수가 전화에 대고 의심투성이의 말투로 고함치는 말을 인용해 보겠다. "당신 말은 햄린의 신드롬에 대해서 내 자신 햄린이 쓴 책이 나오기도 전에 햄린의 신드롬에 대해 케이시가 쓴 책이 먼저 나올 거란 말이오?"

글로 쓰여진 텍스트는 아니지만 의사를 전달하는 주제들은 구두(口頭)로 하는 발표 및 그 구성(5.5), 발표 포스터 작성 및 발표(5.6)에 대해서는 편의상 마지막 두 절(節)에서 다루기로 하겠다(물론 이 뒤쪽의 두 절을 논리적으로 구별되는 절로 놓아야 하는 것은 꼭 그렇게 해야 하는 규칙이 있어서 그런 게 아니라, 이제 막 연구원의 진로에 들어선 사람은 무언가 매우 중요한 것을 써서 논문으로 발표하기 훨씬 전부터 이 말하기 기술을 잘 사용할 수 있기 때문이다).

5.2 동료과학자들이 검토하는 논문 발간

앞에서 지적했듯이, 연구 작업의 목적인 결과를 얻은 다음에는 과학 저널에 좋은 논문을 발표하는 것이 아마도 경력을 쌓는 데 있어서 앞으로 나아갈 수 있는 유일하게 가장 중요한 일일 것이다(이 경우, 여러분의 결과물이 발표를 할 수 있을 만큼의 가치가 있다는 것은 당연히 가정하고 있다). 이와 같이 기본이 되는 기초적인 여건들 없이 성공적인 이력을 쌓아나가려고 시도하는 건 거의 불가능하다.

이제 우리는 동료 과학자들이 검토하여 논문 발간 여부를 결정하는 좀 특별한 측면에 대한 논의에 들어가고자 한다. 연구자 여러분이 고참이 되어 갈수록 여러분은 보다 더 많은 시간을 글쓰기에 할애하게 된다는 사실은 강조할 가치가 있다. 연구자 여러분의 경력이 많아지면서, 여러분은 연구실에서 보내는 시간은 점점 줄어들게 될 것이고, 점점 더 많은 시간을 연구하는 사람들을 감독하고 그렇게 해서 완성된 연구들을 (동료 과학자들의 논문을 검토하는 일뿐만 아니라 다른 여러 수준에서 이루어지는) 옹호하는 데 사용하게 될 것이다. 동료 과학자들의 논문 출간 때문에 하게 되는 글쓰는 기술을 향상시키기 위한 노력은 다른 영역에서도 값을 따질 수 없으리만큼 귀중하게 될 것이어서, 동료 과학자들이 검토하는 논문 게재 여부 문제를 다룬 다음에 그 다른 영역들을 돌아보도록 하겠다.

지금까지 거의 확고하게 흔들릴 수 없는 전통이 되어 버렸으며, 과학 논문집에서 논문을 게재할 수 있는 공간을 확보하기에 가차없이 압력을 가하게 되는 사항은 과학적인 결과에 관한 것이지 그 결과를 어떻게 얻게 되었는가에 대한 상세한 설명이 결코 아니다. 요하네스 케플러나 윌리암 하비와 같은 초기의 과학자들은 자신들이 과학적인 발견을 하기까지의 여정을 자세히 기술하곤 했다.(정말이지 이런 기술은 독자들을 납득시키는 데 큰 도움이 되었다.) 하지만 수학자인 카알 가

우스의 시대에는 (그는 원래 라틴어로 논문을 썼는데), 생각들이 어떻게 떠오르게 되었는지를 (거의 괴팍하다 할 정도로) 비밀로 숨기는 게 지배적인 경향이 된다.[40] 미국 텔레비전에서 오랫동안 방영했던 "드래그넷"에 나오는 조 프라이데이 중위처럼, 의사 전달이 되어야만 하는 것은 바로 "사실입니다, 부인. 바로 사실 말입니다."이다. 리차드 파인만이 자신의 노벨물리학상 수상 연설에서 진술하였듯이(1966년), "우리는 과학적인 논문집에 글을 쓸 때에 되도록이면 그 연구를 끝내기 위해서, 결론에 도달하기까지의 모든 경로들을 덮어버리기 위해서, 연구 과정에서 부딪혔던 막다른 골목들에 대해서는 더 이상 걱정하지 않기 위해서, 혹은 처음 연구를 시작할 때에는 어떻게 생각을 잘못하고 있었는지를 서술하지 않는 방향으로 글을 쓰는 경향이 있습니다. 그래서 사실은 그 연구를 완성하게 되기까지 우리들이 실제로 무엇을 했는지를 당당하게 발표할 수 있는 장(場)이 하나도 없게 되어버린 것입니다."

수학자들이 복도에 서서는 전혀 대화를 나누지 않고, 자신들의 수학을 활자화시켜서 의사 소통 하듯이 과학도 이와 흡사한 방식으로 의사 소통이 되어야만 한다. 여러분은 매우 중요한 상을 탔을 경우에만 전체 이야기를 할 수 있게 되며, 그렇게 함으로써 검증되고 발간되어 겨우 뼈대만 남아 있는 연구 결과물에 살을 붙이고 그것을 확장할 수 있는 권리를 획득하게 되는 것이다. 아마도 미래에는 웹상의 거대한 자원 덕분에, 논문 심사를 받지 않는 부록 속에 연구 과정에 대한 자세한 이야기들을 집어넣을 수 있는 공간이 마련될지도 모른다. 그러한 부록은 "바로 사실 말입니다, 부인"이라는 관점에서 나오는 논문 심판관들의 검증을 받은 문서의 일부분은 되지 않겠지만 일반 독자들의 접근은 가능한 글이 될 것이다. 하지만 아직까지 그러한 시대는 도래하지 않았다.

40) P.J. Davis and R. Hersch's (1981) classic The mathematical Experience, now in paperback(Mariner, Houghton-Mifflin).

전에도 말했지만, 우리는 보통 교과서를 작성하는 일[41),42)]과 과학적인 논문을 쓰는 법이 중복되지 않기를 바라지만, 독자들로 하여금 몇 가지 풍자적인 "지침"을 주고 싶은 유혹 또한 견뎌낼 수 없다. 이는 다양한 이름으로 전파되고 있는데, "스스로 해보는 CERN 가이드 작문 도구"(CERN Courier July p.211 (1969), 또한 "과학 속으로 무작정 산책하기(More Random Walks in Science), p.140, Metal Progress v.71, p.75 (1957) 연구 보고서에 대한 용어 설명, 화학학회 논문초록 모음집(Proceedings of Chemical Society) p.173에 있는 학회 용어 설명과 "과학 속으로 무작정 산책하기(More Random Walks in Science)" p.167-168. 등이 있다. 작문 도구 안에는 문장으로 이루어진 네 개의 표가 있다. 이것은 표 A에서부터 D에 이르기까지 순차적으로 주옥같은 문구들을 제공하면서 하나의 원리로 결합될 수 있다. "현재의 근사치 값이 타당성을 지니고 있다고 가정한다면… 노벨상을 받으려고 노력하는 건… 슬프게도 유럽에서 물리학의 미래가 … 종말에 이르게 되는 것을 뜻하게 된다." 학회 용어 설명은 하나의 번역 지침이

41) S. Goodlad, Speaking Technically,(Imperial College Press, 1996).
J.C. Garland, Advice to Beginning Physics Speakers, Physics Today, July, 42-45 (1991).

42) M.H. Briscoe, Preparing Scientific Illustrations: A Guide to Better Posters, Presentations, and Publications, 2nd ed. (Springer-Verlag, New York, 1996).
S.Block, The DOs and DON'Ts of poster presentation, Biophysical Journal 71, 3527-3529 (1996).
D.A. Keegan and S.L. Bannister, Effect of colour coordination of attire with poster presentation on poster popullarity, Canadian Medical Association Journal 169, 1291-1292 (2003).
C. Rigden, 'The eye of the beholder' - Designing for colour-blind users, British Telecommunications Engineering 17, 2-6 (1999).
E.R. Tufte, The Visual Display of Quantitative Information (Graphics Press, Connecticut, 1983).
T.G. Wolcott, Mortal sins in poster presentations or How to give the poster no one remembers, Newsletter of the Society for Integrative and Comparative Biology, Fall, 10-11 (1997).
J.D. Woolsey, Combating poster fatigue: How to use visual grammar and analysis to effect better visua communications, Trends in Neuroscience 12, 325-332 (1989).

라고 할 수 있다. 즉, 한 논문에서 "예비적인 실험들은 다음과 같은 것을 보여줍니다…"가 정말로 뜻하는 것은 "우리는 그것을 한 번 해보긴 했지만 다시 반복할 수는 없었다…"라는 뜻이며, 구두 발표에서 "당신은 왜 그걸 믿습니까?…"라는 말이 진짜로 의미하는 바는 "당신은 제정신이 아니군요."라는 뜻이다. 연구 보고서에 대한 용어 설명도 이와 흡사한 식인데, "… 매우 위대한 이론과 실제상의 중요성을 가지는 …"이란 말의 의미는 "… 나한테는 참 흥미롭군요…"라는 뜻이고, "아마도 시간을 더 주었더라도,…"는 "수고롭게 생각해 보고 싶지 않았습니다." 라는, "이러 이러한 문제들에 명확한 답을 제공하는 것은 가능하지 않았던 반면에…"는 정말로는" 그 실험이 잘되지는 않았지만 나는 적어도 그 실험에서 출간할 논문 하나는 얻을 수 있으리라 여깁니다"라는 뜻이다. 여기에서 배우는 것은 여러분들의 글이 어느 정도까지 이런 종류의 냉소적인 오역(誤譯)에 속하느냐를 살펴보고 알아보는 것이다.

5.2.1 서간(요약 논문) 대(對) 일반 논문

일반적으로, 정상적인 의미의 논문 발간이라는 것은 동료 과학자들이 검토한 과학적인 논문을 뜻하는 것이다(연구 기록, 간단한 공표와 같은). 보다 짧은 길이의 보고서 발간은 보통 일반 논문들이 지니고 있는 무게의 중압감에서 벗어나 있는 보다 한정된 주제들에 관한 것 - 발췌한 것 - 이거나 혹은 광범위한 청중들 앞에서 신속한 발표가 필수불가결하다고 여겨지는 매우 중대한 사안에 관한 짧은 편지 길이의 보고서 - STOP PRESS의 회보와 같은 - 것이다. 아주 중요한 이런 연구의 경우는 일반적으로 적어도 완전한 길이의 정상적인 논문이 하나 그 뒤를 이어서 발표되며, 사람들은 곧이어 다수의 관련 논문들이 후속으로 발표되기를 기대한다고 가정해 볼 수 있다(그러나 이것도 역시 언제나 너무 자주 그렇지 못한 게 사실이다. 그 대신 실제로 벌어지는 일은 주어진 주제에 대한 짧은 논문 발간이 시리즈로 이루어지며 정상적인 길이의 논문은 거의 발표되지 않는다). 연구자 여러분의 CV(이력) 논문에서 중요한 짧은 STOP PRESS식의 논문 발간은 그 자체가 그런 형식의 논문으로 분명하게 인정받고 있으며, 한 단계 낮은 기타의 발췌문들과는 혼동되지 않는다(이는 논문 심사관이 판별한 문건의 구조 때문에 쉽게 구별된다). 그렇지만, 어떤 학문과 그 학문에 속하는 하위 연구영역에서는(다시 말해, 생물학과 공학) 짧은 논문들과 공표 등은 어떠한 존중도 받지 못하고 있다. 사실, 여러 생물학자들과 공학도들은 그들 분야에서는 "당신이 전체 이야기를 하지 않는다면, 당신은 진정성있게 받아들여지지 않는다"는 사실에 주목하면서 짧은 논문 발간을 인정하는 것에 대해 탐탁지 않게 여기고 있다.

어떤 논문집들은 오로지 서간이나 짧은 공표(Comunications)들만을 독점적으로 출간하기도 한다. 예를 들면, 물리학과 화학의 경우에는 응용물리학 서간(Applied Physics Letters)과 물리학 리뷰 서간(Physical Review Letters)이 있고 화학의 경우에는 Chem. Comm., 나노레터스(Nanoletters), Angewandte Chemie 등이 있다(다른 분야의 과학자들은 그 분야에 대한 동급의 리스트를 우리가 가지고 있지 못한 것에 대해 양해해 해주기를 바란다. 이것은 이 책의 재판을 찍을 때 우리가 주의를 기울여야 할 또 다른 사항이기도 하다). 또 다른 논문집들은 일반 보통논문과 짧은 공표들을 같은 양으로 출간하는데, 여기에는 (JACS로 더 잘 알려진) 미국 화학 학회지, 물리학 리뷰 A에서 E까지(Physical Review A through E)에는 신속한 공표를 게재하는 난이 따로 있다.

이렇게 더 전문화된 논문집들과는 차별되는 보다 월등하게 우위에 있는 논문집이 네이처(Nature)지와 사이언스(Sceicne)지인데, 이 둘이 가장 권위 있는 과학 논문집들이다. 이 논문집들도 한 섹션이 서간(Letters)과 (과학) 보고서 게재용으로 되어 있고, 좀 더 짧은 섹션 하나가 논문에 배당되어 있는데, 이는 주어진 분야에서 일어나는 주요 과학적인 진보를 보고하는 좀 더 긴 기고문이 주를 이룬다.(매 호마다 보통 하나나 두 개의 이러한 기고문이 실린다.) 이 논문집들 역시 공표를 다루는 섹션이 있는데, 네이처 지의 경우는 Briefs, 사이언스 지의 경우는 Brevia라고 하며 그 길이는 한 페이지 혹은 그보다 짧은 분량이다.

일반적으로 말해서, (전부는 아니지만) 많은 학문 분야에서 서간 논문집(Letter journals)들은 좀 더 많은 선택력을 가지고 있으며, 그렇기 때문에 그런 논문집에 글이 실리기는 좀 더 어렵다. 정확하게는 그게 어렵기 때문에 거의 모든 사람이 서간 논문집에 글이 실리기를 바란다. – 글 실리기가 어려워지고, 강화된 선택력은 가외의 특별한 특권을 지닌 것으로 여겨지며, 자주 보다 뛰어나다는 점을 연상시킨다. 논문 발간이 가져올 것으로 기대되는 영향력과 논문의 새로움이 가져오는 경이로움에는 무게가 더해지면서도, 신속하게 논문 발간을 해야 하는 필요성은 (이것이 순발력 있게 움직이는 매체로서 이러한 부류의 논문집들이 창간된 원래의 이유이기도 한데) 자주 경시되고 있다. 사실, 논문을 실어달라고 간청한 후 수정을 거치는 과정으로 이 레터 저널류에 글이 실려 빛을 보기까지, 관련 분야의 일반 정규 논문집에 논문이 실리는데 들어가는 시간보다도 더 오래 걸리는 경우가 드물지 않다.

서간 논문집은 일반적으로 연구자가 논문 게재를 의뢰했을 때 그 과정이 (항상 그런 것은 아니지만) 신속하게 진행되며, 논문이 게재된다면, 언제나 정선된 논문만을 실는 논문집이 가지고 있는 논문 발간 허가의 가치성으로 인해서, 그 논문은 보다 더 광범위하게 읽혀질 수 (또한 좀 더 빈번하게 인용될 가능성도) 있게 된다는 이점을 가진다. 과학의 영역에서 이런 식으로 스스로의 연구 성과가 세상에 드러나게 되는 것은 모든 사람들이 서로 다투어 가며 해내고 싶은 것이라고 할 수 있다. 주목을 받는다는 건 거의 모든 사람들의 꿈이다. 반복해서 말하지만, 동료 과학자들의 인정을 받는 것이야말로 연구자의 성공을 결정짓는 가장 큰 요소이다.

돌이켜 보면, 어떤 학문 분야에서 짧은 기고문을 쓰는 경향이 생기는 건 전혀 놀랄 만한 일이 아니다. 왜냐하면 대부분의 과학자들은 특히 중요하고 유명한 사람일수록 믿기 어려울 정도로 바쁘기 때문에 길이가 긴 논문을 읽을 가능성이 매우 적다. 유명한 과학자들은 또 다른 유명한 과학자들로부터 인정받기를 필사적으로 원하기 때문에, 변함없이 늘 최고의 효과를 낼 수 있는 최고의 논문집에 짧은 논문들을 쓰려고 노력하며, 그렇게 함으로써 보다 많은 청중들이 자신들의 논문을 읽게 되기를 바라는 것이다.

요즈음 들어서, 네이처 지와 사이언스 지에서 가장 정선된 글만 실으면서 가장 권위 있는 섹션은 Brief Communications(네이처)와 Brevia (사이언스)라고 불리며, 거기에 실리는 글의 분량은 각기 반 페이지거나 기껏해야 한 페이지 정도밖에 안 된다. 네이처의 Brief Communications에 글이 게재될 수 있는 비율은 사실 대략 5% 정도인데, 이는 Letters 섹션에 실릴 비율보다 훨씬 더 낮은 것이다.

그러므로 간결하면서도 명쾌한 글쓰기는 절대적으로 갖추고 있어야 하는 필수불가결한 요소이다. 특히 당신이(연구자가) 서간문을 게재하고 싶다면 더더욱 그렇다(간결하고 명쾌하게 글 쓰는 법을 배우는 건 연구비나 장학금을 신청할 때에도 유용하다. 왜냐하면 연구 기금을 주는 기관들 대부분은 연구자가 신청서를 작성할 때 몇 페이지(글자로는 몇 자까지) 가능한지에 대한 엄격한 방침을 내려주기 때문이다).

연구자(당신)가 처음 서간문 형태의 글을 게재하기까지의 험난한 임무를 잘 완수하고 나면 그 뒤를 이어 긴 논문을 쓸 수 있게 해 주는데 이는 학계에 대한 존중의 표시이다.(이렇게 하는 것이 기본적인 관행이 되어야 하지만, 사실 그렇지는 않다.) 이 뒤를 이어서 발표되는 논문에서 연구자는 자신이 서간문 형태로 글을 이전에 발표했었다는 걸 당연히 상기시키며, 더 중요하게는 서간문 형태의 글 속에는 집어넣을 수 없었던 실험 과정과 연관된 혹은 이론적인 측면에서 말할 수 있는 상세한 논의도 포함시킨다. 하지만 여기서 중요한 점은 당신의 연구 작업을 철저하게 이해시키는 일이다. 왜냐하면 이렇게 하는 것은 누군가가 당신의 데이터를 다시 만들어 내기를 원한다거나, 당신이 수행한 실험 결과에 근거하여 계산을 산출해 내려고 할 경우엔 특히나 더 중요하게 된다.

당신은 정치적인 싸움에 비견되는 서간문을 작성하여 발간하기까지의 과정을 겪고 싶지 않을 수도 있다. 그래서 서간 논문집을 수호하는 심사관들을 설파하여서는 적대감의 정도가 낮은 곳에다 직접 긴 논문을 쓰겠다는 결정을 내릴 수도 있을 것이다.

분명한 점은, 어떤 논문집을 선택할 것인가와 같이, 서간문 형태의 글을 써서 발간할 것인가 논문을 써서 게재할 것인가의 문제, 그리고 이 둘 사이에서 균형을 잡는 일은 부분적으로는 당신의 연구가 얼마나 중요한가에 대한 스스로의 평가에(모든 오리 새끼가 다 백조 새끼는 아니므로), 또 부분적으로는 어떤 형태의 전투를 선호하는가 라는 당신의 취향에 달려 있다.[43](어떤 사람은 호전적인 심사관들과 마주하는 것을 두려워하여 물러나지만, 어떤 이들은 그들과의 맞대결을 즐기기도 하니까.) 그런 결정을 내리는 데는 자신의 개인적인 동기가 뭔지를 곰곰이 따져보는 게 좋다. 당신 자신은 연구와 관련된 글을 서간 논문집의 기준에 맞게 작성하는 일에 초연할 수도 있겠지만, 이렇게 하는 건 당신 밑에서 배우고 있는 대학원생한테서 논문 출간 경력을 위해 좋은 출발을 하려는 정당한 시도를 막아 버리는 일이 될 수도 있다. 윤리적으로 말해서, 같은 등급의 장점을 지닌 연구라면, 대학원생이나 박사후 과정 중에 있는 연구원을 제1 저자로 하는 연구 보고서를 더 강하게 밀고 나아가야 한다. 그것이 그들의 경력에 끼치는 즉각적이고 직접적인 영향이 무척 크기 때문이다.

43) 여기서 우리는 논문 심사에 있어서 비-상호 호혜주의에 대한 존스턴의 견해를 소개해 보겠다. "논문집편집자들이 나에게 아주 형편없는 논문을 심사해 달라고 보내오는 한편, 내가 제출한 논문을 아무리 봐도 뭐가 뛰어난 연구인지도 모르는 바보 머저리같은 심사관들의 수중에 떨어진다면 어떻게 할 것인가?"

논문을 쓸 때는 자신의 연구 작업과 접근법, 연구 결과, 그리고 그것을 다른 사람들에게 발표하여 보여주는 방식들에 대해 매우 비판적인 자세를 견지해야 한다. 가장 좋은 방법은 스스로에게 물어보는 것인데, 스스로가 익명의 논문 심사관이 되어서 그 논문을 검토한다고 한다면, 자신의 논문에 대해 어떤 등급을 매길 수 있겠는가 등을 묻는 것이다. 그 논문은 논문이 게재되기를 원하는 논문집의 수준이나, 기준을 충족시키고 있는가? 논문이 받아들여질 가능성이 충분한가? 논문 심사관이 지적하여 물어볼 수 있는 여러 가지 질문들을 미리 생각하여 아무리 작은 사항일지라도 명백히 밝혀서 논문에 삽입해 놓아야 한다(묻기 전에 미리 대답하라는 뜻이다). 이것을 장기 두기와 같다고 여기고, 상대방(논문 심사에서는 심사관이 되겠지만)이 생각하는 것보다 몇 수를 미리 먼저 생각해 내기 위해 최선을 다하라는 말이다.

자신의 연구 보고서에 대해서 객관적인 자세를 취하는 건 어려운 일이다. 좀 성공했다고 여기는 과학자라면 누구나 자신들의 글쓰기 실력은 처음에 논문 심사관들이 귀찮은 수정 사항들을 요구하며 치고 들어오는 것을 경험하고 난 연후에 말할 수 없을 정도로 향상되었다는 것을 인정할 것이다. 그런 다음부터는 자신의 논문과 발표문이 가지고 있는 결점을 발견하는 게 훨씬 더 쉬워진다. 이러한 이유 때문에, 논문 심사관으로 활동하는 것에 대해 너그러워지지 않으면 안 된다. 왜냐, 당신이 노력 봉사를 하는 만큼 혜택도 받아가기 때문이다(게다가 논문 심사관이었다는 건 당신의 이력과 약력에도 보탬이 된다). 또한, 당신의 지도 교수가 논문 심사를 아주 많이 하고 있다면, 그에게 도움을 주는 게 좋다. 대부분의 사람들은 그러한 도움을 반긴다. 그러나 일단 충분히 숙달한 후에는 논문집에 그러한 보고서를 보낸 당사자가 당신이라는 사실을 알리고 그들의 논문 심사관 명단에 당신 자신의 이름이 올라 갈 수 있도록 하는 게 제일 좋다(만일 당신이 충분히 만족스러울 정도로 심사를 아주 잘했다면 종국에 당신은 부편집자가 되어 달라는 주문을 받을 수도 있고, 이렇게 되면 당신의 약력에 매우 유용한 사항이 첨부되는 것이다).

여러분이 논문을 쓸 때마다 논문에 대한 자가진단을 철저하게 한다면, 논문 심사관이 지적한 세세한 수정 사항들을 고치는 데 어쩔 수 없이 들어가게 되는 시간을 줄일 수 있고, 이 때문에 논문 게재가 늦어지는 것도 미연에 방지할 수 있다. 좋은 논문이란 건 요모조모를 아주 철두철미하게 다 생각해 본 결과물이어서 그 논문을 제출할 때에는 스스로 완전하다는 확신이 들어야 한다. 이렇게 할 수 있는 좋은 방법은 논문을 쓰고 또 다시 쓰고 해서 더 이상은 그걸 쳐다볼 수 없을 정도가 될 때까지 다시 쓰는 것이다.[44] 이 시점에서는 한 주나 두 주 정도를 "열기를 식히기 위해" 내버려 두는 게 최선책이다. 그렇게 하면 당신은 다음 단계를 내딛기 전에 다시 냉철함을 회복할 수 있게 된다. 이 시점이 되면 그 논문에는 당신이 이제 더 이상 보탤 게 없기 때문에, 논문을 제출할 준비가 된 것이라고 할 수 있다. 또 다른 중요한 조언을 하나 더 하자면 논문을 제출하기 이전에 몇몇 동료들에게 (다시 말해서, 당신이 정신적 스승을 갖고 있다면 그에게) 당신의 논문을 비판적으로 읽어봐 달라고 부탁하는 것이다. "내부자들"끼리의 검토도 중요하다. 이런 검토는 비공식적인 것이면서 대체적으로는 매우 건설적인 평가가 이루어지기 때문에 많은 시간을 절약할 수 있게 해주고 많은 격려도 받을 수 있게 된다.

연소한 후배 동료 과학자들을 제1 저자로 삼아 논문을 쓸 때에는 그들로 하여금 적어도 논문의 초안을 써 내도록 해야 한다. 그들이 배워야 할 것을 다 배우고 난 다음이라면 당신은 이제 그들 대신 많은 걸 해주는 호의

44) 페데리코: 이러한 상태의 논문은 내가 초고를 대략 30번쯤 고쳐 쓰고 난 다음에 나오게 된다. 하지만 각자 넘어야 한다고 생각하는 문턱의 높낮이는 다를 것이라고 생각한다. 덧붙여 말하자면, 내가 2001년 12월 사이언스 지(誌)에 논문을 제출했을 때, 내 동료와 함께 우리는 어림잡아 한 50번의 수정을 거쳤었다. 그런데, 논문심사관들과 편집자로부터 온 보고서에는 우리가 그 논문을 완전히 다시 쓰는 걸 요구하고 있었다.

를 베풀지 않아도 괜찮다. 대체로 잘 돌아가는 전략은 학생들과 같이 마주 앉아 논문의 대략적인 개요를 작성하고 나서 학생들로 하여금 그 개요를 바탕으로 논문을 쓰게 하는 것이다. 물론 이건 당신 스스로가 논문을 처음부터 끝가지 다 쓰는 것만큼 효율적이지는 않을 수 있다. 그러나 이렇게 논문을 쓰는 법에 대해서 훈련을 받는 과정은 학생이라면 (박사후과정 연구원이라면) 마땅히 누려야 하는 아주 중요한 교육의 일부분이라고 할 수 있다.

일반적으로, 당신은 다수의 빛나는 서간 논문을(Letters) 될 수 있는 한 많이 발간하는 것이 아마도 최선의 전략이 될 것이다. 그 밖에는, 적당한 길이의 보통 수준의 논문을 여러 개 발간하는 것보다는 내용이 아주 충실한 좋은 논문 몇 개만을 발간하는 것이 더 낫다고 할 수 있다.(만약에 당신의 논문에 대해서 "아무개의 최근 논문이 어떠어떠한 문제에 대해 무슨 효과가 있느냐?"고 묻는다면, 그건 당신이 별로 중요하지 않은 작은 일에 대해서 너무나 많은 논문을 발표해서 그 기고문이 문서상의 "잡음" 속에서 그 존재감을 잃어버렸다는 사실을 뜻한다. 해양 레이더가 좋은 비유가 될 수 있다. 파도에서 나오는 전자파 반향(에코)을 우리는 "목표물 이외의 물체에 의해 발생되는 해양 간섭 에코(sea clutter)"라고 부른다. 레이더 상에서 당신이 살펴보고 싶은 배가 있는데 그게 너무 작은 배라면, 그 배들은 "해양 간섭 에코" 속에서 그 위치를 추적할 수 없게 된다(우리가 주장하려고 하는 방향은 유명한 독일 수학자 가우스가 추구한 방향과 같은데, 그는 "개수는 얼마 안 되더라도 완전히 숙성되어 익은 것"이라는 모토를 품고 살았다. 전설적인 가우스만큼의 재능을 갖지 못했다면, 그가 한 정도로까지 갈 수는 없을 것이다. 그가 수행한 많은 연구의 결과물들이 그가 죽은 후에 그의 책상 서랍 안에서 발견되었는데, 이것은 그가 그 결과물들을 아직 충분히 다듬고 퇴고하지 않았다고 느꼈기 때문이었다).

논문이 지닌 중요성을 다른 사람들이 인상 깊게 받아들일 만한 논문을 발간하는 것은 당신이 일으키는 소음 경보 비율을 높이는 것일 뿐만 아니라, 당신 논문의 인용도와 당신의 전체적인 영향력을 증대시키는 것이다(물론 이것은 논문 발간 수를 줄이는 게 되고, 논문 게재 수를 엄격하게 따지는 사람들로부터는 수모를 당할 수도 있다). 심리적으로는 아주 긍정적인 효과가 있는데, 이렇게 되면 자신에 대해서 굉장히 흡족하게 느끼게 되고, 자신의 논문에 대해 자긍심을 느끼게 되기 때문이다. 장기적인 안목에서 볼 때에도, 단지 자신의 경력 관리라는 유일한 목적을 위해 쓰여진 논문들이 모여져 있는 걸 보고 있는 것보다는 자신의 논문 목록을 아주 자랑스럽게 바라볼 수 있게 되는 게 더 바람직하다. 대학원생들은 우리가 흔히 말하는 "빈약한 리스트"증후군에 빠지는 경향이 종종 있어서, 논문을 내고 있으면서도 논문 게재 목록이 빈약하다고 느끼며 불안해하곤 한다.

어느 사람의 예: - 학생시절 나도 그렇게 느끼곤 했는데 충분히 이해가 가는 부분이다. 왜냐하면, 이 논문 목록이 졸업 후 직장을 잡을 때에 학생의 능력을 판가름하는 아주 결정적인 요소가 되기 때문이다. 학생이 기초연구 부분에 남기를 원한다면 논문 목록이 중요하다는 건 사실이다. 그렇지만, 학생들은 긴 안목으로 봤을 때, 자신들이 우수한 논문을 쓰는 게 - 아무리 초기의 논문이라고 하더라도 - 과학계에서 자신들의 성공 여부를 결정짓는다는 사실을 미처 생각하지 못하는 경향이 있다. 그래도 과학자로서 처음 시작할 때 좀 가벼운 논문들을 몇 개 썼다고 친다면, 그게 장기적으로 경력에 해가 되지는 않을지라도, 자신의 과학자로서의 삶이 순항 속도에 다다르게 되면 그러한 논문들은 자연히 단계적으로 사라지게 되어 있는 게 기정 사실이다(어떤 경우에는 연구비를 주는 기관이 최근 5, 6년 안에 발간된 논문만을 적어내라는 경우도 있다. "최근에 과학에 관해서 무슨 연구를 하셨나요?").

5.2.2 논문과 레터의 구조 : 제목, 초록, 소개(서언), 결론 및 참고문헌

전체적인 구조로 볼 때, 글의 길이와 상세함의 정도를 빼 놓고는 레터 형식과 완전한 논문 형식과는 거의 차이가 없다고 할 수 있다. 그래서 여기서의 언급은 두 형식 모두에 해당되기 때문에 위의 제목에 나와 있는 순서가 중요하다. 왜냐하면, 그 순서는 논문을 이런 순서로 읽어 내려가라는 조건을 지어주는 것과 같기 때문이다. 보통은 그 순서에 의해서 논문이 꼼꼼히 스캔되며, 어느 부분을 특히 주의해서 읽어보라는 쪽지가 붙여질 수도 있다. 요새는 아주 바쁜 과학자는 논문을 한 달에 한두 번 이상 들춰 볼 겨를이 없을 수도, 때로는 그 이하일 수도 있다.(이것 역시 매우 슬픈 일이지만 사실이다.) 그 논문을 꼭 읽어보라는 쪽지가 붙게 되기 위해서는 논문을 훑어보는 각 단계의 독자들로부터 "맞아, 바로 이거야."라는 생각을 끄집어 낼 수 있어야만 한다. 안 그러면 논문을 살펴보는 사람은 그냥 다음 논문으로 넘어가고 만다.

더 자세히 말하자면, 독자들은 논문집을 여기 저기 뒤적거리면서, 맨 먼저 제목들을 대충 훑어본다. 만약에 제목이 더 읽어볼 만한 가치가 있다는 걸 보장해 줄 만큼 충분히 흥미롭다면, 그다음 수순은 초록을 읽는 것이고, 그런 다음 서언(소개)을 읽고, 그런 다음 결론을 읽으며, 마지막에 (아마도) 참고 문헌을 읽는다(그렇지만, 논문의 본문을 읽기 전에 참고 문헌이 자주 먼저 검토되는데, 이는 당신이 지금 그 논문을 읽고 있는 독자의 논문을 인용했는지의 여부를 살펴보고 논문 주제에 대한 당신의 지식이 적절한 수준인지, 아니면 놀랄 만한 새로운 것이 있는지 등을 보기 위함이다). 논문의 본문은 이러한 예비적인 지표들이 독자들로 하여금 이 논문은 읽을 만한 가치가 충분히 있다고 느낄 만큼 신뢰를 얻고 나서야 공격의 대상이 된다. 비록 여러분이 무진장 바쁜 과학자들을 사로잡거나 기쁘게 하기 위해서만 논문을 쓰는 건 아니지만, 이러한 일련의 흥미로운 체크 포인트를 통과하지 못한다면, 여러분의 논문은 자신들이 관심을 가지고 있는 주제들에 관한 것이라면 여러분이 쓴 논문을 포함하여 뭐든지 다 읽는 소수의 몇몇 사람들에 의해서만 읽혀질 것이다. 아마 여러분은 이것보다는 더 낫게 되기를 바랄 것이다.

이런 상황은 구경하는 고객을 상점 안으로 끌어들이려고 노력하는 상황과 같다고 할 수 있다. 즉, 구경하는 순서는 이렇다. 가게의 상호(商號)와 가게에서 파는 상품 리스트, 특별 할인 세일 표시, 밖에서 보는 진열장의 상품, 가게 안쪽에 있는 진열대의 상품, 그리고는 마침내, 상품 그 자체를 보는 것이다. 요컨대, 제목이란 것은 "구경꾼"의 마음에서 "왜 내가 시간을 들여서 이 논문을 더 자세히 들여다 보아야만 하는가?"라는 논문의 제목을 보며 은연중에 묻게 되는 질문에 대답을 해야만 하는 것이다.

이 모든 것으로부터 얻을 수 있는 교훈은, 논문집 게재를 위해 논문을 제출 했을 때, 여러분은 자신이 뽑은 제목이 매우 적절하며 다른 사람의 마음을 충분히 사로잡을 수 있다는 확신을 가지고 있어야만 한다. 제목은 되도록이면 짧을수록 좋다. 왜냐하면, 제목이 길게 되면 다소 흥미가 떨어진다(개구리의 눈이 복잡한 배경과 연관된 움직임을 어떻게 추적하는가에 대한 어떤 논문을 검토하면서 나오게 된 아주 뛰어난 제목은 "개구리의 눈은 개구리의 두뇌에 무슨 말을 하는가?"였다. 여러분의 논문 제목이 아주 자세할 필요는 전혀 없다는 것을 명심해야 한다. 그런 내용은 초록에 넣을 수 있기 때문이다).

물론 초록 역시 짧고, 명확하게 기술되어져야만 하며, 논문의 주요 관점들을 포함하고 있어야만 한다. 서언(정말이지 첫 번째 문단을 잘 다룰 수만 있다면)은 당신의 논문을 적절한 문맥 위에 올려놓아야만 하며, 왜 당신이 연구하는 분야가 중요한가를, 또 그 분야가 어느 방향으로 가고 있는지를 알아 볼 수 있는 넓은 시각을 제공해 주어야 한다.

논문의 결론 또한 중요하다. 왜냐하면 결론이야말로 대부분의 독자들이 기억할 수 있는 유일한 부분일 수 있기 때문이다. 결론은 그 논문이 필독 최우선 순위에 오르느냐 아니냐의 성패를 가르는 데 중요한 영향을 끼치며, 만일 시간이 좀 더 있다면 다시 한번 들여다 보고 싶은 논문이 되느냐 아니냐에, 혹은 논문을 들여다보고 있는 사람이 저술 중에 있을 지도 모르는 다음 번 논문을 위해 사용하고 있는 참고 문헌 목록에 등재될 수 있을지의 여부에도 중요한 영향을 미친다. 이상적으로는 실제 결론뿐만 아니라 논문을 요약하는 끝부분도 연구가 보여주는 새로운 시각과 방향 등을 조목조목 지적해야만 한다. 마지막으로 당신은 마땅히 관계가 있는 문헌들은 모두 다 잘 인용했는지를 확인해야 하며, 가능하다면 그 이상이어야만 한다. 무슨 말인가 하면, 앞에서도 말했듯이, 다른 사람의 논문을 관대하게 많이 인용하는 것이 당신에게 어떤 해로움을 줄 가능성은 매우 희박하며, 오히려 당신에게 훨씬 득이 된다는 것을 기억하라는 뜻이다.

레터 형식은 아주 짧기 때문에 논문 편집진은 제대로 하기 위해 여러 번 다시 쓰기를, 그것도 매우 간결하게 쓰기를 요구한다. 전문가들을 위한 논문에서는 아주 집약적인 의미를 담은 한 줄 한 줄이 되도록 해야 하며, 덜 전문화된 독자들에게는 그 분야에서 무슨 일이 벌어지고 있는지를 신속하게 알게 해주는 단순한 문장들이면 된다.

5.2.3 논문 심사관들 다루기

당신이 할 수 있는 모든 노력과 수고를 다하고 나면, 당신의 대 저작은 선택된 논문집으로 떠나게 되고 보통은 (편집자를 통해서) 당신이 반드시 회답을 해야만 하는 누군지도 모르는 익명의 심사관들이 한 코멘트가 첨부되어 되돌아온다. 이것이 이 소절(小節)의 중심 주제이다.

그렇지만, 다른 두 가지 일이 벌어질 수도 있다. 논문이 그대로 즉각적으로 받아들여지는 경우인데(이건 정말이지 매우 드문 일이다.), 이런 경우는 더 이상 할 말이 없다. 그러나 편집자는 심사관들의 도움을 받지 않고도 당신이 제출한 논문이 그 논문집에는 맞지 않는다고 밝힐 수도 있다. 이럴 땐 논문이 다루고 있는 분야가 그 논문집에서 다루는 핵심적인 주제들에서 많이 벗어나 있는 경우일 가능성이 가장 높다. 혹은 (좀 드물게) 제출된 논문이 심사관들을 소집할 필요가 있을 만큼의 수준에 미치지 못하기 때문일 수도 있다. 어느 경우이든, 당신은 당신이 이름을 알고 있는 편집자와 직접 대화를 하게 되며, 익명의 심사관들과는 편집인을 통해 의사가 오가는 대화를 하게 된다. 심사관들과의 대화는 좀 특이한 편이다. 당신 쪽은 고객을 대신해서 출판사에서 책을 한번 보게끔 당신의 주장을 피력하는 대리인 혹은 연극에서 배역을 따내는 대리인의 역할을 닮았다고 할 수 있다. 당신은 협상력이 거의 없으므로 매우 불리한 입장에 처해 있다. 이때는 첩보전을 방불케 하는 외교적인 술수와 때로는 교활한 전술까지도 필요하지만, 일반적인 조언을 주기에는 좀 어려움이 있다.

물론 당신은 논문집의 스타일에 대해서 시비를 걸고 문제를 일으킬 수도 있겠지만, 대부분 우리들은 기세가 꺾여서 고분고분 복종을 한다. 논문집이 가지고 있는 규칙과 관련해서는 (명백히 좀 오래 전에) 이런 일이 있었다. 한 저자가 Physical Review Letters에 막 보내려던 원고를 수정해야 한다는 말을 들었는데, 그가 유일한 저자인데, 원고에 쭉 "우리들"이라는 복수 형태의 주어를 썼다는 것이 그 이유였다. 그때는 "나"라는 주어로 바꾸는 게 하나의 옵션이 안 되었고, 워드 프로세스도 아니고 타자기마저도 사용되기 전의 시절에는 주어의 인칭이 사용되지 않게끔 문장을 고친다는 건 (다시 말해서, "우리는 평균장(場) 계산을 해냈다"라는 문장을 "평균장(場) 계산이 이루어졌다."라고 고치는 건) 너무나 어색하다고 여겨졌다. 그래서 J. H. 헤더링턴은 자신이 기르던 고양이 윌라드를 공동 저자로 하고 F. D. 윌라드 라는 이름을 붙여 논문에 첨부하였다. 이 이야기의 전말은 『무작정 과학 속으로 산책하기(More Random Walks in Science)』의 110쪽에서부터 111쪽까지에 나와 있다.

또 다른 예는, 유명한 물리학자 데이빗 멀민(David Mermin)이 1981년도 Physics Today 4월호 46쪽에서부터 53쪽에 걸쳐 차근차근 상세히 이야기한 것이다. 그는 Physics Review Letters로 하여금 루이스 캐롤(Lewis Carrol)이 쓴 The Hunting of the Snark에 나오는 “Boojum”이란 말을 phase A에 있는 액체 헬륨-3에서 나타나는 현상에 적용할 수 있는, 국제적으로 인정되는 용어로 수용하도록 만들기 위해서 교묘하게 계획되어 결국은 성공한 캠페인을 벌였던 것이다(루이스 캐롤과 연관된 이런 종류의 재미있는 이야기들이 후속적으로 1981년 Physics Today 9월호(11~13쪽)와 1982년 3월호(96쪽)에 실려 있다).

좀 더 유용한 경우, 즉, 편집인을 사이에 두고 벌어지는 저자와 심사관 간의 대화의 경우를 살펴보자. 아주 미미한 문제가 관련된 것이라면 가장 빨리 문제를 해결하는 길은 심사관의 의견에 동의하고 수정사항을 수정한 다음 다시 정상적으로 당신의 인생을 살아가는 것이다. 동의할 수 없는 부분이 아주 심각할 때에는 어려움이 생기게 된다.

이런 주제도 역시 두 경우로 나뉘어질 수 있다. 첫 번째 경우는 심사관이 논문 게재는 긍정적으로 생각하고 있지만 특정 부분을 수정했으면 하는데 그것에 당신이 동의하지 않는 경우에 해당되고, 또 다른 하나는 심사관이 작성된 논문이 너무 결점이 많아서 아예 출간될 가치가 없다고 여기고 있는 경우에 해당된다.

이 두 가지 경우 모두에게 적용될 수 있는 첫 번째 조언은 화가 나면 참으라는 것이다. 편집자나 논문 심사관 누구에게도 폭언을 퍼부어서는 안 된다. 이것은 고객이나 이민국 관리, 당신에게 속도위반 딱지를 떼는 경찰관에게 소리를 질러서 손해 보는 것만큼이나 납득이 가는 일일 것이다. 말을 곱게 한다고 해도 성공하지 못할 수는 있겠지만, 말을 함부로 해서 실패할 확률은 십중팔구이다. 두 번째 조언은 당신 스스로가 심사관의 입장이 되어 생각해 보고 의견의 불일치가 생기는 근원이 무엇인지를 간파하라는 것이다. 이렇게 하면 당신의 경우를 매우 타협적이고 예절바르고 교양 있는 어조로 설명할 수 있게 만드는 매우 귀중한 요소로 작용할 수 있다. 세 번째 조언은 지금 상황은 배심원이 배석한 재판과 같다는 것을 인식하라는 것이다. 재판에서 당신은 피고인을 대변하는 변호사이고, 논문 심사관은 검찰 측이며, 편집자는 판사와 배심원이라고 할 수 있다. 당신이 비록 자신의 의견을 바꾸도록 심사관을 납득시키지 못한 경우라도, 심사관이 상식선 이상으로 까다롭게 굴거나 신경질적으로 말한다면, 혹은 아주 부적절하게 한다면, 심사관은 편집자에게 신뢰를 잃게 되고, 당신은 게임에서 이길 수가 있다.

(심사관이 한 명 이상이고, 부정적인 의견이 다수가 아닐 때에는 이러한 경우가 발생할 가능성이 더 많다.) 당신이 심사관으로서 맡은 부분을 잘 수행해 왔고, 그래서 말하자면 늘 "공정한 게임을 해 왔다"면, 이 모든 게 더 쉽게 이루어지는 걸 볼 수 있다.

대화가 오가는 가운데 심사관이 신뢰성을 상실할 가능성은 상대가 거만하게 거들먹거리고 있는 것에 대해 화를 내기보다는 아직 그 분야에 대해 뭘 모르기 때문에 생기는 오해에 대해서 애석한 심정을 내비치는 어조로, 참을성 있고 이성적이며, 심지어는 상대를 가엾게 여기고 있는 것으로까지 보이는 게 중요하기 때문이다(심사관이 적임자가 아니라는 사실을 넌지시 비추는 것은 심사관의 무능력 혹은 나쁜 쪽을 알지 못했다고 편집자를 간접적으로 비난하는 것이 된다. 당신이 넌지시 비추어야 하는 최악의 것은 심사관이 어쩌면 그 분야를 좀 깊이 있게 알지 못한다는 것 혹은 어떤 특정한 사항에만 집착하는 면이 있다는 것을 보여주는 것이다. 예를 들어, 이 심사관이 어떻게 해서 당신 논문을 심사하는 사람으로 뽑힐 수 있었는지를 알고 싶어 하지는 말라). 그런 점을 충분히 명백하게 밝히지 않고, 논문에 있었던 결점들을 주목할 수 있게 해 줘서 자신의 논문을 향상시킬 수 있게 도와주었다고 심사관에게 심지어는 감사함을 표하기까지 하는 것이 비난을 받게 하는데 도움이 된다.

어떤 점에 대해 의견의 불일치가 있는 경우에, 그것이 수정이 가능한 단순한 오해의 수준이 아니라 심각한 의견의 불일치인 경우에는, 말하자면, 해석을 해내는 부분에 있어서(해석의 차이는 자주 일어날 수 있다) 의견이 일치되지 않는다면, 고려해 볼 수 있는 또 다른 전술은 심사관의 코멘트를 포함시키되, 심사관의 관점에 기울어지기보다는 당신의 관점에 기울어진 당신이 견지하는 논리의 바탕 위에서 당신의 관점을 유지하는 것이다. 사실상, 당신은 편집자에게 "여기 두 가지 가능성이 있습니다. 우리는 둘 다 보여줄 것입니다. 그리고 무엇을 선택할지는 독자들에게 맡겨 놓겠습니다."라고 말하고 있는 것이다. 심사관이 계속 고집을 부린다면, 편집자는 아마도 당신의 상호 이해 협력주의를 편들고 심사관의 편협성에 반대하는 결정을 내릴 것이다.

만약에 심사관이 정말로 부정적이라면, 당신은 이러한 다소 부드러운 전술을 시도하는 한편, 또 다른 보다 더 단호한 조치를 취할 수도 있다. 만일 심사관이 그 분야에 대해 얼마만큼 정통한지에 대해서 믿을 수가 없다면, 전에는 심사관으로 포함시켜본 적이 없는 다른 심사관들과 다른 권위자들을 거론함으로써, 심사관의 신뢰도를 훼손시킬 수도 있다. 이렇게 말하면서 말이다: "이러한 이의 제기가 다른 곳에서는 받아들여졌습니다." 만일에 심사관의 의견이 너무 애매모호하거나 너무나 포괄적이라면 ("독창성이 떨어진다"는 등의 표현) 당신은 아무런 상세한 설명도 없는 그러한 애매모호한 비난에 대해서는 자신의 논문을 방어하기가 어렵다고 정당하게 불평할 수 있다.

이런 모든 조처들이 실패한다면, 당신은 종종 다른 심사관의 의견을 요청해 볼 수 있다는 걸 기억하라. 이러한 요구는 언제나 약간 미안해하는 듯한 어조로 (왜냐하면 이런 고집 센 심사관 때문에 편집자가 곤란에 빠질 수도 있기 때문에), 그러나 단호한 어조로 이루어져야만 한다.

이 모든 게 상당히 심각하고 스트레스가 쌓이는 일이니 만큼, 이 주제를 다소 가볍게 살펴보는 일이 그럴 만한 가치도 있고, 여러분을 즐겁게도 할 수 있을 것이라고 여겨진다. 이 기사는 1968년의 응용 통계학(Applied Statistics)지(誌) 제17호에 실린 J. M. 체임버스와 마그네스 M. 헤르츠버그가 쓴 널리 알려진 A Note on the Game of Refereeing인데, 이 기사는 『무작정 과학 속으로 산책하기(More Random Walks in Science)』의 8쪽에서부터 13쪽에 다시 들어가 있고, 인터넷 웹상에서는(www.buzzle.com/chapters/science-and-technology_jokes-and-funnies.asp) 2005년 이후 내려받기가 가능해졌다. 불행하게도 여기에 실으려면 거의 다섯 쪽이나 들어가기 때문에, 여기서 할 수 있는 일은 전문(全文)에 대한 맛보기로 한두 개 샘플을 보여 줄 수 있을 뿐이다.

[**기분전환** A Note on the Game of Refreeing에서 발췌

...저자의 목적은 자신의 논문이 발간되게 하는 것이며, 그 이외의 목적은 특별히 가치가 없는 제출물이라도 기왕이면 출간이라는 소득이 저절로 생기기를 바란다는 데 다 동의한다....이와 같이 심사관이 가지는 최소한의 목적은 논문이 거절당하게 만드는 것이며, 만약에 그 논문이 그 분야에 기여하는 바가 아주 많은 훌륭한 저작으로 판명된다면 과외의 크레딧을 얻을 수 있다....]

이왕 뚜껑을 열어 봤으니, 샘플을 좀 더 보는 게 가치 있지 않을까.

[**기분전환** A Note on the Game of Refreeing에서 더 발췌

저자의 전술 A5: 아부의 말이 당신을 어딘가 데려다 주는 전술

논문을 수정하면서, 저자는 심사관에게 "도움이 되는 코멘트"를 해 주어서 감사하다는 등등의 말을 한다. 이건 저자가 "그 이전 논문의 본(本)에서는 진술을 명백하게 하지 않았다는 것에 동의한다"라는 취지의 말을 하는 것으로, 매우 빈번히 정확하게 틀리지 않은 그 무

것을 의도적으로 오해하는 것이라는 의미의 R5전술에 위배되는 것이다.

A7. 전례(前例)를 들먹이는 전술

어떤 논문의 질이 너무 낮은데도 불구하고, 같은 논문집에서 최근에 출간되었다는 참조문이 붙어 있는 경우. 저자는 자신의 논문은 그 이전의 논문보다 질이 더 낮을 수가 없다는 걸 암시하고자 한다. 하지만, 여기에 도사린 위험성은 편집자는 그 논문을 거절했었어야 좋았을 것이라고 생각하고 있으며, 앞으로는 절대 그렇게 행동하지 않으리라는 걸 확실히 인식하고 있을 때이다.

심사관의 저술 R2. 잘못된 차원의 전술

저자가 아무리 엄격한 등급 수준에 맞춰서 논문을 작성하였다고 하더라도, 심사관은 그건 제대로 된 게 아니라는 말로 답변한다. "저자는 엄정성을 강조하다 명확성을 손상시켰다." "저자의 구어체로 글을 쓰는 스타일은 엄정성이 떨어진다." "저자는 엄정성과 구어체 스타일의 표현력을 결합시키려고 하다가 불행하게도 두 가지를 다 희생시키고 말았다."

결론... 심사관의 전반적인 업무가 요 몇 년 사이에 쇠락하고 있다는 걸 인정할 수밖에 없겠다. 점점 더 많은 논문집에 출간되고 있고, 현존하는 논문집도 점점 더 빈번하게 그 발행 호수를 늘려가고, 그 논문집들을 채워줄 논문들의 필요성이 급박해지는 상황에서, 논문 게재가 허용될 수 있는 여러 논문들을 여태까지처럼 되도록 많이 거절하는 일은 점차 어려워지고 있는 것이다. 그러나 이러한 쇠락에서 발생하는 가장 나쁜 폐단은 요즈음의 선수들 세대에서는 진정한 의미의 야수적인 심사관 정신이 사라지고 있다는 점이다. "당신이 논문을 심사한 그 사람들이 당신이 쓰고 있는 논문을 심사하게 된다."는 격언을 너무나 많은 참여자들이 명심하고 있다는 것이 우리는 두려울 지경이다.

5.3 박사학위 논문

대부분의 사람들은 책 한 권의 길이만큼 긴 학위 논문을 써야 한다는 건 무정한 대학이 부과한 학위 과정 진행에서 가장 큰 장애라고 생각하는 경향이 있다. 학위 논문이란 건 학위를 받기 위한 정도로만 다루어져야 하고 많은 사람들이 관련 분야 논문들을 짜깁기해서 종합한 텍스트를 쓰는 선에서 논문 쓰기를 완성하는 데 기꺼이 타협하기도 한다. (그러나 5.3.2에 나오는 우리들의 반대 의견을 참조하라.) 학생들은 어쩌면 이렇게 말할 수도 있다: "만약에 논문 내용이 충분히 좋다면 그것으로 충분한 거 아닌가요?" 여기에 대한 답변은 "아니다"이다. 학생들은 자율적인 연구자가 될 수 있는 수준에까지 도달해야 하는 것이다: 학생들은 조사를 받아야 하는 대상이다. 그러므로 학위 논문 작성하기, 형식적인 시험과 발표 등이 꼭 필요하다.

학위 논문이 무언가를 보여 주는 한, 당신은 논문심사위원들에게 당신이 한 것이 무엇인지 알고 있으며, 그것이 어떤 맥락에 놓여 있는지를 감지하고 있고, 자신의 생각은 추호도 들어가 있지 않은 레터를 작성하는 데 당신 지도교수의 지시를 따르기만 하는 단지 최고의 기술자로서 행동하지 않았다는 걸 보여주어야 하는 것이다(이러한 추론의 결점은 물론 지도교수가 논문 작성 시 아주 미세한 부분까지 다 지도할 수 있다는 가정일 것이다).

그러므로 학위 논문 심사와 관련된 질문들은 학위 후보자가 지도교수의 도움 없이 대답을 해야 하기 때문에 매우 중요하다(사실 학위 논문 심사에서 살아남은 논문들은 최악의 경우가 심각한 수정이 요구되는 상황이고 그보다 더한 상황으로 떨어지는 경우가 희박하기 때문에, 학위 논문 심사의 이러한 측면은 실제적인 것이라기보다는 보통은 좀 형식적인 것이고, 엄격한 것이라기보다는 의례적인 것이라고 할 수 있다).

잘 운영되는 박사학위 과정에서는, 만약에 지도교수가 아주 중요한 문제를 놓쳤다면, 자비로운 해결책은 논문 심사 시기를 늦추고 그 문제를 고치는 것이다. 결국, 학위 논문이 정식으로 통과되는 시점까지 그 심각한 문제들은 다 가지런히 해결하는 것이다.

그렇지만, 만일 당신이 좋은 논문을 쓰려 한다면, 아마도 두세 개의 유용한 임무를 수행하게 된다. 이것은 당신이 몇 년 동안 수행해온 연구작업에 관해서 종합적인 텍스트를 매우 훌륭하게 자세히 작성할 수 있는 최초의(어떤 경우에는 아주 유일한 경우가 될 수도 있는) 기회이다.

무엇보다도 먼저, 그 어떤 논문보다 훨씬 더 길고, 그렇기 때문에 훨씬 강한 자부심을 가지고 다루게 되는 하나의 논문으로 당신의 모든 노력을 구성하여 조직하는 일은, 당신이 나중에 중요한 프로젝트를 맡아 마무리할 무렵 종합적인 보고서를 써야할 때 당신에게 아주 큰 도움이 된다.

두 번째, 대부분의 학위 논문들은(다 그런 건 아니지만) 같은 지도 교수 밑에서 같이 연구하던 집단에 속하는 다른 학위 후보자들이 전에 자세히 써 놨던 논문을 따라가는데, 당신은 이전의 논문들을 실험 장치와 절차를 개발하는 상세한 지침으로 사용하기 때문이다. 그러나 이제는 당신 지도교수가 이끄는 연구 집단과 그 집단에 들어올 미래의 학생들에게 일정 부분의 당신 몫을 기여해야만 하는 시기가 되었다.

세 번째, 학계에서 다른 연구자들도 자세히 따라하고 싶을 정도로 독창성이 풍부한 논문으로 입증되기를 바란다면, 논문에서 상세하게 다루어진 부분이 저널에 게재된 글에서는 단지 스케치 정도에 그친 것이라는 걸 많은 관심을 가지고 있는 독자들에게 털어 놓는다.

방금 지적하였듯이, 학위 논문을 쓰는 건 과학 저널에 실리는 논문을 쓰는 것과는 다르며, 그게 길이 때문만은 아니다. 학위 논문은 사실 거의 대부분의 다른 논문들보다 훨씬 더 광범위하고 종합적인 본문이 들어 있는 글이다. 학위 논문에서 당신은 S.A.(거의 사용하기 어려운) 교수님의 실험실에서 지낸 학생으로 수행해온 모든 연구 작업을 조심스레 그러면서도 아주 철저히 기술하여야만 한다. 학위 논문은 이런 저런 이유로 해서 논문집에 게재되는 글 속에서는 빠져버리는 모든 종류의 실험에 대한 상세한 설명 혹은 상세한 이론적 설명을 포함시킬 수 있는 매우 좋은 지면이다. 학위 논문은 또한 연구 과정에서 잘 안 된 일과 그 이유에 대해서도 논의를 할 수 있는 지면이기도 하다. 이런 건 원고를 축약시키라는 편집자의 압력에 못 이겨서 그 자세한 사항이 논문에서 억지로 빠지게 된다. 당신이 개발한 새로운 데이터 분석 기법이나 당신이 사용했던 보다 향상된 실험 기술 등을 포함시킨다면 매우 가치 있는 정보가 될 것이다.

만일 당신이 기여한 바가 매우 중요하다면, 학위 논문은 (바라건대) 동료 과학자들이 검토하는 논문집에 정식 논문으로 출간될 수 있다. 한편, 당신이 좀 새로운 무언가를 개발하기는 했지만 뭐 그렇게 혁신적인 것은 아니라면 그런 걸 기록해 두기에 적합한 지면은 바로 당신의 학위 논문이다. 그게 다른 학생들에게는 가치 있는 것으로 판명될 수도 있고, 나중에는 과학자들에게도 그렇게 될 수 있기 때문에, 좀 자세하게 기록해둘 만한 가치가 있다.

S.A. 교수님의 실험실에서 당신이 대학원 공부를 시작할 때에는 당신이 출발할 수 있도록 도움을 준 이전의 학생이 써 놓은 학위 논문이 (복잡한 실험 절차에 대한 설명과 함께) 있지 않았는가? 있지 않았다면, 이런 유형의 정보가 수중에 있었다면 많은 득을 보았을 거라고 여겨지지 않는가? 과학이란 그 무엇보다도 앞서 나온 지식에 의존해서 구축되는 것이며,[45]과학 연구팀 내부에서는 잘 쓰여진 졸업 논문들은 그 실험실을 계속 유지하는 데 대단히 유용할 수가 있다. 이 점을 명심

45) 아이삭 뉴턴의 인용문을 기억하라. "내가 더 멀리 바라 볼 수 있었다면, 그건 내가 거인들의 어깨에 올라타고 서 있었기 때문이다."(영국의 2파운드짜리 동전에도 이 말이 있다.)

하고, 당신 논문이 뒤에 들어올 후배들이 스스로 혼자 해 볼 수 있는 지침서 정도가 될 수 있도록 그 정도로 논문을 쓰려고 노력해야 한다. 당신이 굉장히 많은 상세한 정보가 들어 있고 당신이 진행했던 실험 절차를 철저하게 설명해 놓은 좋은 논문을 쓴다면, 당신 자신에게도 유익할 뿐 아니라 당신 지도교수의 실험실에서 당신의 뒤를 이어 그 자리를 차지할 다음 번 학생에게도 매우 유익하며, 당신이 떠나온 그 지점에서 당신의 연구를 지속할 수 있게 된다.

간추려 얘기해 보자면, 당신의 학위 논문은 3년 혹은 그 이상의 기간 동안 당신이 해낸 것을 아주 자세히 기술하는, 종합적이고 총체적인 연구 논문을 쓰는 방법을 배우는 맨 처음의 기회라고 할 수 있다. 어떤 때는, 좋은 학위 논문이 실제로 논문집에 실리는 논문(좀 손질을 한 연후에)으로 변할 수도 있다. 따라서 당신은 이러한 기회를 반드시 이용해야만 하며, 이것을 부담스럽게 생각하기보다는 좋은 기회라고 여겨야 한다. 우리의 의견으로는, 이것이 과학자가 되기 위해 받는 훈련 중에서 매우 중요한 부분이 되며, 이것이 종국에는 당신에게 박사 학위를 따게 해주는 것이 된다.

만일 당신의 연구 분야에서 다른 과학자들이 당신을 알아보게 하고 싶다면, 그리고 당신이 기여한 바를 충분히 숙지하도록 하고 싶다면, 당신의 박사학위 논문을 그들에게 배포할 수도 있다. 처음 논문을 찍어낸 수량이 거의 소진될 무렵, 당신의 논문을 보고 싶다는 요구들이 더 많아지게 된다(당신 논문이 좋은 논문이라는 가정하에). 그렇지만 위에서 논의하였듯이 학위 논문에는 실험 절차에 관한 상세한 설명과 온갖 유용한 정보들이 들어 있어야만 한다. 이것은 당신이 얼마나 성숙한 과학자인지에 대한 아주 많은 단초를 제공해 주는데, 특히 누군가가 박사후 과정의 연구원으로 당신을 채용할 것인지 아닌지의 여부를 결정하려고 한다면 더욱 그러하다.

5.3.1 박사학위 논문을 쓰는 언어 - 영어

몇몇의 예외는 있지만 박사학위 논문을 읽는 독자는 그리 많지 않은 게 일반적이다. 일반적으로 학위 논문은 그 분야의 전문가들에게만 이해될 수 있는 것이며, 아마 전 세계적으로 통틀어 봐도 100명 안팎의 사람들에게만 국한된 게 아닐까 한다. 따라서 당신이 어느 야심찬 과학자라도 이해할 수 있는 영어로 논문을 쓰지 않는다면, 당신의 논문을 읽을 독자는 더더욱 한정적일 수밖에 없다. 비록 짧게 봤을 때는 그 언어가 그 지역의 학생들이 말하는 언어이기 때문에, 혹은 그 언어가 당신의 모국어이기 때문에, 혹은 당신이 그 언어를 영어보다 더 잘 구사하기 때문에, 영어가 아닌 언어로 논문을 쓰는 게 더 유용할 수 있을지도 모르겠으나, 길게 봤을 때는 그 반대가 더 사실일 가능성이 높으며, 그렇게 했을 때 그 논문은 전적으로 그 지역에서만 사용되고 만다.

당신의 논문을 영어로 쓰게 되면 영어가 당신의 모국어라고 할지라도 당신의 글쓰기 실력이 늘게 되는 건 자명한 사실이고, 이것이 당신이 미래에 수행하려고 하는 과학적인 여러 시도를 할 때 대부분의 경우 도움이 된다. 영어는 자연과학과 공학 분야에서 서로 의사 소통하는 데 쓰이는 국제적인 언어로 널리 받아들여졌으며, 영어로 말하기와 글쓰기를 다 터득하는 것은 당신의 중요한 자산이 되며 또한 장기적인 안목으로 봤을 때 당신이 과학자로서 성공하는 데 많은 보탬이 된다. 지역 언어로 쓰여진 논문은 지역적으로는 사용이 되겠지만, 거의 모든 다른 지역의 사람들은 그걸 사용할 수가 없게 된다.

마지막으로 지적하고 싶은 것은 다음과 같다. 너무나도 많은 학생들이 다른 나라에서 오기 때문에, 그리고 과학의 언어가 영어이기 때문에, 다음에 온 학생이 예를 들어 인도나 브라질이나 중국에서 왔다고 한다면, 지역 언어로 쓰여진 논문으로는 쓸 수 없는 방식으로, 영어로 쓴 학위 논문은 그 학생들이 즉각적으로 사용할 수 있게 되는 것이다(한편으로는 지역 언어로 쓰여진 논문을 읽으려고 노력하면 그 지역 언어의 문어체를 독해할 수 있는 능력을 기를 수 있다고 주장할 수도 있을 것이다).

더 이상 이 문제에 대해 지면을 할애할 수 있는 상황은 아니지만, 언어와 과학에 대한 다른 사람이 겪은 다음의 이야기 속에 들어 있는 일반원칙들은 알아두는 것이 유용할 것이다.

어느 사람의 예 : – 언어의 문제와 관련해서 말하자면, 우리 할아버지도 과학자셨는데 (기분 전환을 위해 물리학자셨는데!) 그는 대략 1930년에서부터 1964년까지 이탈리아에서 일하셨다. 그때는 과학을 연구하기 위한 통일된 언어가 아직 없을 때였기 때문에 영어 말고도 불어, 독어(그리고 약간의 러시아까지) 배워야만 했다. 그래야 외국의 저널에 발표된 관련 분야의 논문을 읽을 수 있었던 것이다. 당시에는 아인슈타인, 하이젠베르그, 슈뢰딩거 같은 과학자들이 독일어로 출간했으며, 드브로글리는 불어로 발표하는 반면, 페르미는 이탈리아어로 발표하는 식이었다. 할아버지는 너무나도 많은 시간을 외국어를 배우는 데 보내야 했기 때문에, 과학적인 연구를 하는 데 있어서는 진척이 무척 더디었던 것이 분명하다. 그러니 여러분은 자연과학과 공학을 연구하는 데 있어서 통일된 언어를 가진다는 것은 어마어마한 이득이라는 나의 확실한 믿음에 결코 놀라서는 안 된다.

T의 논문의 예

내가 프랑스에서 나와 같은 연구를 하고 있는 연구자들 그룹을 방문하고 있을 때, 우연히 나는 이탈리아 출신 과학인 T의 연구실에 들르게 되었는데, 그는 거기에서 종신 연구직을 가지고 있었다. 그는 독일의 아주 권위가 있는 대학에서 박사 학위를 받았고, 그곳에서 표면 과학의 아버지라고 불리어지는 사람과 함께 연구를 했었다. 나는 그의 연구를 아주 잘 알고 있었으며, 사이언스, 네이처, Physical Review와 같은 아주 최상급의 저널에 실린 그의 논문들을 아주 열성적으로 읽곤 하였다. 나는 그가 한 연구에서 저널에는 실리지 않은 부분인 어떤 과학적인 측면을 좀 자세히 알고 싶었기 때문에, 그의 박사학위 논문에는 그런 게 다 들어 있지 않을까 생각하였고, 그것이 내 자신과 다른 동료들에게도 유용한 참고 사항이 되리라고 여겼다. 그에게 학위 논문을 보여달라고 요청하니까, 그는 자신의 학위 논문을 독어로 쓸 수 있었던 것이 자신에게는 대단한 업적이었노라고 말하면서 아주 자랑스럽게도 논문을 복사해서 주려고 하였다. 여러분들이 상상할 수 있듯이 나는 매우 실망하고 말았다. 비록 그의 논문이 과학이라는 학문 분야에서 작은 작업에 속하는 것이긴 하지만, 그의 지도교수와 그의 반대자들 이외에 그 논문을 읽을 사람이 누가 있는지 의심스러웠다. 그는 나에게 논문 복사본을 주겠다고 했지만, 나는 점잖게 거절하였다.

유럽의 두 일례: 이탈리아와 덴마크

내가 이탈리아에서 학생이었을 때 박사학위 논문을 제출하는 규칙이 마침 막 바뀌었다.(얼마나 감사하던지!) 놀라운 것은 학생 자신이 어떤 언어로 자신의 논문을 작성할 것인지를 결정할 수 있다는 것이었다.(자연과학과 공학의 경우에 이탈리아어로 쓰거나 영어로 쓰거나 둘 중에 하나를 선택하면 되었다.)

이 말은 내가 논문 심사위원회에 내 논문을 영어로 쓰게 해달라는 허락을 받기 위한 요청서를 제출할 필요가 없다는 뜻이었다. 그런데 난 그걸 제출했다. 대학원생은 필경 어른으로, 성숙한 인간으로 여겨지며, 그의 논문이 쓰여진 언어는 그의 인생과 경력에 많은 영향을 끼칠 것이기 때문에, 어떤 언어를 사용할 것인가는 전적으로 대학원생의 결정에 달려 있는 것이다. 한편, 논문심사 위원회에 허락 요청을 하는 것은 그 요청이 실제로 기각될 수도 있다는 사실을 내포하는데, 내 요청도 사실은 받아들여지지 않았다. 어째서 위원회가 당신 대신 당신의 경력에 영향을 미칠 수 있는 그 무엇을 결정해야만 하는 것일까?

내가 캐나다로 옮기기 전 일 년 반 동안 박사후 과정 연구원으로 일했던 덴마크에서는 반대로 선택의 여지가 없었다 : 왜냐하면, 모두가 영어로 논문을 써야 했기 때문이다. 덴마크는 아주 작은 나라지만 매우 뛰어난 과학적 전통이 있는 나라이다. 나와 동일한 그룹에서 일하고 있던 모든 학생들이 영어로 글을 쓸 수 있는 충분한 역량을 이미 가지고 있었는데, 이건 최고의 저널에 발표될 수 있는 감탄을 자아내는 논문을 써내는 데 많은 도움을 주었다.

5.3.2 출간된 자료를 엮어 작성한 학위 논문

어떤 대학에서는 본질적으로 이미 출간된 논문들을 묶어서 모아 놓은 것을 학위 논문으로 제출할 수 있다. 이런 걸 "출간된 자료를 엮어 작성한 학위 논문"이라고 한다. 우리들에게 이런 논문은 아주 게으른 어떤 학생이 선택한 것으로 학위 논문의 겉모습을 가지고 있다. 출간된 자료를 엮어 만든 학위 논문은 학생이 대학원 과정에 있는 동안 출간했던 출간 자료들로 구성되어 있는 것으로 예비적인 소개 자료와 몇몇 결론들이 함께 스테이플러로 찍혀져서 하나의 파일로 만들어진 것이라고 할 수 있다.

우리의 조언은 이렇게 논문을 만들 수 있다는 가능성을 완전히 버리고 그 대신 완전한 형태의 논문을 선택하라는 것이다. 이미 출간된 자료를 엮어서 만든 학위 논문은 진짜 논문이 아니며, 본질적으로 발표된 자료들의 총합(모든 걸 모아서 하나로 "풀칠해" 붙여놓은 것) 그 이상이 안 된다. 고전적인 학위 논문은 그것보다는 훨씬 더 많은 일을 요구하는 것이 사실이다. 그렇지만 고전적인 학위 논문을 쓸 때는 당신의 시간을 매우 유용한 노력에 투자하고 있는 것이다. 앞으로 아무도 읽어 보지 않고 아무도 보자고 요청하지도 않는 그런 것에 쓸데없이 시간을 허비하는 대신에 말이다. 사실, 우리가 무엇인가를 쓸 때 우리의 목적은 목표로 정해진 독자층을 겨냥하여 무언가 유용한 정보를 주는 것이다. 한편, 지금 우리가 쓰고 있는 글을 아무도 읽지 않을 가능성이 매우 높다고 믿어질 때에는 그 일 말고 다른 일을 하는 게 훨씬 나을 것이다.

그러나 출간된 자료를 엮어 작성한 학위 논문이 아주 유용한 타협으로 여겨질 만한 딱 한 가지의 경우가 있다. 그건 학생이 그 지역의 언어를 이해하는 수준이 낮으면서, 영어로 논문을 쓰는 선택을 할 수 없는 경우이다. 그 유일한 경우, 출간된 자료를 엮어 작성한 학위 논문은 사용해야만 하는 그 지역 언어의 양을 최소화시킬 수 있다. 그러나 위에서 말한 것처럼 박사학위 후보자에게는 좀 수월한 방법인 반면에, 이미 출간된 자료들을 단순히 모아놓은 총합이라는 한계를 넘어서서 그 논문이 그 지역에서만 사용될 가능성은 매우 미미할 것이다. 그러므로 이렇게 하는 것은 안 하는 것보다는 분명 낫겠지만, 저급하게 타협하는 해결책이라고 하겠다.

5.3.3 박사학위 논문의 구조

서언에서 이 프로젝트를 왜 수행했는지를 명백하게 밝혀야 한다. 그리고 처음 작업을 시작했을 때 직면했던 문제거리가 무엇이었는지도 밝혀야 한다. 좋은 서언은 당신과 당신 동료들에게 아주 훌륭한 참조 사항이 될 수 있다.

논문의 본문에서는 당신이 사용한 방법론과 당신이 부딪혔던 쟁점들과 문제들을 보고해야만 하며, 그런 것들을 해결하기 위해 어떻게 했는지도 보고해야만 한다. 당신의 연구를 이해하고 당신의 데이터를 다시 생산할 수 있는, 그리고 당신이 그만둔 지점에서부터 그 연구를 계속 해나갈 그 누군가에게 중요하다고 여겨지는 모든 사항을 본문에 자세히 포함시켜야 한다. 당신이 새로운 기법을 개발하였다면, (다시 말해서, 제작, 처리공정, 특성화, 데이터 분석, 컴퓨터 알고리즘 등) 논문의 본문은 그걸 아주 자세히 설명할 수 있는 기회가 된다. 왜냐하면 대부분 저널에 실리는 논문에서는 그런 걸 상세히 기술할 수 있는 충분한 지면이 없기 때문이다. 또 학위 후보자들이 자신들의 연구 분야에 대한 검토를 얼마만큼 해박하게 해야 하는지에 대해서는 유럽과 북미 지역 간에 문화적인 차이가 있다(유럽 사람들은 이전에 있었던 연구들을 광범위하게 아는 것을 필수적인 것으로 여기는데, 아마도 그렇게 하는 것이 그 분야를 충분히 이해하고 있다는 걸 보여주는 것이라고 생각하기 때문일 것이다). 이런 건 그 지역의 관습에 따르는 것이 가장 무난할 것으로 여겨진다. 보통은 학위 논문을 몇 장까지 써야 하는지에 대한 상한선이 없기 때문에, 본문은 다방면에 걸쳐서 광범위하게 그리고 아는 것을 남김없이 총망라해서 써 볼 수 있는 기회가 된다.

마지막으로, 결론에서는 당신의 작업이 그 분야에 어떤 기여를 했는지를 명백히 각인시켜야 하며, 앞으로의 전망은 무엇이며, 앞으로 제기될 수 있는 문제들은 어떠한 것인지에 대해서도 대략적으로 말해 주어야 한다. 만약에 이 모든 걸 잘하기만 한다면, 아주 좋은 논문을 쓸 수 있게 될 것이다. 비록 당신의 학위 논문이 동료 과학자들이 검토하는 저널에 실린 논문보다는 더 한정된 발행부수만을 찍어내겠지만, 그래도 사람들이 읽어서 유용한 대상이 될 것이다.

5.4 교육과정 이력

이 장(章) 서두에서 말했듯이, 교육과정 이력은 당신이 지닌 가치를 전달하고, 취업, 연구장학기금, 장학금, 수상과 같은 중요한 측면에 당신의 작업을 연관 지을 수 있는 전통적인 방법이다. 일반적으로 한정된 숫자의 발간된 논문 사본들은 별개의 문제로 치고, (장학금)신청서의 실제 문장, 그 전체 배경들은 다 교육과정 이력에 요약되어 들어 있다.

그렇지만 일정한 양식의 교육과정 이력서를 사용해야만 하는 이유는 없으며, 당신의 기본적인 이력이라는 "나무"에서 아주 단단한 몸체와 굵은 줄기만 남기고 "가지치기" 하듯이 들어가고자 하는 직장에 맞게 이력서를 손질하는 게 좋다.(모든 이력 관련 자료를 상세하게 추적하기보다는 몇 가지를 선택하는 것이 훨씬 쉽다.)

어떤 직장에 지원할 때에는 최근의 연구 업적을 적절히 골라서 제출하는 것이 중요할 수 있는 반면에, 또 다른 직장에서는 모든 이력을 다 집어넣는 것이 필요할 수도 있다. 완전한 경력이라는 나무를 만들고 유지하는 것은 필수적이면서도 계속 지속적으로 해야만 하는 잡무이긴 하지만, 어떤 경우에는 요구 조건에 따라 거기에 딱 맞게 자신의 이력을 고치는 것은 인생의 경험에서 사이사이에 끼어든 이야기와 같은 과정이다. 그러면 가장 기본적인 경력 나무에 대해서 먼저 얘기해보자.

5.4.1 경력 나무, 갈라져 나온 경력서와 경력서의 구성 요소

"내 이력서를 경신해야 한다." 혹은 "그건 내 경력에 좋지 않을 것 같다."라는 표현에서 알 수 있듯이, 경력이란 게 마치 자꾸 쌓이면서 자라나는 어떤 하나의 물체인 것처럼 언급될 때가 있다(그런데 북미에서 경력이란 이력서와 동의어로 쓰인다). 이건 사실이 아니다. "경력 나무"라고 불리는, 여러 가지 약력의 구성 요소로 되어 있는, 정말이지 중심이 되는 복합적인 경력서가 있는데, 이는 다음과 같은 사항에 국한되어 있는 것이 아니라 그것들을 다 포함하고 있다 : 교육 경력, 직장 경력, 교직 경력, 수상 경력, 심사를 거친 논문발간 경력, 심사를 거친 기고문 경력, 초청 강연 경력, 저서 및 기타의 다른 책에 들어가는 장(章)을 쓴 저술 경력, 세미나 경력, 현재 진행 중인 프로젝트, 장래의 연구계획, 공저 및 공동연구 경력, 교습 경력, 현재의 학생들, 이전의 학생들, 연구비 획득 및 이와 관련된 제반 사항들. 만일 당신이 선견지명이 있다면, 경력 나무 전체를 형성하고 있는 모든 구성 성분을 변화가 일어날 때마나 지속적으로 최신의 내용으로 경신하여야 할 것이다. 이 경력나무와 연관된 다양한 부속물들이 있으며, 이와 연관되어 특별한 목적의 경력서, 혹은 특별한 목적을 위해 새롭게 만들어진 나뭇가지처럼 갈라져 나온 경력서도 있다. 이런 것들은 당신이 당신의 경력을 어디에 보내느냐에 따라 그 용도가 다양하게 달라질 수 있다.

여기서 말하려는 요소는 복합적인 경력에서 한 단편만이 여러 용도를 위해 각각 필요하다는 점이다. 또한 많은 경우, 어떤 특별한 경력의 구성 요소 전부가 필요한 것도 아니다. 바로 이런 경우인데, 최근 몇 년간의 논문 게재 목록이나 연구비 신청과 같은 데이터에 국한되어 있다. 당신은 경력의 단편 단편들을 아주 짧은 시간 안에 다 모아서 종합해야 하는 필요가 자주 있다는 걸 알게 되며, 중심적인 경력 나무에 들어 있는 구성요소들이 정규적으로 경신되곤 한다면 이 일을 보다 쉽게 할 수 있다는 것도 알게 된다. 때로는 원래의 경력나무 원전까지 되돌아가지 않고서도 그전에 냈던 지원서에서, 특별한 목적에 맞게 작성되는 본체에서 갈라져 나온 이력서를 경신하기만 해도 될 때도 있다. 이러한 경력 구성 요소들을 하나씩 하나씩 살펴보도록 하자. 그전에 한 가지 의문이 먼저 풀려야 하는데, 그건 각각의 이력서에서 데이터가 나열되는 순서이다.

이력서에 들어가는 요소들은 연대순으로 나열되어야 하는가 아니면 역연대순으로 나열되어야 하는가? 가장 안전한 방법은 예비로 하나 더 준비해 두고, 둘 다 선택해서 둘 다 정기적으로 경신하는 것이다. 평생공로상에 지원하기 위해 이력서를 제출하라는 요청을 받았다면 연대순으로 되어 있는 이력서를 내는 게 더 자연스러울 것이다. 그러나 관심의 대상이 최근 몇 년간의 경력이라면, 적어도 논문 발간 및 연구비와 관련된 사항이 역 연대순으로 되어 있는 경력서의 제출을 강력하게 추천하고 싶다. 예를 들어서, (심사를 거친 학회초록의 경우를 포함하여) 심사를 거친 논문 발간의 경우를 들어 보자. 우리는 마땅히 연대순으로 되어 있는 엄격하고 변경할 수 없는 번호가 매겨져 있는 목록을 유지해야만 한다(그런데 이건 때로는 좀 복잡해질 수도 있다. 왜냐하면 논문이 게재되는 순서가 논문을 제출한 순서와 다를 수 있기 때문이다). 이런 순서대로 매겨진 번호들은 참고문헌 번호나 인용번호로 영원히 사용될 수 있다는 중요한 이점이 있으며, 이런 영구적인 번호들은 연구자의 업적 등을 논의하거나 장래의 연구를 위한 계획서와 같은 걸 논의할 때에도 사용될 수 있는 이점을 가지고 있다. 한편, 최근의 논문만이 논의되어지는 경우들에 대해서는, 가장 최근의 가장 타당한 데이터를 보여주는 것을 추천한다(물론 저술 발간 목록은 쉽게 참고할 수 있도록, 획이 굵은 글씨체로(그것이 허용된다면) 왼편의 눈에 띄는 위치에 적어 넣어야 한다). 새로운 논문은 맨 위에 추가로 적어놓고 오래된 작업은 맨 끝으로 안 보이게 밀어 놓는다. 번호는 당신이 총 얼마나 많은 논문을 발표했는지를 알 수 있게 해주는 역할도 한다. 같은 방법으로, 장래에 당신을 고용할 고용주는 지난 20년간 당신이 무엇을 했는지에 대해서가 아니라 최근에 이루어진 한두 개의 저술에만 관심을 가지며, 연구기금을 주는 기관에서는 먼 과거가 아니라, 가까운 과거에 당신이 한 일에 대해 동일한 관심을 가지고 있다. 가장 안전한 코스는 모든 구성요소를 순차적인 것과 역순으로 되어 있는 것을 다 준비하는 것인 반면에, 좀 부족하다 싶은 논문 발표를 용이하게 처리하려면 갈라져 나온 경력서에서는 대체로 역순으로 된 것을 사용하라.

5.4.2 경력서의 구성요소

교육 경력, 고용 경력, 교수 경력, 수상 경력, 심사를 거친 논문발간 경력, 심사를 거친 기고문 경력, 초청 강연 경력, 저서 및 기타의 다른 책에 들어가는 장(章)을 쓴 저술 경력, 세미나 경력, 현재 진행 중인 프로젝트, 장래의 연구계획, 공저 및 공동연구 경력, 교습 경력, 현재의 학생과 박사후 과정 연구원들, 이전의 학생들과 박사 후 과정 연구원들, 연구기금 마련.

교육 경력 이것은 공인된 표준 규격이 있다. 그러나 많은 사람들이 자신의 학위 논문 제목을 빠뜨리거나 논문 지도교수의 이름을 빠뜨리는 경우가 있다. 이런 것들은 적어도 **경력 나무**(CV Tree)에 기록되어져 있어서 특별히 사용해야 할 경우에는 쉽게 추가로 적을 수 있도록 한다.

고용 경력 이것 역시 공인된 표준 규격이 있다. 그러나 역시 함께 일한 사람들이 있고, 어떤 사람 밑에서 일을 했을 경우, 어떤 특정한 경우에는 그들의 이름을 적어 넣어야 할 가능성이 있다.

교수 경력 학계에서 일하는 자리가 아니라면 관심이 없을지도 모르지만, 대학들은 여기에 관심을 가진다. 당신의 교수 경험에 유익한 코멘트를 할 수 있는 사람이 있다면, 그의 이름을 경력서에 집어넣어야만 한다. 미래에 그들이 필요하게 될 경우를 대비해서 말이다.

수상 경력 이것은 모든 채용기회 때에 반드시 언급되어져야 한다.

심사를 거친 논문게재 경력 위에서 논의했듯이 모든 이력서에서 가장 핵심적인 요소이다. 관건은 게재된 논문 목록 전체를 줄 것이냐 아니면 최근의 것만을 줄 것이냐, 연대순으로 된 것을 사용하느냐 역순으로 된 것을 사용하느냐, 논문의 제목만을 주느냐의 여부, 논문이 끝 나는 페이지 수를 알려주느냐 또 내용 구성 성분을 어떻게 배치할 것이냐의 문제이다.

심사를 거친 기고문 경력 심사를 거쳤기 때문에 기고문 역시 각각 번호를 매겨서 발표된 논문 목록에 들어가야 한다.

초청강연 심사를 거친 학회 기고문처럼 이것도 각각 번호를 매겨서 심사를 거친 논문 목록의 부분을 형성한다.

저서 및 기타 다른 책에 들어가는 장(章)을 쓴 저술 경력 비록 암묵적으로는 출판사의 심사를 거쳤다고는 하지만 이것은 심사를 거쳐 출간된 논문으로는 여겨지지 않기 때문에 번호를 매길 수는 없다.

세미나 세미나를 여러 번 하고 나면, 세미나에서 했던 내용이 중복되는 논문이 지리할 정도로 많이 생기게 된다. 아마도 초기에는 참석했던 세미나를 전부 기록하겠지만, 나중에는 최근에 참여한 세미나만을 기록하게 될 것이다. 좀 더 권위있게 들리는 접근법은 "발표된 논문이 각각

학과와 세미나에서 몇 차례 발표되었을 만큼 화제가 되었다."고 말하는 것이다. 한편, 특히 자부심이 대단히 높은 사람들이 모인 집단과 아주 권위 있는 대학에서 한 세미나들은 써놓는다.

현재 진행 중의 프로젝트 임용 가능성이 있는 경우 혹은 임용이 교차로 진행된 경우에 들어가는 서류일 때에는 현재 진행하고 있는 프로젝트에 대한 개요는 절대적으로 필요하다.

장래의 연구 계획 임용 가능성이 있는 경우 혹은 임용이 교차로 진행된 경우에 들어가는 서류일 때에는 장래의 연구 계획에 대한 개요도 절대적으로 필요하다.

공저 및 공동연구 경력 여러 가지 이유 때문에, 당신이 현재 공동으로 하고 있는 작업(대학, 연구소, 혹은 연구원들을 포함하여)에 대한 요약은 당신의 연구 활동을 규정하고 명확히 알리는 데 도움을 주며, 당신이 다른 기관들과 연구원들에게 얼마나 잘 인정받고 있는가를 보여준다(물론 이건 서류를 읽는 사람이 당신이 발표한 논문들의 저자 목록을 잘 훑어본다면 명백하게 알게 되는 거지만, 이런 걸 강압적으로 발견하게끔 하는 것이 목적은 아니다).

교습 경력 학교에 임용될 경우 만일 당신이 연구에 몰두하느라 가르쳐본 경험이 별로 없다면 이것은 절대적으로 필요한 요소이다. 대학 당국은 당신이 학생들을 가르치는 데 정말로 많은 기여를 하는가의 여부를 항상 거듭 확인하고자 한다.

현재의 학생과 박사후 과정 연구원들 이것 역시 현재 당신이 지배하는 제국의 크기를 가리킨다. 그 학생들이 이전에 어디에 있다가 왔으며, 그곳을 떠날 때에는 어디를 가게 되느냐를 밝히는 것이 아마도 유용할 것이다.

이전의 학생들과 박사 후 과정 연구원들 다시 말하지만, 장차 당신 밑에서 공부하고자 하는 학생들과 박사후 과정 연구원들은 이전에 당신

밑에 있었던 사람들과 상의를 하고 싶을 수도 있다. 그러나 당신 곁을 이미 떠나 버린 이전 학생들과 박사후 과정 연구원들의 바뀌어버리는 주소를 계속 추적한다는 건 쉬운 일이 아니다.

연구기금 마련 연구기금을 출원하는 기관에서는 당신이 "두 번 담그기"를 하지 않기를 거듭 확인하고자 한다. "두 번 담그기"란 한 연구에 돈을 두 곳에서 받아서 남는 돈을 연구가 아닌 다른 곳에 쓰는 것을 말한다. 현재 들어간 돈이 모두 얼마인지 그 총계를 알려주면 충분한 것이지만, 현재까지 기금을 어떻게 사용했는지를 계속 관리하는 것은 상당히 어렵다.

5.4.3 지금 목전에 놓여 있는 목표에 합당하도록 이력서를 재단하기

"당신의 이웃을 알라." 특별한 목적을 위해 이력서를 어떻게 작성하느냐에 대한 아주 간단한 조언이 있다. 지금까지 계속해서 경신해온 모든 경력의 구성 요소들을 원천으로 삼아서, 당신이 좋은 인상을 주고 싶은 타겟 그룹의 직능에 맞게 이력서를 다시 써야 한다는 사실을 명심하라. "당신의 이웃에 대해 잘 알아야 하는 것"의 본질적인 이유는 목적에 합당하게 당신의 이력서를 변경시킬 수 있어야 하기 때문이다.

만약에 요구 사항이 당신이 가지고 있는 모든 자산과 경력을 날짜별로 있는 그대로 나열하는 목록이라면 그리고 같은 이력서를 다목적으로 사용할 수 있다면 이력서를 쓰는 일은 상대적으로 쉬울 수 있다. 사실상, 당면한 목적에 아주 잘 맞게 이력서를 작성하기 위해서는 좀 생각해야 할 부분이 있지만, 이런 노력에 대한 보상은 대단히 중요하다. 특히, 그 이력서를 받아 볼 사람이 누구인지에 따라 이력서를 다르게 써야 한다는 사실을 인지하고 있어야 한다. 예를 들어, 대학의 교수직 임용을 위한 인터뷰를 하게 하는 경력서가 산업체의 일자리에 들어가게 하는 경력서와 똑같은 업적을 강조해서는 안 되는 것이다.

문화적인 차이 역시 고려해야만 한다. 위에서 언급했듯이, 북미에 있는 대학을 겨냥한 경력서는 유럽에 있는 대학에 보내는 경력서보다 훨씬 더 "공격적으로" 써야만 한다. 유럽에서는 겸손이라는 게 아직까지 미덕으로 평가받는 것처럼 보인다. 만일 당신 경력서가 간접적으로 당신이 천재임을 자랑하고, 그 밖의 참조 사항들이 이러한 주장을 뒷받침한다면 유럽의 동료 과학자들은, 그렇다면 왜 아직도 당신은 스톡홀름에 초대되지 않았는지(왜 노벨상을 타지 않았는지) 놀라워할 것이고, 아마도 눈을 찌푸리고 당신을 쳐다볼 것이다. 반면에 북미에 있는 대학에 보내는 경력서가 너무 겸손하게 쓰여져 있다면, 그건 단박에 휴지통으로 들어가 버릴 것이다. 왜냐하면 그 사람들은 단순히 당신의 자격이 충분치 않다고 여기거나 야심이 부족하다고 여기기 때문이다. 그러므로 직장을 구하고자 할 때에는 문화적인 차이조차도 매우 중요하다. 다시 한번 강조하지만, 상대가 누구냐를 잘 인식하는 것과 가능하다면 언제든지 당신의 이득을 위해서 그들을 이용할 수 있는 것이 중요하다.

당신의 목표는 구직 시장에서 혹은 연구기금을 신청하는 리스트나 수상 후보자 리스트에서 당신을 최대한 좋은 위치에 놓이도록 하는 것이다. 이력서를 통해서, 때로는 인터뷰를 통해서 당신은 장래에 당신을 채용할 사람 혹은 연구기금이나 수상 여부를 결정하는 위원회에 당신 자신을 문자 그대로 팔려고 노력하고 있는 것과 같다. 당신은 확신을 주어야 한다. 왜냐하면 당신이 신청서를 보내는 사람들은 당신과 경쟁하고 있는 모든 사람들 중에서 선택을 하는 것이므로, 자신들의 선택에 실수가 없기를 바라기 때문이다. 직장을 구할 때, 아니면 연구비를 신청할 때, 혹은 상을 타려고 할 때, 당신은 그냥 잘해서는 안 된다. 당신은 그 누구보다도 더 잘해야만 한다는 걸 기억하라! 그러므로 이건 단순히 시험에 통과하거나 좋은 성적을 얻는다는, 당신이 학교에 있을 때 가졌던 (덜 야심찬) 목표보다는 잠재적으로 훨씬 더 치열하다.

당신의 경력서 혹은 이력서는 당신이 무엇을 했는지를 자세히 기술하는 것으로부터 시작해야 하지만, 거기에서 당신이 어디로 가기를 원하는지에 대한 명백한 생각도 알 수 있게 해 주어야 한다. 가능하다면, 장래에 대해 당신이 어떤 비전을 가지고 있는지를 보여줄 수 있도록 작성되어져야 한다. 인터뷰 담당자들은 신청자가 과거에 초점을 맞추고 있는 것보다는 앞을 바라보고 있는 걸 좋아한다. 이런 의미에서 당신이 임용되기 위해서는 당신이 찬란한 과거를 가지고 있는 것만으로는 충분하지 않다. 당신의 경력서와 인터뷰를 하는 동안 당신은 당신의 과거에 이루어 놓은 것을 바탕으로 앞으로 무엇을 어떻게 구축해 나가려고 하는지를 보여 주어야 한다. 당신의 비전이 꼭 정확해야 한다거나 정밀할 필요는 없다. 중요한 것은 당신이 비전을 가지고 있다는 사실이다. 즉, 당신이 나이가 얼마나 어리든지 간에, 당신은 실제로 앞으로의 일과 계획에 대해 시간을 들여 생각하고 있다는 것이다.

좋은 이력서를 쓰는 데 최대로 어려운 점은 간결하면서도 동시에 완전한 이력서를 작성해야 한다는 점이다. 예비 고용인에게 당신이 여태까지 해온 중요한 모든 내용들을 말해주길 원하고, 미래의 전망에 대해서도 대략적으로 말하고 싶지만, 동시에 그것을 기껏해야 몇 페이지 안에 다 해야만 하기 때문이다(대조적으로 많은 페이지에 채워 넣을 수 있는 당신의 논문 게재 리스트는 제외하고). 당신의 경력서의 한줄 한줄이 획기적인 업적을 논하고 있는 것이 아니라면 몇 페이지가 지나지 않아 순전히 지루하기 때문에 혹은 시간이 없기 때문에 그걸 읽는 사람의 흥미를 완전히 잃게 된다.

예를 들어서 한 대학이 새로 교수 채용 공고를 내면, 그 학과에 100명이 넘는 응모자들이 이력서를 제출하는 일은 드문 일이 아니다.

보통, 각각의 응모 서류는 커버레터, 경력서, 관심 연구 분야에 대한 보고서, 교육 철학에 대한 보고서, 여러 통의 추천서(서너 통의 추천서가 전형적이며, 보통 각각 따로따로 우편 발송된다)로 구성되어 있다.

전부해서, 응모자들 각각 최소한 10페이지에 달하는 서류를 제출한다고 예상해 볼 수 있다(이건 정말이지 최소한이다. 우리는 최근에 조사위원회 활동을 했는데, 응모자마다 제출한 서류가 최소한 15페이지였고, 어떤 성공하지 못한 케이스의 경우는 최대 40페이지에 달하기도 했다).

응모자 선발 위원회는 모든 응모 서류를 자세히 다 봐야 하는 어려움이 있다는 사실, 특히 응모 서류가 간결하지 않고 긴 경우에는 어려움이 더 크다는 것을 상상해 볼 수 있으리라.

그러므로 당신이 간결하면서도 동시에 종합적으로 하고 싶은 말을 다 할 수 있다면, 당신의 경력서는 눈에 띄게 될 것이고, 이렇게 되면 당신이 인터뷰를 하게 될 가능성이 높아진다(어디까지나 당신의 과거의 활동에 충분히 실질적인 내용이 있는 경우에 한해서).

한편, 당신이 이력서에 너무나 많은 것을 써 넣는다면, 당신이 말하는 게 전부 다 정말로 중요한 것이 아니라면, 선발 위원회 사람들은 싫증이 나게 되고 파일에 쌓여 있는 다른 응모자의 서류를 집어 들게 된다. 이것 역시 시끄러운 소리의 비율을 얼마나 높일 수 있느냐 하는 개념과 관련된다. 당신이 잘하기만 한다면, 경쟁자들에 비해서 대단히 유리한 입장에 있을 수 있다.

덧붙여 말하자면, 연구보조금 신청서를 제출할 때, 당신이 후원해 달라고 요청하여 연구비를 주는 기관은 보통 당신의 경력서 제출을 요구할 것이며, 당신이 사용할 수 있는 전체적인 지면과 형식을 엄격하게 지정해 줄 것이다. 이번에도 당신은 철저하면서도 간결하게 자신에 대해 기술해야 한다. 다소 다른 시각의 것을 얻고자 한다면, 과학적인 저술에 관한 섹션을 읽어 보기 바란다. 거기에서 우리는 레터를 쓰는 법과 일반 논문을 쓰는 법의 차이점을 서술해 놓았다. 정확하고 간결하면서도 철저하게 글을 쓰는 것은 성공하는 과학자가 되기 위한 매우 유용한, 어쩌면 꼭 필요한(충분한 건 아니지만) 기술이다.

5.5 구두(口頭)발표 및 그 구성

청중들 앞에서 발표에 주어진 시간을 통제하면서 발표도구를 사용하여 화면에 이미지를 보여 주거나 이미지들을 연속적으로 보여 주는 효과적인 발표에 관해서 쓴 글은 많이 있다. 그럼에도 상당한 규모의 청중들 앞에서 이루어지는 과학적인 발표에 관해 논의할 때, 여러 가지 사항에 대해서 충분히 강조가 되지 않는 것 같다. 다음에 논의할 부분은 바로 이런 점이다.

구두발표에서 맨 처음으로 중요한 점은 할당된 시간을 엄수해야 하며 그 시간을 초과해서는 안 된다는 것이다(어떤 경우이든 이것이 발표회를 준비한 사람들에게는 시간을 초과하게 하며, 다른 발표자들에게는 당신의 작업이 그들의 작업보다 훨씬 더 중요하다는 의미를 내포함으로써 가장 무례한 행동이 된다). 당신은 거의 언제나 정식 학회 발표 때에는 시간상의 제약을 존중할 줄 알아야 한다(소규모의 연구자 모임이나 워크숍인 경우엔 시간상의 제약이 훨씬 느슨할 수 있다). 요즈음은 사실상 거의 모든 모임에서 구두발표에는 질의 응답 시간을 포함해서 10분에서 15분의 시간이 할당된다. 우리는 모두 대담자가 하고자 하는 말이 채 끝내기도 전에 스케줄을 엄수하는 데 진력하는 사회자가 대담자의 말을 중단시키는 광경을 목격한 적이 있다. 어떤 사회자는 좀 미안해하면서 그러기도 하지만, 어떤 사회자는 격식도 차리지 않고 무례하게 발표를 중단시켜버리기도 한다.[46] 이런 일이 당신에게 일어나는 것을 원하지는 않을 것이다. 왜냐하면 당황스럽기도 하지만, 당신이 하고 싶은 말을 다 할 수가 없기 때문이기도 하다(끝 부분에 몇 개의 장(章)이 없는 책은 전하고자 하는 말을 독자에게 제대로 잘 전달할 수가 없다).

46) 많은 사람들에게는 회의의 좌장이 되는 것은 명예로운 임무라고 여겨지지만 매우 번거롭고 지루한 일이다. 회의 내내 앉아 있어야 하고, 아무도 질문하지 않을 경우 질문하기 위하여 발표를 경청해야 한다. 아울러 발표일정을 지키도록 하여야 하고, 논쟁이 일어나는 경우 적절한 수준의 논의가 되도록 조정하여야 한다.

할당된 시간 안에 당신이 하고 싶은 말을 다 전달할 수 있으려면, 우호적인 청중들 앞에서 당신이 하려는 말을 적어도 한 번, 아니면 그 이상, 연습해 봐야 한다. 이 경우에도 누군가는 시간을 포함해서 발표에서 나오는 문제들을 찾아내는 임무를 맡아야 한다. 만약에 그들이 당신을 잘 대해주면서 당신을 충분히 들들 볶았다면, 친숙하게 알지 못하는 다수의 청중 앞에서도 당신은 발표를 편하게 할 수 있는 확률이 높아진다. 이러한 자신감은 발표를 잘할 수 있는 가능성을 아주 많이 증가시킨다. 이렇게 미리 한번 해보는 건 당신의 작업이 가지고 있는 약점과 때로는 미처 생각해 보지 못한 문제점 등을 드러내 보여줄 수 있으며, 발표를 어떻게 할 것인지(이미지 자료들을 뒤죽박죽 보여주지는 않는지 등)를 알게 해준다. 그래서 이러한 리허설은 전체 발표를 실제로 할 때에 상당히 많은 부분을 향상시켜 준다.

발표를 어떻게 할 것인가에 관한 대부분의 조언들은[6] 발표 때 해서는 안 되는 게 무엇인지에 주안점을 둔다. 무엇이 가장 일반적으로 빠지기 쉬운 함정인지는 명백하게 알고 있어야 한다(예를 들면, 이 문제에 대한 재미있는, 때론 정말 웃기기까지 한 문건들이 있는데, “어떻게 하면 정말로 형편없는 발표를 할 수 있는가?”라든가, “청중들이 당신의 말을 듣지 않고 발표장을 떠나게 하는 15가지 방법”이란 것도 있다. 이건 인터넷에서 구글같은 검색엔진을 통해 쉽게 검색해 볼 수 있다).

청중을 결코 과대평가해서는 안 된다. 어느 면에서 당신은 자신들이 있는 곳에서 편안함을 느끼는 청중들을 초음속의 속력으로 당신이 있는 곳으로 데리고 가려고 하지만, 청중들은 음속에 가까운 속력을 낼 때 공기의 저항으로 생기는 “소리의 장벽”을 거쳐야 한다는 사실을 인식하지 못하고 있는 것이다. 대부분의 사람들처럼, 과학자들도 새로운 것을 배우기 좋아하지만, 자신들이 무지하다거나 바보 같다고 느끼는 것을 좋아하지는 않는다.(사실 그런 걸 누가 좋아하겠는가?) 그러므로 광범위하면서도 간결한 소개를 해주는 게 현명하며, 특히 완전히 전문가들만 모여서 하는 세미나에서 발표할 때에는 그 분야의 연구 동향 전반을 적절히 상세하게 서술하며, 당신의 작업이 어디에 위치하고 있는지를 알려 주는 게 현명하다. 그리고 이 분야가 왜 전도유망한 것인지, 무엇이 당신으로 하여금 그런 연구를 하게 하는 촉매제가 되었는지, 어떤 종류의 기여를 당신은 할 수 있는지를 분명하게 설명해 주어야 한다. 당신 연구에서 새로운 게 무엇인지를 명백하게 밝히기 위해서는, 당신의 작업이 그 분야의 전체적인 맥락에서 어디에 놓여 있는지를 잘 판가름해야만 한다.

발표를 하기 위해서는 하나의 줄거리를 말할 수 있어야 한다(어떤 의미에서는 이야기를 파는 것이라고도 할 수 있겠다). 당신의 발표는 분명한 시작이 있어야 하고(소개의 형태로), 중간의 몸통 부분이 있어야 하며, (결론의 형태로 또한 장차 하고자 하는 연구에 대한 전망의 형태로) 종결 부분이 있어야 한다.

주어진 짧은 시간에 맞춰서 자신이 가지고 있는 모든 자료를 짜맞추고 좋은 얘기를 말한다는 건 종종 어려운 일이다(APS, MRS, AVS, ACS, EPS, ECOSS 등등과 같은 대형 학회에서는 구두 발표에 전형적으로 주어지는 할당 시간은 10분에서 15분 정도이다). 그럼에도 규칙은 모두에게 똑같이 적용되는 것이니, 그 규칙을 준수하고 가능하다면 그 규칙을 이용하라. 이런 면에서, 특히나 아주 엄중한 시간 제약이 있기 때문에, 우리의 조언은 새로운 아이디어 하나나 새로운 결론 하나만을 발표하라는 것이다.[47] 만약에 당신의 청중이 이 한 가지의 개념을 상당히 잘 이해하고 집에 갔다면, 당신은 굉장히 많은 것을 성취했다고 여겨도 되며, 당신이 그 학회에 참여한 보람이 있었다는 걸 뜻한다.

47) 논문을 쓰는 것도 마찬가지이다. 너무 많은 정보를 포함한다면 논문이 혼란스럽고 읽기에 어렵게 된다.

시간이 짧기 때문에, 당신은 확실하게 정말로 중요한 개념들만을 전달해야 하며, 당신의 발표를 방해할 수도 있는 너무나도 많은 관련성이 떨어지는 지엽적인 문제들을 상세히 설명하지 않도록 한다. 사실, 당신의 발표가 그 진가를 인정받게 되면, 청중 가운데서 그 누군가가 나중에 당신을 찾아와 자세한 걸 묻는다(한 가지 해결 방법으로는 더 자세한 설명에 대해서는 참고 사항을 제공하는 것이다. 예를 들면, 당신의 이메일 주소라든가, 당신의 웹페이지에 있는 발표 내용 등을 알려준다). 결국, 발표가 끝났을 때, 당신은 청중들이 당신이 발표한 내용의 핵심적인 부분들을 기억해주기를 바라는 것이지 별로 중요하지도 않은 부분을 기억하리라고는 기대하지 않을 것이다. 반면에 만일 당신이 청중들을 전문적인 학술용어의 바다에 빠져 허우적거리게 만들었다면, 어느 누구도 나중에 당신을 찾아와 당신의 연구에 대해서 더 많은 것을 알아보려고 하지 않을 것이다.

되도록이면 아주 간단하게 표시된 그래프나 이미지만을 사용하여야 한다.

아마도 가장 무례한 사람들은 너무 많은 공식을 보여주려고 작정하는 이론가들일 것이다. 이런 건 주의를 산만하게 하고, 그 성질상 시간을 낭비하는 말을 하게끔 만든다. 우리가 들어본 발표 중에서 최고의 이론적인 발표는 공식이라는 게 거의 없거나 아예 없는 것이었으며, 거의 전적으로 개념에만 집중한 것이었다. 아직 젊고 경험이 부족할 때 이렇게 한다는 건 좀 어려운 일이다. 그러나 그렇게 하는 게 당신의 목표가 되어야만 한다. 이러한 가르침을 빨리 받을수록 더 좋다(또한 당신이 공식을 잊어버렸을 경우에, 청중들 앞에서 공식을 언급할 필요를 느끼지 않는다는 것을 보여줌으로써 그 분야에 정통하고 있다는 것을 은연 중에 보여줄 수도 있다). (물론, 당신이 하는 말의 기본이 되는 게 이미 잘 알려져 있는 공식을 변형시킨 것이라면, 한두 개의 공식을 명확히 설명하는 것도 괜찮겠지만, 청중들이 당신의 전공분야와 딱 일치하는 분야의 사람들일 경우를 제외하고는, 그 이상 나가지 않도록 한다.)

실험을 주로 하는 과학자들은 실험 장치를 어떻게 하고 실험 절차는 어떠한가에 대한 부분을 너무나 지나치게 상세히 설명하려 함으로써 이론가들과 유사한 방식으로 (발표 때) 잘못을 저지르는 수가 있다. 복잡한 설명을 통제하기 위한 컴퓨터를 이용한 발표에 있어서 적절한 요령은 파워포인트를 사용하는 것인데, 이를 이용해 물체를 스크린상에 옮겨 놓을 수 있고, 블록화된 도형을 보여줄 수도 있으며, 보다 상세한 설명이 필요할 때는 특정 블록을 확대시킬 수도 있다. 또한 이것은 맨 처음 화면에 뜬 아주 상세한 도형이 당신이 정말로 말하려고 하는 것이 아닌데도, 그것에 대해 여러 명의 청중들이 무언가 이해를 해 보려고 시도할 때 당신에게 일어날 수 있는 유혹을 다스릴 수 있게 해준다.)

색깔에 대해서도 조심하라. 많은 사람들이 색맹이며, 당신은 명확하게 구별된다고 여기는 것을 혼동하는 경우가 많다. 색으로 구별되는 그래프를 사용할 때 아주 무성의한 선택은 그래프의 선이 아주 가는데 구분하기 어려운 색상을 주는 것이다. 복잡한 배경색을 띤 도면은 전면에 나와 있는 물체의 식별을 어렵게 한다. 이런 것들은 발표 연습을 할 때 다 체크가 되어야 한다.

당신이 아주 중요하다고 여기는 부분을 강조하는 경우를 제외하고는 슬라이드에 나오는 말들을 그냥 쭉 읽어 내려가지 말라(보고 있는 사람이 이미 다 읽은 것을 발표자가 또 읽고 있다면 보는 사람들이 얼마나 짜증이 나겠는가 생각해 보라). 대부분의 경우, 당신이 제시한 도식의 어떤 측면만을 간단히 언급하는 것만으로도 당신이 뜻하는 바가 무엇인지를 충분히 전달할 수 있다. 왜냐, 청중들도 아마 읽을 능력은 있을 테니까. 길잡이 역할을 해줄 발표문을 잘 정리하여 준비해 두는 건 좋은 생각이지만, 그걸 그대로 처음부터 끝까지 읽어서는 안 된다! 더 이상 고등학교 학생이 아니지 않은가. 당신은 전문가처럼 보이고 전문가처럼 들려야 한다.

실지로 (컴퓨터를 이용해서 화면을 투사하는 방식이 아니라) 슬라이드(투명화) 사진을 사용할 때에는, 슬라이드를 흑백 종이 복사본으로 나누어 준비하면 다음에 비출 슬라이드 내용을 생각할 수 있어서 편리하다. 슬라이드 사이사이에 끼워놓는 종이는 슬라이드 자체에는 들어가지 않지만 당신이 언급하고 싶은 바를 기억할 수 있도록, 생각한 것을 아무렇게나 써놓기에 아주 적당하다.

반면에 마이크로소프트 파워포인트 같은 걸 사용하면, 발표문을 6-프레임 종이(6-frame paper)로 요약한 배포 인쇄물이 있어서 발표 내용의 개념적인 틀을 알 수 있고, 당신에게는 발표에 이용할 수 있는 자투리 노트로 쓸 수도 있다. 이런 인쇄 배포물은 내용을 잘라내어 각각의 슬라이드로 만들 수도 있는데, 발표 내용을 순서를 바꾸어서 다르게 구성할 때 아주 편리하게 쓸 수 있어 손으로 구분하기에 딱 알맞은 크기이다.

가능하다면 그리고 용납된다면, 현대 과학 기술로부터 받을 수 있는 도움이라면 무엇이든지 다 받아야만 한다. 요즈음에는 파워포인트가 점점 더 자주 쓰인다. 파워포인트는 당신이 하는 실제적인 발표 내용에 덧붙여서 다소 특별한 효과를 내게 해 줄 수 있다. 그래도 그걸 과장해서는 안 된다. - 당신의 목적은 당신의 과학(연구한 것)을 파는 것이지, 청중이 정신을 딴 데 팔리도록 하는 게 아니기 때문이다.

파워포인트나 프로젝터가 고장날 때를 대비해서 기존의 슬라이드로 작성된 발표 자료를 항상 갖고 다니는 게 현명하다(물론 그럴 경우의 발표는 파워포인트를 써서 하는 발표처럼 역동적인 효과를 낼 수는 없으므로, 비상시 사용할 통상적인 슬라이드를 만들 때는 이런 점들을 유념해서 만들어야 한다). 이런 경우는 드물게 일어나지만, 만일 그런 일이 벌어진다면 어떻게 하겠는가.

만일 당신이 영어로 발표하는 것이 편치 않다면, 특히 영어가 모국어가 아닌 경우라면, 발표하는 데 필요한 자신감을 구축하기 위해서 충분한 시간을 들여 연습을 해야만 한다. 우리가 이 말을 하는 이유는 발표자가 그야말로 원고를 그대로 읽고 있으면, 그동안 듣는 사람들이 앉아서 얘기를 나누게 하고 싶지 않기 때문이다! (그러나 아무리 영어를 훌륭하게 구사한다고 하더라도, 쓰여져 있는 걸 그대로 달달 외워서 말하는 것("read" from memory) 역시 청중을 굉장히 지루하게 만든다.)

당신이 말을 잘하는 사람이 되고 과학 분야에서도 잘하는 사람이 되면, 여러 곳에서 발표해 달라는 초청을 받게 된다. 이것은 당신의 자부심에 긍정적인 효과를 끼칠 뿐만 아니라 당신의 경력에도 역시 도움이 된다.

우리가 앞에서 설명한 것이 발표와 관련된 당신의 지식을 쌓는 데 유용한 보탬이 되기를 다란다.

또 다른 아주 뛰어난 견해는 Mermin이 Physics Today 1992년 11월호 9쪽과 11쪽에서 갤런드(Garland)가 발표에 대해서 해 놓은 아주 유명한 말[6]을 언급하면서, referance frame 단편에서 자신의 또 다른 자아인 빌 모차르트의 입을 빌려 표현한 것이다.

또 다른 생각을 자아내게 하는 말들 중에 아주 인상적인 것이 한 가지 있었다. "자신에게 일주일간의 시간을 주어라. 그리고는 만약에 당신이 발표하려는 것에 직접 관련되어 있지 않은 사람이 그게 따분하고 짜증나게 알기 어렵다는 걸 왜 발견하지 못하는지 그 이유를 알 수 없다면, 당신은 발표하려는 주제를 다른 것으로 바꾸는 게 낫다. 정말이지 당신은 다른 연구 분야를 심각하게 고려해 보는 게 나을 수도 있다." (비록 이 짧은 단편적인 언급은 본론에서 잠시 벗어나긴 했지만, 그렇게 설명한 것은 이치에 맞다고 여겨진다.)

5.6 포스터의 구성과 그것의 발표

구두발표에 대해서는 많은 것을 언급했지만, 포스터에 관해서는 출판된 책들이 별로 없다. 그러나 인터넷 웹상에 들어가 보면 자료가 상당히 많다. 아주 흥미를 끄는 자료는 (펜실베니아주에 있는 Swarthmore College, 생물학과에 있는) 콜린 퍼링턴(Colin Purrington)이 쓴 "과학적인 포스터를 디자인하는 데 필요한 조언(Advice on desining scientific posters)"이다. 이건 과학자들(생물학자들)이 포스터를 작성하는 데 도움을 주기 위해 쓰여진 것인데, 웹주소는 www.swarthmore.edu/NatSci/cpurrin1/posteradvice.htm이다. 또 다른 뛰어난 문서들에는 두 권의 책에 들어 있는 참고문헌 목록[7]을 볼 수 있고(그 두 권 중에서 한 권만 포스터 작성에 관해서 좀 더 집중적으로 다루고 있다), 포스터에 관련된 다섯 개의 논문들이 있다.

포스터를 사용해서 발표를 하는 데 추천할 만한 특별한 전략에 관해서 좀 자세하게 논의해 보고자 한다.

포스터는, 예를 들어 서른 개의 이미지가 있는데, 이걸 포스터 위에 텔레비전 주화선(raster) 방사 방식으로 왼편에서 오른편으로, 위쪽에서 아래쪽으로 쭉 내려오게 하는 방식으로 늘어놓아서는 안 된다. 이렇게 하는 것은 포스터 발표를 하는 시간이 바자에서 서로 경쟁하는 많은 상인들이 좌판을 벌여놓고 물건을 파는 것과 같다는 사실을 망각하는 것이다. 그러나 바자와는 달리 두 부류의 포스터가 있다. 대략적으로 말해서, (이미 그 주제에 대해 상당히 많이 알고 있고, 다른 중요한 사항을 자세히 알고 싶어 하는) 전문가용과 (아무것도 잘 모르는) 아마추어용이 있다. 포스터로 발표하는 시간은 많은 청중들이 모여들어 운집하는 시간이어서, 포스터의 아랫부분은 앞에 있는 사람들에 의해 가려져서 잘 보이지 않게 되고 겨우 앞줄에 있는 사람이거나 포스터가 걸려 있는 바로 옆에 있는 사람, 그리고 굉장히 관심이 많은 사람들만 보게 된다. 그래서 "종유석 전략"이라고 지칭하는 다음과 같은 전략을 추천하고자 한다(이것을 하는 구체적인 방법은 A4 사이즈 용지에 기본적인 블록 쌓기 방법을 이용하는 것으로, 용지를 집짓기 나무 블록처럼 가로방향으로 눕히는데, 이건 파워포인트 파일에서 쉽게 얻어질 수 있다).

이 전략은 거리에 있는 가게에서 사용하는 전략과 비슷하다. 가게의 진열장에 가장 간단하면서도 가장 잘 눈에 띌 수 있는, 볼 만한 구경거리를 진열해서 지나가는 사람들이 쉽게 볼 수 있게 하는 방법이다.

포스터 한 장에 제일 위의 높은 곳에 제일 중요한 내용을 넣는 것인데, 이건 지나가는 사람이 쉽게 볼 수 있게 하는 (진열장과 같은) 것이다. 맨 윗줄의 얘기는 왼편에서 오른편으로 가게 쓰며, 알리고 싶은 것을 6개의 간단한 세로 방향으로 되어 있는 이미지로 요약한다.

등록 신청서와 명함용 봉투는 최대한 오른쪽에 있는 열(列)에, 위에서 세 번째 줄에다 넣는다. 각각의 열(列)은 아래로 내려올수록 상세한 복잡한 내용들을 넣는다. 다 합쳐보면, 이것은 종유석 모양의 발표가 된다(종유석은 천장에서 매달려서 아래로 내려온다는 걸 기억하라). 몇 개의 화살표와 문자로 되어 있는 몇 개의 텍스트만 있으며 많은 군중들 앞에서도 쓸 수 있고 발표자가 없는 상황에서조차 이해될 수 있는(화살표 때문에) 하나의 포스터를 만들 수 있다(이메일 버전 신청을 받을 때에는 파워포인트가 이미 이미지에 번호를 부여한 순서대로, 우리가 언제나 사용하고 보여주는 그 순서대로 이미지들이 다시 정돈된다).

[**기분전환** 또 다시 여기에 합당한 스탠리 해리스의 만화를 보자.

여기엔 자세한 설명서는 없고, 간판만 있다. "**종유석**은 **천장**에서 자라 내려옵니다. **종유석**은 **바닥**에서 자라 올라옵니다. - **어떤 게 맞는 건지 가이드에게 제발 묻지는 말아주세요.**"]

포스터를 준비할 때에도, 당신이 발표할 말을 준비하거나 논문을 준비할 때처럼, 사람들이 발표장에 나타나 들어보고 싶어 하는, 간단하면서도 매우 효과적인 이야기를 준비하는 방식으로 그렇게 준비를 해야 한다(놀랍게도, 어떤 포스터 발표자는 사전에 자신의 포스터에 대해 아무것도 준비를 하지 않는다. 이건 고객을 모욕하는 것과 거의 같은 수준이라고 할 수 있다. 당신의 가게에서 무식한 점원이 저지르게 되는 행동처럼 말이다). 물론 많은 사람들이 당신의 포스터를 보겠지만, 한번 힐끗 쳐다보고는 그냥 다음 포스터를 보려고 지나쳐 버릴 것이다. 그러나 당신 포스터 첫 줄에 쓰여져 있는 글에, 말하자면 낚여서, 멈춰 서서는 질문을 한다면, 그들은 아주 논리 정연한 이야기를 다 들을 권리가 마땅히 있게 된다. 이런 의미에서 잘 준비된 포스터는 잘 준비된 구두발표와 매우 유사하다. 한 가지 다른 점이 있다면 두 차원의 이야기를 준비해야 한다는 점이다. 하나는 최신의 연구, 방법론과 같은 것에 대한 상세한 설명을 들어 보고 싶어 하는 전문가들을 위한 이야기와 즐길 준비가 되어 있는, 그래서 그다지 심오한 얘기까지는 필요가 없는 관광객들을 위한 이야기를 마련해야 한다는 점이다.

당신의 포스터를 보기 위해 온 사람들이 당신과 당신의 연구를 잊지 않게 하기 위해서는 신청서 용지 외에도 당신이 포스터에서 설명하고 있는 연구 내용을 (대부분은 전문가들을 위해서) 프린트물로 만들어서 휴대하고 있어야 하는데, (무엇보다도) 당신의 이메일 주소가 들어가 있는 상당히 많은 양의 명함도 같이 갖고 있어야 한다. 명함은 어떤 학회를 가든지 간에, 그리고 취업 인터뷰에서는 “꼭” 지니고 있어야만 한다. 만일에 방문객들이 당신의 작업을 좋아한다면 그들은 실지로 결국엔 그 주제에 대한 당신의 논문을 읽게 되고 함께 공동 연구를 해보자는 제의를 하게 되거나 적어도 자신들의 논문에서 당신의 연구 결과를 인용하게 된다.

chapter 6 마무리 이야기들

어느 사람의 이야기 - 이 장(章)에서 내 친구들과 지인들이 석사학위와 박사학위 과정, 그리고 박사후 과정 및 임용 인터뷰 때 겪었던 일들과 관련된 얘기를 좀 해볼까 한다.

6.1 내가 일본에서 어느 여름에 한 연구

내가 박사과정 학생으로 일할 때(1997년 11월에서부터 2000년 10월 까지), 나는 여름 계절 학기 학생으로 두 번(1999년과 2000년) 일본에 간 적이 있었다. 그건 유용하면서도 도전해볼 만한 경험이었다. 한편으론 다른 과학자들과 일해 볼 수 있고, 새로운 접근법을 배울 수 있는 기회를 제공해 주면서, 또 다른 한편으로는 문화적인 관점에서 봤을 때 굉장히 흥미로운 일본 같은 이국적인 나라를 여행할 수 있는 기회를 제공해주기도 하였다.

그렇지만 모든 게 순조롭게 진행되지는 않았다.(이 부분에서 나는 직업적인 쟁점에 국한할 것이다. 비록 문화적이고 개인적인 체험이 아마도 독자들을 즐겁게 해주지는 못하더라도 더 흥미로울 수는 있겠지만 말이다.) 다른 여러 아시아의 국가들과 마찬가지로 일본은 사회적인 관계나 직업상의 관계에 있어서 아주 위계 체계가 철저하게 잡혀 있는 나라이다. 이 부분이 나한테 아주 큰 문화적인 쇼크를 주었다. 이렇게 일하는 방식에 익숙하게 되기까지 시간이 걸렸고, 종국에는 내가 하려던 프로젝트에서 내가 머무르는 짧은 기간 동안 아무런 성과를 얻을 수 없게 되고 말았다. 그럼에도 불구하고, 나의 일본 체류 비용을 후원해준 기관에 보고서를 제출했을 때, 내가 다시 일본에 갈 수 있는지를 물었고, 그 다음해 같은 연구 장학금에 다시 신청할 수 있는지도 물어 보았다.

내가 일본을 두 번째 방문 했을 때에는 친숙해진 그곳의 연구실과 장비들에 대해 내가 이미 익숙해져 있다는 사실을 최대한 이용했다. 나는 결과가 즉각적으로 나오는 프로젝트의 일을 했다. 내가 머무르는 기간이 거의 끝나갈 무렵, 나는 내 연구 성과를 그룹 미팅에서 발표하였는데, 그 이후에 그 그룹의 좌장이 나에게 내 연구 결과에 근거한 논문을 제출하라고 알려주었다. 겨우 몇 달 동안 진행한 연구를 논문으로 발간할 수 있게 되다니, 나는 매우 행복했고 감동을 받았다. 그 이후 몇 달 동안, 나는 그 프로젝트를 연구하고 있는 다른 과학자들과 접촉하려고 시도하였고, 그 연구를 위해서 흥미로울 수 있다고 여겨지는 몇몇 참고사항을 보내 줌으로써 내 자신이 유용하다는 사실을 알리려고 노력하였다. 시간이 좀 흐른 뒤에야, 난 내가 떠난 뒤, 내가 초안으로 작성한 논문에 무슨 일이 벌어졌는지를 알게 되었다. 어느 시점에서 난 용기를 내어 그 그룹의 좌장에게 어떻게 진행되어 가고 있는지를 묻는 편지를 썼다. 같이 공동연구를 했던 한 사람이 자신의 입장에서 답장을 보내왔는데, 그들은 연구 결과를 향상시키기로 결정을 내렸으며, 내가 떠난 뒤로도 그 연구를 계속 진행하고 있다고 말하는 것이었다. 그가 말하길, 그들은 그 연구를 상당히 많이 향상시켰고, 내가 그 연구에 기여한 부분은 이 시점에 와서는 매우 한정적이어서 겨우 그만큼만 인정받을 수 있다고 전해왔다.

나는 헛수고를 한 것이다. 난 같이 연구하는 사람들을 믿을 수 있다고 생각했지만, 그들은 내가 떠나자마자 그 프로젝트에서 나를 빼버리고 논문을 쓰기로 작정을 한 것이었다. 이 이야기의 가장 안 좋은 부분은 이런 류의 행태에서는 당신을 방어할 만한 길이 없다는 사실이다. 어쩌면, 기회가 있다면, 당신이 신뢰할 수 있고, 배신을 절대로 하지 않을 거라 믿어지는 공동 연구자를 선택할 수 있는 경우는 예외가 될 수도 있겠다.

6.2 R의 거의 치명적인 석사과정의 경험(어느 사람의 이야기)

석사학위 논문을 쓰는 동안 R은 말도 못할 만큼 고생을 해서, 졸업할 때 즈음에는 자신이 연구를 계속하기를 정말 원하는지 확신할 수가 없었다. R은 거의 매일 매일을 울었다. 왜냐하면 완전히 길을 잃어버린 것 같았고, 어디로 가야할지 방향을 잡을 수도 없었다. 졸업 후에, 대단히 고통스럽고 어려운 생각 끝에 그가 그 비참한 첫 번째의 경험 뒤에, 스스로에게 두 번째의 기회를 주자고 결심하기까지 2년이라는 세월이 걸렸다.

R의 석사학위 지도교수는 그 분야에서는 저명한 과학자인데, 학생은 가능한 한 일찍이 독립하는 법을 배워야만 한다는 철학을 품고 있는 사람이었다. 이 말은 기본적으로 지도교수로부터 가능한 한 아무런 도움도 받지 않는다는 것을 뜻하는 것이었다. 그러므로 그 교수님은 절대적으로 필요한 상황이 아니라면 괜히 나서서 R에게 도움을 주려 하지 않았다. 불행하게도 R은 매우 불안정했고, 그의 학부과정 교육은 그가 석사과정 연구를 시작할 때 연구실에서 독립적으로 연구를 할 수 있을 만큼 튼실하지 못했다.

처음에 R은 위탁을 받은 연구실에서 일을 하기 시작했다. R은 그 일을 아주 흥미로운 프로젝트라고 여겼지만, 석사과정 중에 체험해 볼 수 있는 것으로는 너무나 세련되고 정밀한 장치들이라서 그것으로부터 이득을 얻어내려면 정해진 스케줄에 맞추어서는 도저히 불가능하다는 사실을 인식할 만큼 충분한 경험이 없었던 것이다. 거의 연구도 못하고 6개월 후 심한 좌절감을 느끼며, R은 결국 다른 연구실로 옮겨가게 되었다.

이제 새로 옮겨간 실험에서는 약간 흥미로운 결과가 이미 나와 있었기 때문에 이 점이 R에게는 다소 위안이 되었다. 그러나 이제 R은 그 일을 전적으로 혼자 다 맡아서 해야 하는 처지가 되었고, 그가 실험을 하려고 하면 실험실 기기들이 다 따로따로 움직이면서 제대로 작동을 하지 않는 것이다. 마치 실험 장비들을 스카치테이프로 붙여 놓은 것만 같았다. R은 실험기기가 어디가 고장 났는지를 파악하고 그걸 고치는 데에 거의 모든 시간을 쏟아 부었다(그 기간 동안 실험 기기를 고치는 문제에 대해서는 많은 걸 배웠노라고 R은 말했다). 좌절 속에서 몇 달을 더 보내고서야 비로서 R은 석사학위 논문을 쓸 수 있는 충분한 데이터를 모을 수 있었다.

그러나 결국, R은 자신이 제대로 관리 감독을 받지 못해서 논문을 제대로 구성하여 쓰지 못했고, 그룹과의 관계 설정도 제대로 못 해서 많은 시간을 허비했다고 느꼈다. 그는 너무나 의기소침해진 나머지, 과학자가 되어서 결국엔 교수가 되어 보겠다는 먼 미래의 꿈을 포기하고 싶은 지경에 이르렀다. 최악의 사태는 그가 기울인 모든 노력에도 불구하고 그의 석사학위 논문에서 저널에 출간된 논문이 하나도 나오지 않았다는 것이다. 이 점이 특히 좌절스러웠다. 왜냐하면 R은 자신의 석사학위 논문에서 생각을 많이 했었고, 여러 다른 과학자들과 상의도 해봤고, 다른 선택들을 고려도 해 봤으며, 결론적으로 자신의 지도교수를 선택할 때 한 저명한 과학자의 조언을 따라서 결정한 것이기 때문이다. R이 생각한 것, 계획한 것, 노련한 과학자에게 조언을 듣는 것과 같은 그 모든 것에도 불구하고, R은 애초에 자신의 경력을 심각한 위험에 빠뜨리는 실수를 저질렀다. 미리 계획하고 지도교수를 선택하는 데 그렇게 많은 공을 들였어도, R은 전반적으로 거의 파멸에 다다르는 끔찍한 경험을 했던 것이다.

어쩌나, 우리가 앞에서 주장했듯이, 인간사에서는 운이라는 게 작용하는 것을! 불행하게도, 미리미리 세운 계획도 운수가 저지르는 어긋난 행위로부터 우리를 막아주지는 못한다.

6.3 T의 경우 : 불안정과 외고집은 치명적일 수 있다. (어느 사람의 이야기)

T는 내가 대학 다닐 때 최고의 학생이었으며(그는 30점 만점에 평점 29.8을 받았는데 이탈리아 대학의 학제에서는 거의 최고 기록이었다.) 내 아주 친한 친구 중의 한 사람이다. 우린 대학 3,4학년 수업시간에 줄곧 옆 자리에 같이 앉아 붙어 다녔다.[48] 같이 수업을 듣는 다른 똑똑한 학생들과 마찬가지로 T는 이론가가 되겠다고 결심했다.[49] T는 계량기계학과 초전도체 수업에서 우리가 배운 재료들에 특히 매료된 것처럼 보였고, 자신들의 연구 프로젝트를 대부분 공동으로 하고 있던 두 교수님 중 한 분과 자신의 석사학위 논문을 쓰기로 결정하였다. 그는 확실히 그 주제와 관련된 자료들을 매우 빨리 배우는 능력이 있었고, 발표도 끝내주게 잘했다. 그가 나중에 말하길, 자기는 그 수업에서 최고였던 학생들만큼 자신이 훌륭하다고 생각했기 때문에, 다른 사람들이 선택한 것을 그냥 따라 가기로 결정했을 뿐이라는 것이다. 더 자세한 설명 없이도 이런 결정이 얼마나 바보 같은 결정이었는지는 분명하리라고 생각한다. 난 그에게 경고했었고 다른 가능성을 생각해 보라고 강력하게 주장했다. 그는 마지못해 다른 교수님들한테 가서 애기를

48) 나는 전 학생들이 전부 이해하지 못했던 양자역학의 특별한 수업을 기억한다. 노트 필기하는 동안 투덜거리고 불평했으므로 T조차도 이해 못하는 듯했다. 그는 이해하지 못했지만 나는 수업 내용을 잘 이해하고 있다는 생각이 들어 안도감을 느끼고 있었다. 그러나 어느 순간에 그는 손을 들고 강사에게 질문하였다. "저 식에서 마이너스 부호가 있어야 하지 않습니까." 우리는 그가 죽이고 싶도록 얄미웠다. 그는 모든 것을 이해했을 뿐만 아니라 계산들이 틀린 곳을 지적할 정도였다.

49) 나는 여기서 다소 주제에서 벗어난 이야기를 하고 싶다. 내가 T를 본 첫날 그는 "Mathematical Methods for Physics" 과목에서 내 뒤에 앉아 있었다. 그는 긴 머리와 면도를 하지 않은 얼굴을 가지고 있었다. 그리고 강의 시간들 사이의 중간휴식 시간을 이해할 수 없는 손으로 쓴 그의 노트를 정리하는 데 소비하였다. 그는 내가 전에 만났던 가장 우수한 학생 중의 한 명이었다. 어떤 의미에서 나는 여전히 그가 천재라고 믿는다. 이것은 외모는 쉽게 속기 쉽다는 것을 나에게 보여주었다. 과학자는 피상적인 외형으로 가벼운 판단을 하지 말아야 한다. 나는 더 잘 알아야만 한다.

했었지만, 그는 이미 마음을 정한 상태였다. 그는 "무진장 유명한" 박사님과 그의 친구가 자신의 지도교수가 되기를 바랐다. 그들이 (적어도 그의 견해에 따르면) 최고이기 때문에, 그리고 최고의 학생들은 그들을 향해 이동하기 때문이라면서 그렇게 결정하였다.

결과는 믿기지 않을 정도의 재앙이었다. "무진장 유명한" 박사님과 그의 친구는 T를 아주 높게 평가하고 존중해주었다. 그가 굉장히 총명한 학생이라는 것을 알고 있었기 때문이다. 그 두 분 다 T의 시험 성적에 특히 감명을 받았다. 그래서 그가 하루가 멀다 하고 찾아와 교수 연구실 문을 두드리지 않아도 그다지 그에 대해 걱정하지 않았다 – 다른 석사과정 학생들은 매일 찾아오다시피 했는데 말이다. 교수님들은 그가 스스로 모든 걸 잘 해내리라 여겼다. 반면에, T는 너무 수줍은 성격이어서 정기적으로 지도교수를 찾아가 말할 수가 없었다. 그는 또한 굉장히 외골수로서 고집이 셌고, 자기가 부딪힌 문제는 지도교수한테서 아무런 도움을 받지 않고서 독립적으로 다 해결할 수 있어야만 한다고 진작부터 그렇게 결정해 버리고 말았던 것이다. 그는 자신이 매우 똑똑한 학생이라는 것을 알고는 있었지만, 역설적으로 상당히 불안정했던 것이다. 자신의 논문이 끝날 무렵, T는 지도교수들과는 거의 접촉이 없었고, 그들로부터 배운 것도 거의 없었다. 더 부정적인 측면은, 그가 상당히 심한 좌절감과 불안감에 휩싸여 있었다는 점이다.

나중에 T는 박사학위 과정 때 연구장학금을 받았고, (그렇게 하지 말라는 나의 거듭된 설득에도 불구하고) 또 다시 같은 지도교수들을 찾아가는 실수를 저질렀다. 이렇게 하면 어떻게 되는지 알게 되는 데는 별다른 지력이 필요하지 않다. 박사과정에 들어간 지 채 반 년이 못 되어 그는 어떤 컨설턴트가 돼라는 제의를 받았으며, 그의 과학의 역사는 시작되기도 전에 끝나고 말았다. 내 생각에 T는 너무나 외고집이고 아마도 너무나 불안정해서 과학자로서의 생애를 추구하지 못한 것 같다. 어쩌면 거의 모든 과학자들이 계속 앞으로 밀고 나갈 수 있게 해주는 본질적인 엔진이라고 할 수 있는 동기와 열정이 부족했을 수도 있다. 하지만 나는 그가 지도교수 선택을 좀 더 현명하게 했더라면, 적어도 그렇게 심한 좌절은 겪지 않았을 것이고, 어쩌면 과학자가 될 수 있는 시도를 할 수도 있었으리라고 확신한다.

지금, T는 자신의 현 직업에 만족한다고 말한다. 그 직업은 오전 9시에서부터 5시까지 일하는 것이며 나머지 시간을 그의 아내와 함께 보내거나 다른 일을 하는 데 보낼 수 있다. 아마도 그는 결국엔 올바른 선택을 했을 것이다. 그런, 때때로 나는 아직도 부실한 계획과 철없는 선택 때문에, 우리가 아주 위대한 과학자가 될 수 있는 인물(나보다 훨씬 훌륭한)을 잃은 것은 아닌가 생각하고 있다.

6.4 M의 경우 : 마음이 내키지 않은 상태에서 내린 결정은 현명하지 않다.(어느 사람의 이야기)

M은 우주물리학에 대해서 어마어마한 열정을 가지고 있었다. 그녀는 아주 똑똑한 학생이었고 자신의 석사학위 논문을 대단한 에너지와 열정을 가지고 수행했다. 석사과정을 졸업하기까지 정상보다는 조금 더 걸렸지만, 이게 자신의 미래의 경력을 계획하는 데 별반 영향을 미치지 않도록 하였다. 지도교수와의 관계가 항상 긍정적인 것만은 아니었지만, 자신이 하고 있는 연구에 대해서는 정말 열심이었다. 그녀는 모든 과학자들의 원동력인 진정한 열정에 의해 움직였다. 그녀가 졸업할 때쯤에 그녀는 토론토 대학에서 대학원 공부를 계속해 보라는 제의를 받았다. 그건 좀 어려운 선택이었다. 왜냐하면 남자친구는 로마에서 살면서 거기에서 일하고 있었고, 그녀와 함께 캐나다로 이사 갈 가능성이 적어도 처음에는 없었다. 동시에, 그녀는 가족들과도 매우 가깝게 지내고 있었으며, 자신의 사생활을 다 제쳐놓고 떠나고 싶지 않았다. 아주 많이, 어렵게 생각을 해본 연후에, 그녀는 한 번 해보기로 결정을 내렸

다. 그녀가 떠나려고 할 때쯤, 나는 그녀가 논문을 끝내지 못하고 돌아오리라고, 그리고 그건 시간 문제라고 예측했었다.[50] 정말로, 그녀는 박사과정에 들어간 지 10개월밖에 안 됐을 때 포기해 버렸다. 가족과 남자친구와 자신의 사생활을 뒤에 남겨둔 채 떠나기로 한 결정은 마음이 내키지 않았던 결정이었다. 어쩌면 그녀는 남자친구가 새 직장을 잡아 토론토로 이주해 오기를 내심 바라고 있었는지도 모른다. 이런 일이 생기지 않을 게 너무나 자명해졌을 때 그녀는 포기하기로 결정한 것이다. 지금 그녀는 로마에 있는 이동 통신 회사에서 일하고 있으며, 우주물리학에 관한 연구를 하고 싶다는 자신의 꿈은 날아가고 말았다. 아마도 그 꿈은 영원히 사라져버렸을 것이다.

6.5 R의 박사학위과정 경험

R은 석사과정 시절의 재앙과도 같았던 경험 이후에, 박사학위 과정을 시작해서 거기에 달려들 용기가 쉽게 생기지 않았다. R이 로마 대학의 "La Sapienza"로부터 박사과정 장학금을 받았을 때, 그는 다음과 같은 선택의 기로에 직면했다: 이번에는 모든 일이 제대로 잘 되기를 바라면서(결국에 그는 기술을 사용하는 법을 배웠으며, 무엇을 기대해야 하는지를, 아니면 무엇을 기대하지 말아야 하는지를 정확하게 알았다.) 석사과정 때의 지도교수 연구실로 돌아가느냐, 아니면 훨씬 더 매력적이고 도전해 볼 만한 가치가 있는 게 분명하지만 또한 더 많은 위험을 각오해야 하는 완전히 새로운 프로젝트를 찾아보느냐 였다.

50) 나에게 여전히 불분명한 어떤 이유 때문에 나는 내가 잘 알고 있는 어떤 사람이 개인의 또는 경력의 결정에서 커다란 실수를 하려고 할 때를 종종 예측할 수 있다. 그러나 슬픈 현실은 사람들이 그들이 빠지려고 하는 어리석은 실수에 대하여 경고할 때에 사람들은 거의 나의 말을 듣지 않는다. 나는 이 책의 독자들은 더 현명해져서 어떤 실수나 많은 좌절들을 피할 수 있기를 희망한다.

R은 로마에 있는 세 개의 대학들의 여러 연구실을 찾아가 살펴보기 시작했다. 탐색하는 과정에서 그는 자신의 선택을 최적화시키기 위해 다양한 변수를 사용하였다. 이러한 변수 중에서, 그는 전적으로 학생 자신에게만 모든 걸 맡겨 놓는 지도교수보다는 학생을 지도하는 데 시간을 많이 할애할 가능성이 높은 지도교수를 찾았고, 연구 주제로는 자신의 공부가 끝나고 직장을 잡을 때 쉽게 안착할 확률이 높은 것을 찾았다. 또 다른 중요한 조언은 이것이다. 다수의 사람이 하는 걸 따라하지 말라는 것이다. 되레, 당신이 나중에 지도자가 될 수 있는 프로젝트와 주제를 고르려고 노력하라. 이렇게 하는 데 성공한다면, 당신이 직장을 찾아나서는 게 아니고, 직장이 저절로 당신을 찾아온다.

그는 흥미 있는 프로젝트를 제안하는 여러 사람들과 얘기를 했고, 그들의 분야에 대해 더 잘 알아보려고, 그리고 그 특정한 프로젝트가 어디에서 나오게 되었는가를 알 수 있는 많은 배경지식을 공부했다. 그러나 결국에 R은 특별한 확신을 주고 영감을 불러일으키는 어떤 노교수와 특별한 대화를 가졌다.

R이 일대일 인터뷰를 마치고 그의 방을 걸어 나올 때, 그는 "오늘 나는 진짜 과학자와 얘기하는 귀중한 특권을 누렸다"고 생각했다. 나중에 R의 지도교수가 된 이 교수님은 열정적으로, 그리고 대단히 명료하게 자신의 관심사와 R이 자신의 그룹에 들어온다면 수행하게 될 연구의 유형을 설명했다. 그의 설명은 너무나 매혹적이어서 R은 한번 생각해 보겠다고 말했지만 (그가 그러긴 했다), R은 이미 자신이 그의 제안을 받아들일 걸 알고 있었다. 뒤돌아 생각해 보면, R은 백만 년을 기다려도 그것보다 더 좋은 선택을 할 수는 없었을 것이다.

결국, 이 새로운 연구실에서, R은 제대로 지도를 받았다. 그는 주사 투과 전자 현미경을 사용하는 법을 포함하여 새로운 테크닉을 배웠다. R은 이 멋진 실험 기술을 사용하여 곧 표면 사진을 원자 단위의 분해능으로 찍기 시작했다. 그는 이 새로운 프로젝트에 열정적으로 달려들었으며, 그 이후 성공의 물결을 타고 있다.

당신이 박사학위를 끝냈을 때, 당신은 그때부터 박사(Doctor)로 불리운다는 걸 기억하라(이 말은 라틴어 doceo에서 왔는데, 이는 가르치다는 뜻이다). 당신은 이 세상 어느 곳에서 제공할 수 있는 교육과정 중에서도 가장 높은 레벨에 다다르는 것이다.(하나 이상의 학위를 갖는 미친 사람들을 빼놓고는). 당신은 몇 안 되는 사람들만이 성취할 수 있는 것을 성취했으므로, 이제는 축하를 할 시간이 된 것이다. 여러 가지 면에서 당신은 스스로를 자랑스럽게 생각해야만 한다. 충분히 축하를 한 다음에는, 박사학위란 그것을 근거로 해서 인생을 구축해 나아가야 하는 중대사건이지, 그 자체가 인생의 끝은 아니다.

6.6 R의 경험

R이 박사학위 논문을 거의 끝내고, 박사후 과정의 연구직을 찾고 있을 때, 10개월 정도의 기간에 해당하는 여러 제안들을 받았다. 사실, R은 박사후 과정 연구직을 시작했을 때 이미 두 번째 단계 박사후 과정 연구직에 신청했는데, 그는 새로운 그룹에 적응하는 데 문제가 있었기 때문이다.

첫 번째 단계 연구직에서, R은 스웨덴에서 한 제의를 받았고, 한국으로부터는 두 개의 제의를, 이탈리아에서 두 개, 미국에서 하나의 제의를 받았다. 어떤 이유에서였는지, 신청서를 보낼 때 R은 오래된 방식대로 이메일이 아니라 보통 메일로 보내기로 결정했다(이러한 어리석은 선택이 가져오는 효과는 어떤 신청서는 우편물이 중간에 분실되기고 하도, 많은 경우에는 응모 기간이 마감된 지 몇 달이나 지난 다음에야 도착하기도 한다).

이탈리아의 체계에 대해서는 모든 부정적인 측면까지 상당히 잘 알고 있었기 때문에, R은 이탈리아에서 온 제의를 진지하게 받아들이지 않았다. 그래서 무엇이 그를 미국 대신에 스웨덴으로 가게 할 것인가? 아니면, -이를 하느님이 막는다면- 저 멀리 있는 신비로운 나라 한국으로 가게 할 것인가? 미국과 한국에서 온 제의는 모두 이메일로 온 것이다.

실제로, R은 일본에 교환 프로그램으로 가 있을 때 한국에서 두 자리의 제의를 받았다. 그는 한국에서 그렇게 멀리 떨어져 있지 않았기 때문에, 기본적으로 같은 시간대에 있었기 때문에, 그를 채용하고 싶다고 주장하는 연구실에서 적어도 전화 한 통은 오리라 기대했다(R은 사실 인터뷰를 하러 오라고 초청해 주기를 바랐지만 용기가 없어서 물어보지 않았던 것이다). 물론 비용은 좀 들겠지만, 그가 가까이 있으니까 개인적으로 만나 보기 위해, 또 그 나라를 방문할 기회도 가져 보기 위해, 이러한 상황을 이용하는 것도 상식에 맞는 일이라고 생각되었다.(나도 전적으로 그의 의견에 동의한다.) 그런데 그런 일은 일어나지 않았다.

R이 실망스럽게도, 미국(정확히 말하자면 텍사스)에 있는 그 미래의 윗사람은 본질적으로 (다른 데와) 똑 같은 행동을 했던 것이다. 그가 보낸 메시지를 자세히 읽어보니, 그는 R을 사람으로서 고용하려던 것이 아니라, 값싼 노동력으로 여겨서 고용하려고 했던 것이 분명했다. 그는 맨 앞줄에 이렇게 썼다. 우리 그룹에서는 사람들이 일주일에 평균 6일 동안 총 60시간 일을 하며, 일 년에 7일에서 10일간의 유급 휴가를 갑니다(말이 나온 김에 덧붙이자면, 이것은 미국에서 여러 다양한 환경에 있는 직장에서 행해지는 전형적인 작업 일정표로서, 언제나 그리고 가능한 한 많이 사람들을 착취하려는 경향이 있는 체제인 것이다). 이건 놀랄 만한 일이 아니고, 드문 일도 아니다. 이건 정확하게 R이 지금까지 박사과정에 있을 때, 스웨덴에서 박사후 과정을 하고 있을 때나 젊은 교수로서 일하고 있는 현재까지 언제나 해오고 있는 것이었

다. 그러나 R은 그런 걸 맨 앞줄에서 말하고 있다는 사실이 역겨웠다. 그렇게 열심히 일을 하는 것은 개인이 선택할 일이다. 스스로의 경력을 더 낫게 하기 위해 개인이 선택해야 하는 것이다. 단지 당신을 고용한 사람을 기쁘게 하기 위해서 그렇게 일해야 하는 것은 아니다.

이 모든 것과 대조적으로 스웨덴의 교수님이 R을 인터뷰하자고 초청했다. 그는 너그럽게도 모든 여행 경비를 제공해 주었다.(내 개인적인 생각으로는 이게 정상적인 것인데, 불행하게도 꽤 많은 인색한 동료들은 여기에 동의하지 않는다.) R은 연구실을 구경해 보고, 그룹의 다른 구성원들과도 얘기해봤으며, 그 도시에서 2,3년 사는 것은 어떤 것일까에 대한 대체적인 느낌도 얻으면서 그 교수님이 있는 도시에서 3일을 보낼 수 있는 기회를 가졌다. 그 때가 5월 말이었는데, 로마에서 R은 티셔츠를 입고 있었는데, 스웨덴은 아직 많이 추워서 스웨터를 입고 있어야만 했다. R은 이 날씨의 요소가 다소 그를 두렵게 했고, 그곳에 다시는 일하러 가지 않겠다는 말을 스스로에게 계속했다는 것을 생생하게 기억하고 있다.(그것과 관련하여 나도 할 말이 있다 - 나는 몬트리올에 사는데, 겨울에는 기온이 영하 30도까지 내려간다!)

스웨덴 교수님과 일대일 인터뷰에서 R은, 그 교수님은 가능하다면 자기가 고용하고 싶은 사람들을 항상 만나길 원한다는 말을 똑똑히 들었다(그는 아마도 자신이 동양에 가서 그들을 만나보지 않는 한, 중국이나 일본에서 온 임용 후보자들을 인터뷰하지는 않을 것이다). R은 실제로 그게 납득이 간다고 생각했다.(나는 이런 철학에 완전히 동의하며, 가능하기만 하다면 나도 똑같이 할 것이다.) 만약에 당신이 임용제의를 한 군데 이상 받을 만큼 뛰어나다면, 선택을 할 수가 있을 것이며, 그러한 경우에 인터뷰에 응하는 것은 양 측이 서로를 기쁘게 하려고 노력하는 상황이 벌어진다는 걸 R 역시 알고 있었다.

R은 그러나 스웨덴에서 몇 달을 지낸 뒤, 그가 같이 일해야 하는 대학원생과 아주 잘 지내지 못했기 때문에 떠날 것을 심각하게 고려하고 있

었다. 뒤늦게 깨달은 것이지만, R과 그 대학원생의 성격과 시각은 너무나 달라서 전혀 있을 법하지 않은 한 쌍이었던 것이다.(물론 이건 그들이 함께 일을 하기 시작하기 전까지는 알 수 없었다.) 더 심각한 것은, 그 대학원생이 R보다 한 살 더 많고, 이제 그는 박사학위를 끝내야 하는데, R은 박사후 과정으로 와 있었던 것이다. 여러 가지 다른 문제들과 어려움보다도 이것이 그들 간에 가장 많은 마찰을 일으켰고, 결국은 R로 하여금 두 번째 단계의 박사후 과정 연구직 신청서를 보내게 만든 것이다.

두 번째 단계의 신청서에 대한 답변들을 받았을 때, R은 자신을 인터뷰하기 위해 초청하며, 그 여행 비용을 다 대겠다는 그룹만을 진지하게 고려해 보겠다는 점을 밝혔다. R은 제의를 두 개 더 받았는데, 하나는 독일의 할레에서 왔고, 다른 하나는 스위스의 쭈리히에서 왔다. 결국에 R은 어느 쪽에서 온 제의에도 감동을 받지 못했는데, 과학적인 이유 때문이 아니라, 자신이 살게 될지도 모르는 도시가 마음에 안 들었기 때문이었다. 궁극적으로는 당신이 사는 곳이 중요하다. 왜냐하면 하루 종일 연구실에서 일을 하겠지만, 일하는 시간 이외에는 무언가 재미있는 것이 필요한 게 사실이니까 말이다.

그러나 결정하기 전에 - 나는 잊어버렸지만, R은 스위스에서 온 제의를 받아들이려고 할 때였는데 - R은 자신의 박사후 과정 지도교수인 아까 말했던 그 스웨덴 교수님과 허심탄회하게 말할 기회가 있었다. R은 자신의 상황을 설명하였고, 지도교수님은 그냥 남아 있으라고 그를 납득시켰다. 그 시점에서 R은 좀 어처구니없다고 느꼈다. 왜냐하면 자신이 부딪히고 있는 거의 모든 문제들은 자기와 그 대학원생과 지도교수 사이에서 툭 터놓고 얘기를 해보지 않았기 때문에 생긴 일이라는 걸 깨닫게 되었기 때문이다. 그 때부터 상황은 점차적으로 그리고 본질적으로 나아졌고, R이 스웨덴에 머물기로 한 것은 돌이켜 생각해 보면 매우 잘 한 선택이었으며, 그의 경력에 지대한 도움을 주었다.

덧붙여 말하자면, 내가 "윗사람"이 된 지금, 미래를 촉망 받는 학생들로부터 신청서를 받을 때면 언제나, 나는 가능한 한 인터뷰 초청을 하겠다는 점을 밝힌다.(불행하게도 나는 해외에서까지 후보자들을 초청할 수단은 없다. 박사과정 학생 수준에서 그 정도로까지 이 모든 번거로움을 감수해야 하는지 나로서는 확신이 서지 않는다.) 직접면접이 가능하지 않다면, 나는 언제나 전화면접을 잡아 놓는다.) 이것이 내가 현재의 내 학생들과 하고 있는 그대로이다. - 직접 만나보든지 아니면 전화로 인터뷰를 하는 것 말이다.

6.7 판에 박히지 않는(관습에 얽매이지 않은) 경력 - 상자 밖에서 생각하기

개발도상국에서 학회를 하는 동안에 나는 L이라고 하는, 현재 아시아에서 일하고 있는 유럽 과학자를 만났다. L은 과학연구를 하는데 매우 비관습적인 접근법을 사용하고 있었다. 그래서 우리는 보다 광범위한 독자층의 이해를 돕고 감화시키기 위해서 그의 경력과 견해를 대략적으로 기술하는 것에 흥미를 느꼈다. 그와의 인터뷰를 어떤 사람의 이야기로 발췌하면서, 그의 접근법은 상당히 비관습적이며, 대다수의 사람들에게는 적절하지 못하다는 것이 명백해졌다. 그러나 야심이 있고 분명한 비전을 가지고 있는 몇몇의 젊은 과학자들은 그의 발자취를 따라갈 수도 있을 것이다.

L은 그의 분야에서는 노련한 "노장" 과학자로 여겨진다. 비록 그가 연령으로는 아직 상당히 젊지만 아주 중요한 기여를 했고 그 분야를 발전시켰다는 의미에서 그렇다는 말이다.(그는 자신의 박사학위를 얼마 전에야 땄다.) 이 단계에서의 그의 경력으로는 영구직을 쉽게 찾을 수 있다. - 그가 원하기만 한다면 말이다. 놀라운 일은, 그걸 그가 전혀 원

치 않는다는 것이다. 그는 일단 영구적인 직장을 잡게 되면, 당신이 들어간 기구의 규칙과 그 기구가 돌아가는 역학(대개는 매우 느린)에 매여 버리게 된다는 이유를 들면서 그렇게 주장한다. 이건 당신을 매우 느리게 만들어 버리며 연구를 해 나가는데 있어서 전반적인 진보를 방해한다.

비록 우리는 그가 범주화되는 걸(어디에 속하는 걸) 좋아하지 않는다고 짐작하지만, 과학적인 연구를 기술하는 방식으로 볼 때 그는 정말로 배타적이다. 그는 칼자루를 쥐고 마음대로 휘두르기를 좋아한다. 그는 학생들을 훈련시키는 데 별로 관심이 없으며 오히려 그들을 자신이 앞으로 나아가는 데 방해가 된다고 본다. 그는 모든 실험을 처음부터 끝까지 스스로 하는 걸 좋아하고, 자기의 시간을 낭비하게 되거나 자신이 앞으로 나아가는 걸 방해하는 그 어떤 것도 다루고 싶어 하지 않는다.

L은 "상자 밖에서 생각하기"를 좋아하는 과학자이며, 지금까지 자신의 경력을 상당히 관습에서 벗어난 전략과 접근법으로 쌓아 나왔다. 그는 연구를 수행하는 데 허용되는 자유에 아무런 제약이 없는 곳에 있는 연구 환경과 직장에서 일할 기회를 찾고 있다.

L은 "캡슐에 쌓여 분리되는 것"을 원하지 않았으며 더 나쁘게는 "영구적인" 직장에 묶여 버리는 걸 원치 않았다. 그의 견해에 따르면, 안정적인 직장을 얻음으로 해서 예상되는 이득은 너무나도 소중한 희생을 치른 대가로 얻게 된다는 것이다. 왜냐하면, 안정된 직장은 당신을 고용한 대학이나 기관이 가지고 있는 아주 긴 규칙들을 당신에게 강요하기 때문이다. 많은 경우, 영원한 직위는 심리적으로 나쁘다고 그는 믿는다. 왜냐하면, 영원한 직위는 사람들을 권태롭게 만들기 때문이다. – 즉, 직장이 안정되면 어떤 사람들에게는 이것이 동기를 약화시킬 수 있다는 말이다(우리가 이 얘기를 케이스마다 다르다는 시각에서 본다면 전적으로 동의할 수 있는 얘기인데, 실제로는 그 반대도 사실이다:

왜냐, 영구직을 얻었다는 것은 직업적으로 인정을 받았다는 한 형식이 될 수 있고, 영구직을 받지 못했다는 건 본인들이 그걸 받을 만한 자격이 있다고 여기는 사람들의 동기를 약화시킬 수 있다. 그런 건 개개인에 따라 다를 수 있다).

그러므로 L은 "방문 과학자"와 방문 교수 사이에서 우와좌왕해 왔다. 때로는 6개월이라는 짧은 기간의 제의를 받아들이고 나서, 곧장 그 다음 기회로 이동해 가기도 했다. 이러한 신분은 자주 주인격의 실험실 쪽으로부터 "특별한" 처우를 포함하는데 여기엔 재원과 시설에 쉽고도 빨리 접근할 수 있다는 이점이 들어 있다. 이는 같은 연구 기관에 정식으로 "고용되어 있는" 과학자들에게는 훨씬 더 어려울 수 있는 점이다.

짧은 시간 내에 수행해야 하는 야심찬 프로젝트에 달려드는 것은 누구에게나 힘들기 때문에, L을 초청한 P.I.들은 그에게 최대한의 자유를 주고, 그가 필요하다고 요구하는 것에는 즉각적으로 접근할 수 있게 해 준다. 그러므로 L은 방문 과학자들을 위한 "일반 규칙"이란 직장에 응시하지 않는 것이다. 정확하게는 전체적으로 방문 기간이 제약되어 있기 때문에, 긴급함 때문에 L은 더 효율적인 연구 작업 환경을 제공하라고 협상을 할 수 있는 것이다.

이런 방식으로, 지금까지 L은 관습과 전통적인 접근법을 무시할 수 있었으며, 스스로 계속해서 도전해 볼 수 있었다. – 이것이야 말로 과학을 하는 것의 모든 것이라고 할 수 있다. 그는 효율적으로 자신의 경력과 삶의 길을 동시에 제련해 내고 있다.

L은 스스로를 더 상상력이 풍부하도록, 더 창조적으로 되도록, 그리고 더 조직적인 사고를 할 수 있도록 더 다그칠 것이다. 그가 새로운 제안을 받아들일 때면 언제나, 자기 자신의 프로젝트와 그가 원하는 것이 무엇인지에 대한 확실한 생각을 가지고 오며, 그가 도착하기 이전에 그곳에 모든 것이 제자리에 있기를 단단히 확인하다. 그의 효율성은 극대

화된다. 왜냐하면 자금을 확보하는 부담은 전적으로 다른 사람의 어깨에 놓여 있기 때문이다. 즉, P.I.나 그를 초청한 실험실을 책임지고 있는 사람의 어깨에 말이다.

L도 이와 같은 전략을 아무나 취할 수 있는 건 아니라는 걸 알고 있다. 당신이 원하는 것을 정확하게 알고 있어야만 하며, 그래서 자주 이동할 준비가 되어 있어야 하고, 매우 효율적으로 일을 할 줄 알아야 하는 등등이다. 본질적으로, 모두가 도전에 매달리지는 않는다. 더구나 당신이 가족이 있다면 물론 더욱 불가능한 일이다. 그러나 당신의 성격이 매우 특별하다면, 이런 비관습적인 방법과 방편을 통해서 아주 많은 자극을 받을 수 있고 보답도 크게 받을 수 있을 것이다.

이런 여러 다양한 활동 중에서, L은 그 연구 분야의 새로운 저널의 편집자이기도 하다. 놀라운 것은 그가 그 직위를 가지게 될 때 보수를 받지 않고 그 일을 하겠다고 협상을 한 사실이다. - 다시 한번, 만약에 그가 정식으로 "고용"되어 보수를 받게 되었다면, 그 저널을 위해 자기가 가지고 있는 비전을 수행할 수 있는 자유를 제약받았다고 생각했을 것이다.

L은 국가(정부)기관에서 운영하는 실험실에서 일하는 것을 선호한다. 왜냐하면 그의 주안점은 연구에 있지 가르치는 것에 있지 않기 때문이다. 그는 세미나를 하고, 강의하는 것을 좋아하지만, 관심을 가지고 있는 청중들한테만 그렇게 한다. L은 대학에서는 정규 강의 시간에 아주 소수의 청중들만이 실제적으로 강의를 경청하고 배운다고 가정한다(아마 그게 맞을 것이다). 본질적으로, L은 자기의 시간을 쓰는 데 어떤 타협도 원칠 않는다. 예를 들어, 그는 행정적인 일을 하는 데 시간을 낭비하고 싶어하지 않으며,(쳇, 누가 그걸 좋아하겠는가...) 감독이라는 개념 자체를 좋아하지 않는다. 그걸 그는 시간 낭비라고 여기기 때문이다. 그는 누구를 "위해서" 일하러 간 적이 한 번도 없다. 그는 자기 자신의 프로젝트를 자기가 가지고 온다. 그는 자신을 "복사"하듯 똑

같이 닮기를 원하지 않기 때문에 학생들을 훈련시키거나 감독하고 싶어 하지 않는다.

그의 독특한 접근법과 연구에 있어서 그에 대한 대단히 높은 평가는 지금까지 그에게 "창조적인 자리"를 허용해 주었다.(적어도 그가 관심을 가진 자리들의 유형을 보면 그렇다.)

L도 윤리에 대해서는 매우 구체적인 견해를 가지고 있는데, 그는 말하는 동안 구경하는 사람이 카메라나 비디오카메라를 사용하지 못하게 한다. - 근본적으로는 표절과 자신의 자료들을 부적절하게 사용하는 것에 대한 두려움 때문이다.

chapter 7

결론

과학자의 경력을 추구하는 것은 매우 매력적인 노력이고 아무나 갈 수 있는 길이 아니다. 이를 위해서는 성공하고자 하는 굳은 결심, 대단한 인내와 많은 헌신과 희생까지도 요구된다. 이를 위해서는 우리의 견해로는 당신이 연구에 대해 대단히 열정적이고 실제로 연구의 모든 과정에 대하여 커다란 즐거움을 얻을 수 있는 전제 조건이 충족되어야 할 것이다. 이러한 열정은 당신이 최소한 한 번은 당면하게 될 어려운 시기를 극복하는 데 도움이 될 것이다. 여러 가지 측면에서 과학자가 되는 것은 임무이며 소명이라고까지 생각하여야 할 것이다. 아침에 일어날 때, 당신은 일에 대하여 흥분되고 재미를 느끼는 새로운 하루의 시작을 기대할 수 있어야 한다. 이것은 당신이 정말로 하고 싶은 일을 하는 것에 주어지는 보기 드문 특권이다. 과학자가 되는 것에 대하여 이러한 느낌을 갖고 있지 않다면... 글쎄, 우리가 앞에서 충고하였듯이 당신은 다른 직업을 갖는 것을 심각하게 고려하여야 할 것이다.

그렇다고 느낀다면, 당신은 과학이라는 게임이 작동하는 현실의 세계에 대하여 인식해야 할 것이다. 상어가 가득 찬 현실의 세계에서 순진한 상태로만 있는 것은 극도로 위험한 일이다. 마찬가지로 모든 직업에서도 숙련되고, 신중하며 외교적으로 대응해야 하는 정치적 측면이 있는 것을 인식하는 것은 매우 중요하다. 당신이 속한 게임을 이해하지 못한다면 당신이 지닌 재능을 다 펼칠 수 없다. 우리의 견해로는 많은 젊은 과학자들이 과학의 세계에 대하여 몽환적 환상을 가지고 시작하는데 회사, 연구소 또는 정부의 연구소 등 어느 곳에서 과학자의 길을 추구하더라도 과학적 경력을 쌓기 위해서는 이 게임의 법칙을 이해하는 것이 필요하다고 본다.

여기에서 우리는 중요한 충고를 다시 하고자 한다. 과학자의 길에서 성공하기를 원한다면 미리 계획을 신중하고 완벽하게 수립하여야 한다. 대부분의 당신 계획은 사건에 의해 이루어지지 않을 것이지만, 당신이 해야 할 일을 완수하고, 과학이라는 체스판 위에서의 당신의 위치를 생각하고 있다면 성공할 가능성, 또는 과학자로서 살아남을 기회가 그렇지 않은 사람들보다 매우 높을 것이다. 이것이 우리가 이야기하는 과학에서 살아남기의 제0법칙이다.

우리가 제시하는 첫 번째 법칙은 "당신 자신을 알아라"이다. 당신은 당신 자신만의 대리인으로서 행동해야 하기 때문에, 대리인으로서의 당신은 고객인 당신이 누구인지를 명확하게 알아야 하고, 어떠한 과학적 활동을 하는 것이 당신의 목적인지를 알려주어야 한다. 제1법칙에 대한 주요 요점은 1장에서 설명하였다.

제2법칙은 "당신의 활동에 필요한 지식을 알아라"이다. 이 책의 대부분이 이 주제에 대하여 기술하였다. 2장에서는 과학의 게임에서 경기자로서 당신이 해야 할 많은 기본적 활동과 전반적인 환경에 대하여 논의하였고, 3장에서는 과학게임의 특수한 법칙에 대해 집중적으로 설명하였다. 4장에서는 당신의 과학적 능력의 단계에서 어떻게 최적의 방법으로 당신의 명성을 이루는가에 대하여 자세히 설명하였고, 5장에서는 기본적인 도구로서 글쓰기의 모든 중요한 기술에 대하여 논의하였다.

세 번째 법칙은 "당신의 이웃을 잘 알아라"이다. 익명의 전문가 비평의 각본 안에서 과학 게임이 진행될 때, 세 번째 법칙은 적용되지 않는다. 그렇지만 다른 경기자가 당신의 전술을 안다면 이러한 사람에게 맞게 전술을 손질할 필요가 있다. 이 주제는 6장의 일화와 앞장의 예와 토의를 통하여 이야기하였다.

우리는 이 책이 당신이 당신의 의견에 집중할 수 있도록 도와줄 것이기 때문에 이러한 원칙을 따르지 않는 것보다 당신이 성공할 확률을 크게 높일 것이라 굳게 믿고 있다.

행운과 함께 과학을 통하여 재미를 갖기 바란다. 당신의 모든 일이 잘 되기를 바란다. 우리는 이 책에 대한 당신의 의견을 보내주기를 기대한다.

Bibliography and Further Reading

P.J. Feibelman, *A Ph.D. Is Not Enough: A Guide to Survival in Science*, Addison-Wesley, Reading MA, USA (1993).

M. Anderson, "*So, you want to be a professor!*", *Physics Today* (Special Issue: "Careers for Physicists") **54** (4) 50-54 (April 2001).

Besides the bibliography in the references, other useful snippets can be found in *Nature* and in *Naturejobs*, similar to those indicated below.

Naturejobs

"*Private foundations push for higher post-doc salaries*", Naturejobs, 10 January 2002.

"*At last, a chance for postdocs to learn how to teach*", Naturejobs, 28 February 2002.

"*Easing the journey back home*", Naturejobs, 28 March 2002.

"*Getting into good company*", Naturejobs, 25 April 2002.

"*Training programs with vision*", Naturejobs, 23 May 2002.

"*Equal opportunities*", Naturejobs, 20 June 2002.

"*Working your way into industry*", Naturejobs, 5 September 2002.

"*Does travel broaden the scientific mind?*" Naturejobs, 17 October 2002.

"*Seeking strength in numbers*", Naturejobs, 9 January 2003.

Nature

"*Getting organized*", Nature **423**, 98 (2003).

"*Location*", Nature **421**, 766 (2003).

"*Postdoc positions axed*", Nature **420**, 452 (2002).

"*Stacking the deck*", Nature **422**, 784 (2003).

Interesting links to some websites:

Advice to the Young Astronomer by Ed Nather:
http://whitedwarf.org/education/advice/index.html

You and Your Research by Richard Hamming:
http://whitedwarf.org/education/hamming/index.html

Ethics in Science website:
http://www.towson.edu/users/sweeting/ethics
/ethicbib.htm#B.ScientistsExperiments

Glossary

Article:
This is the "classical" type of scientific publication. It normally consists of a title, author list and abstract, followed by a main text. The main text in turn consists of an introduction, an experimental/methods section, a section on results, possibly a discussion section, and finally a concluding paragraph. The latter is followed by acknowledgements and a list of references. Figures with their legends/captions are usually embedded in the main text.

Brain Drain:
In a dictionary definition, brain drain means the ***loss*** of highly qualified people by emigration.

Brain Gain:
In a dictionary definition, brain gain means the ***gain*** of highly qualified people by immigration.

Chair, Endowed Chair:
In a dictionary definition, a chair is a seat of authority or office, a professorship.

Citation Index:
After the invention of the web it became significantly easier to monitor scientists' citations. There are now commercial indexes that can measure the total number of citations of a scientist as well as the impact factor of a journal (which is an essence an average number of citations per paper published in the journal over a given period of time). Citation indices currently in use include those from the ISI series (ISI Web of Science and ISI Web of Knowledge).

Communication:
A scientific "communication" is very similar to a Letter. Depending on the journal, communications may or may not have an abstract. There forms of "short" publications are becoming increasingly competitive. In a world where scientists are becoming increasingly busy, researchers claim that they do not have the time to read long articles and therefore focus only on reading letters and communications. As a result, anybody who wants to be widely read (and cited) will try to publish in these specific sections of a journal.

Curriculum Vitae (CV):
Also called "résumé" (especially in business circles), the curriculum vitae is a Latin expression which means "the course of studies in your life."

Fellowship:
See *scholarship*.

Grant:
In a typical dictionary a grant would be defined as "a sum of money bestowed or allowed". In scientific research, a grant is a sum of money awarded by a funding or granting agency or by a foundation to individual or groups of scientists to conduct specific research projects.

Impact:
In everyday life, "impact" usually refers to something unpleasant, like for example a collision between objects and/or people. In scientific research, saying that a scientist has had an "impact" means that this researcher has left a significant mark in his/her field of study. Evidence of impact comes in the form of citations to a scientist's work, invitations to present his/her work, awarding of prizes, fellowships, grants, honorary degrees, commercialization through patents, etc.

Letter:
In the context of scientific publications, Letters (sometimes "Letters to the Editor") are typically short articles. They are usually processed faster

by the journal, both at the peer review and at the production levels, because they are considered more "urgent." In principle, they are expected to have a higher impact with respect to "regular" or "full" papers.

Mentor:
In a dictionary definition, a mentor is a faithful guide, or a wise counselor.

Patent:
In a dictionary definition, a patent is defined as the exclusive right to make or sell a new invention.

Scholarship:
In a dictionary definition, a scholarship refers to "emoluments so granted to a scholar," or to "education, granted to a successful candidate after a competitive examination."

Acronyms and Funding Agencies

The list that follows is designed to help young students and scientists find information about fellowship, funding and prize opportunities. It is neither complete nor exhaustive.

United States of America

National Science Foundation (NSF):
www.nsf.gov

National Institute of Health (NIH):
www.nih.gov

Department of Energy (DOE):
www.energy.gov

Department of Defense (DOD):
www.defenselink.mil

Army Research Office:
www.aro.army.mil

Air Force Office of Scientific Research (AFOSR):
www.afosr.af.mil

Office of Naval Research:
www.onr.navy.mil

DARPA:
www.darpa.mil

Canada — Federal Government

Natural Science and Engineering Research Council (NSERC):
www.nserc.ca

Canadian Institutes for Health Research (CIHR):
www.cihr.ca

Canada Foundation for Innovation (CFI):
www.innovation.ca/index.cfm

Canada Research Chairs (CRC):
www.chairs.gc.ca/web/home_e.asp

Canadian Space Agency:
www.space.gc.ca/asc/eng/default.asp

CSA Materials Science Program:
www.space.gc.ca/asc/eng/csa_sectors/space_science/microgravity/material.asp

Department of Foreign Affairs and International Trade (DFAIT):
www.dfait-maeci.gc.ca/menu-en.asp

Canadian International Scholarship Programs:
www.scholarships-bourses-ca.org/menu-en.html

Commonwealth Scholarships:
www.scholarships-bourses-ca.org/pages/CWin/aCW_ToCan1-en.html

Scholarships from the Organization of American States (OAS):
www.scholarships-bourses-ca.org/pages/OASin/aOAS_Ca_in1-en.html

Government of Canada Awards:
www.scholarships-bourses-ca.org/pages/GCAin/aGCA_in1-en.html

Killam Research Fellowships:
www.canadacouncil.ca/prizes/killam/xy127235773746406250.htm

The Royal Society of Canada:
www.rsc.ca

Canada — Provincial Governments

Quebec

Fonds Québécois pour la Recherche en Nature et Technologies (FQRNT):
www.fqrnt.gouv.qc.ca

Fonds pour la Recherche en Santé du Québec (FRSQ):
www.frsq.gouv.qc.ca/fr/index.shtml

Ministère pour le Développement Économique Régional et pour la Recherche (MDERR):
www.mderr.gouv.qc.ca

Valorisation Recherche Québec (VRQ):
www.vrq.qc.ca

Ontario

Materials and Manufacturing Ontario (MMO):
www.mmo.on.ca

Photonics Research Ontario (PRO):
www.pro.on.ca

Ontario Research and Development Challenge Fund (ORDCF):
www.ontariochallengefund.com

Europe: European Union, European States

European Science Foundation (ESF):
www.esf.org

Science Foundation Ireland (SFI):
www.sfi.ie

Marie Curie Actions:
http://europa.eu.int/comm/research/fp6/mariecurie-actions/action/level_en.html

Asia/Pacific/South Pacific

Japan
Japanese Society for the Promotion of Science (JSPS)
www.jsps.org

Australia
International Scholarships and Exchanges Funded by the Australian Government:
www.dest.gov.au/International/Awards/endeavour.htm

Australian Research Council:
www.arc.gov.au

Singapore
A*: Agency for Science, Technology and Research (A-STAR):
www.a-star.edu.sg/astar/home.do

Asian Office of Aerospace Research and Development (AOARD, part of AFOSR):
www.tokyo.afosr.af.mil/

National/International Foundations and Companies

Alfred P. Sloan Foundation:
www.sloan.org/programs/index.shtml

Guggenheim Foundation:
www.gf.org/broch.html#elig

The Human Frontiers Science Program:
www.hfsp.org

Fondazione della Riccia (Italy):
http://arturo.fi.infn.it/casalbuoni/dellariccia/

Research Corporation:
www.rescorp.org/

The Volkswagenstiftung (Volkswagen Foundation):
www.volkswagen-stiftung.de/english.html

The Canon Foundation:
www.canonfoundation.org

Camille Dreyfus Teacher-Scholar Award Program:
www.dreyfus.org/tc.shtml#eligibility

The MacArthur Foundation:
www.macfound.org

The Semiconductor Research Corporation (SRC):
www.src.org/member /about.asp?bhcp=1

SEMATECH:
www.sematech.org

The Beckman Young Investigator Award:
www.beckman-foundation.com/byiguide.html

The Dupont Young Faculty Award:
www.dupont.com

David and Lucile Packard Foundation:
www.packard.org

The Don & Sybil Harrington Foundation (Texas):
www.rra.dst.tx.us/c_t/people/DON%20AND%20SYBIL%20
HARRINGTON%20FOUNDATION.cfm

The Welch Foundation (Texas):
www.welch1.org

Hellman Family Faculty Award (Berkeley, California):
http://vpaafw.chance.berkeley.edu/hellman.html

Prizes and Awards

The Steacie Prize:
www.steacieprize.ca/index_e.html

The Royal Society of Canada: Medals and Awards:
www.rsc.ca/index.php?&page_id=61&lang_id=1

Materials Research Society (MRS) Awards:
http://www.mrs.org/awards
(Von Hippel Award, David Turnbull Lectureship, MRS Medal, Outstanding Young Investigator Award, Graduate Student Awards)

European Physical Society (EPS) Prizes:
www.eps.org/prizes.html

American Physical Society (APS) Prizes and Awards:
www.aps.org/praw/index.cfm

McMillan Award for Condensed Matter Physics:
http://web.physics .uiuc.edu/General_Info/McMillan

Professional Societies

Professional Societies play various important roles in the Scientific community. Among other tasks, they organize annual meetings and conferences in disciplines relevant to the Society, distribute prestigious prizes and awards, and publish journals in fields of interest to the Society.

Materials/Physics/Chemistry Professional Societies in the United States

Materials Research Society (MRS):
www.mrs.org

American Physical Society (APS):
www.aps.org

American Institute of Physics (AIP):
www.aip.org

American Chemical Society (ACS):
www.chemistry.org

American Vacuum Society (AVS):
www.avs.org

Materials/Physics/Chemistry Professional Societies in Europe

European Physical Society (EPS):
www.eps.org

European Materials Research Society (E-MRS):
http://www-emrs.c-strasbourg.fr

Materials/Physics/Chemistry Professional Societies in Canada

Canadian Association for Physicists:
www.cap.ca

Canadian Society for Chemistry:
www.chemistry.ca

Professional Journals and Magazines

Physics Today:
www.aip.org/pt/

Chemical and Engineering News:
http://pubs.acs.org/cen/index.html

Materials Research Bulletin:
www.mrs.org/publications/bulletin/

Physics World:
www.physicsweb.org

Nanotechnology Portal:
www.nanotechweb.org

Nature Jobs:
www.nature.com/naturejobs

Science's Next Wave:
http://nextwave.sciencemag.org

References

[1]S. Harris, *Chalk Up Another One* (Rutgers University Press, 1992). Of his many books, this is the one we cited the most. Others may be found on his Web site (www.sciencecartoonsplus.com) and at Amazon.com.

R.L. Weber's two anthologies *A Random Walk in Science* (Institute of Physics, 1973) and *More Random Walks in Science* (Institute of Physics, 1982) (the one most cited here).

S.G. Krantz, *Mathematical Apocrypha* (The Mathematical Association of America, 2002). Great fun to skim, although many of the best anecdotes are to be found originally in *Littlewood's Miscellany*, ed. Belá Bollobas (Cambridge University Press, 1986).

Science Jokes also abound at the Web site www.buzzle.com/chapters/science-and-technology_jokes-and-funnies.asp, e.g. *The Game of Refereeing* can be downloaded there.

[2]P.J. Feibelman, *A Ph.D. Is Not Enough: A Guide to Survival in Science* (©1993 Peter J. Feibelman) (A Web-search (e.g. Google) will find it on Amazon.com, or you can go there directly.)

[3]R.M. Reis, *Tomorrow's Professor: Preparing for Careers in Science and Engineering* (Institute for Electrical and Elecronics Enginieers, 1997).

D.F. Bloom, J.D. Karp and N. Cohen, *The Ph.D. Process: A Student's Guide to Graduate School in the Sciences* (Oxford University Press, 1998). (Good for undergraduates going to graduate school.)

K. Barker, *At the Helm: A Laboratory Navigator* (Cold Spring Harbor Laboratory Press, 2002). (Excellent if you are faced with setting up your own experimental laboratory.)

[4]A.J. Friedland and C.L. Folt, *Writing Successful Science Proposals* (paperback) (Yale, 2000).

T.A. Ogden and I.A. Goldberg, *Research Proposals: A Guide*, 3rd ed. (Academic Press, 2002).

[5]M. Alley, *The Craft of Scientific Presentations: Critical Steps to Succeed and Critical Errors to Avoid* (Springer-Verlag, New York, 2003).

R.A. Day, *How to Write and Publish a Scientific Paper*, 4th ed. (Oryx Press, Phoenix, 1994).

J.R. Matthews, J.M. Bowen and R.W. Matthews, *Successful Science Writing: A Step-by-Step Guide for the Biological and Medical Sciences* (Cambridge University Press, Cambridge, 2000).

S.L. Montgomery, *The Chicago Guide to Communicating Science* (University of Chicago Press, Chicago, 2003).

J.A. Pechenik, *A Short Guide to Writing about Biology*, 5th ed. (Harper-Collins College Publishers, New York, 2004).

G.M. Whitesides, Whitesides' Group: Writing a Paper, *Advanced Materials* **16**, 1375 (2004).

[6]S. Goodlad, *Speaking Technically* (Imperial College Press, 1996).

J.C. Garland, Advice to Beginning Physics Speakers, *Physics Today*, July, 42–45 (1991).

[7]M.H. Briscoe, *Preparing Scientific Illustrations: A Guide to Better Posters, Presentations, and Publications*, 2nd ed. (Springer-Verlag, New York, 1996).

S. Block, The DOs and DON'Ts of poster presentation, *Biophysical Journal* **71**, 3527–3529 (1996).

D.A. Keegan and S.L. Bannister, Effect of colour coordination of attire with poster presentation on poster popularity, *Canadian Medical Association Journal* **169**, 1291–1292 (2003).

C. Rigden, 'The eye of the beholder' — Designing for colour-blind users, *British Telecommunications Engineering* **17**, 2–6 (1999).

E.R. Tufte, *The Visual Display of Quantitative Information* (Graphics Press, Connecticut, 1983).

T.G. Wolcott, Mortal sins in poster presentations or, How to give the poster no one remembers, *Newsletter of the Society for Integrative and Comparative Biology*, Fall, 10–11 (1997).

J.D. Woolsey, Combating poster fatigue: How to use visual grammar and analysis to effect better visual communications, *Trends in Neurosciences* **12**, 325–332 (1989).

Survival Skills for Scientists

과학자가 되기 위한 지침서

2011년 5월 10일 초판 인쇄
2011년 5월 20일 초판 발행

저자명 Federico Rosei · Tudor Johnston
역자명 이혁재 · 권명회
발행인 연 규 산
발행처 청범출판사
등 록 1991년 8월 13일 No. 5-282
주 소 서울시 노원구 공릉 1동 598-7
TEL : 971-5385
FAX : 977-8967
ISBN 978-89-88247-64-8 93400

가격 10,000원